글누림 문화콘텐츠 총서 14 | 국립경주박물관 가상현실(VR)로 엿보는
신라문화 여행

저자 소개

신건권 호서대학교 사회대학 교수

글누림 문화콘텐츠 총서 14
국립경주박물관 가상현실(VR)로 엿보는 신라문화 여행

초판 인쇄 2007년 9월 17일
초판 발행 2007년 9월 27일
지은이 신건권
펴낸이 최종숙
편집 이소희 권분옥 양지숙
펴낸곳 도서출판 글누림
주소 서울 서초구 반포4동 577-25 문창빌딩 2층
전화 3409-2055
팩시밀리 3409-2059
등록 2005년 10월 5일 제303-2005-000038호
전자우편 nurim3888@hanmail.net
값 16,000원
ISBN 978-89-91990-57-9 03980

글누림 문화콘텐츠 총서 14

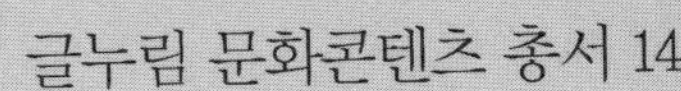

국립경주박물관 가상현실(VR)로 엿보는
신라문화 여행

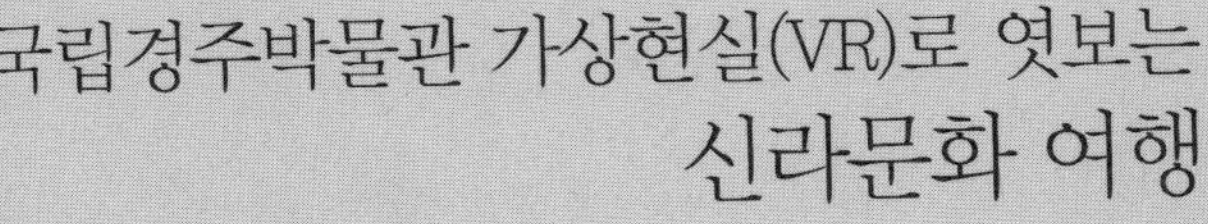

신건권 저

글누림 문화콘텐츠 총서 발간에 부쳐

호서대학교 문화콘텐츠 연구 역량이 결집된 글누림 문화콘텐츠 총서 발간을 진심으로 축하합니다.

지금 우리 주변에는 창의적이고 도전적인 선구자들이 새로운 학문을 개척하는 모습을 많이 볼 수 있습니다. 특히 환경이 악화되고, 사회가 복잡해지면서 인류의 정체성 문제가 새로운 물음으로 대두되고 있습니다. 이제 인류의 미래와 번영에 대한 문제는 단순히 미래학자들의 몽상 속에서 등장하는 물음이 아니라 인류의 생존을 가늠하는 현실적인 문제가 되었습니다. 이런 중에 문화에 대한 탐구는 21세기 학문의 가장 빛나는 중심이 될 것이라고 믿어 의심치 않습니다.

이번에 발간되는 2차 글누림 문화콘텐츠 총서는 이와 같은 학문 내·외적 물음에 대하여 우리 대학 연구자들이 마련한 성실한 답변서라고 할 수 있습니다. 이 총서가 우리 대학을 세계적인 명문대학으로 성장시킬 'World Class 2030 Project'의 한 부분이 될 것을 기대합니다.

지난 1차 글누림 문화콘텐츠 총서에 이어 미개척의 학문 분야인 문화콘텐츠 분야에 대한 도전적이고 창의적인 정신을 실현한 우리 대학의 문화콘텐츠 총서 기획단, 집필진 여러분의 노고와 결실에 다시 한번 경의를 표합니다.

호서대학교 총장 강 일 구

EDITOR'S NOTE

문화가 21세기를 이끌 새로운 분야로서 등장하기 시작한 것은 얼마 되지 않았는데, 지금은 학문의 중심 테마로 자리 잡아가고 있다. 산업 분야에서는 21세기의 새로운 지식 산업으로서 문화 산업이 이제는 당당히 한 자리를 차지하고 눈부시게 성장하고 있는 것을 확인할 수 있다.

이러한 현상은 근대 학문 체계에 대한 회의와 맞물려 있는데, 이 점도 주목해야 할 것이다. 이미 20세기 후반부터 각 분과 학문의 분류 체계에 대해 회의하기 시작했고, 한편으로는 개별 학문을 넘어선 통합 학문을 지향하거나, 학문 간 연계를 강화한 이른바 학제 간 학문이 강조되었으며, 다른 한편으로는 학문의 근본 요소에 대한 성찰도 강화되었다.

이러한 경향은 학문의 정체성 찾기와 학문의 보편성, 그리고 학문 제도에 대한 근본적 반성과 새로운 학문 제도의 형성이라는 다소 상반되고 혼란스러운 현상으로 나타나고 있다. 이것은 그동안의 각 분과 학문이 개별적이고 고립된 대상에 대한 연구였다는 고백과 반성으로 요약할 수 있다.

여러 학문 중에서 특히 인문학은 인간과 인류에 대한 탐구라는 점에서 이와 같은 새로운 학문적 경향을 선도하는 역할을 해야 한다. 그러기 위해서 인문학은 개인, 고립된 주체에 대한 탐구를 지양해야 한다.

흔히 인간은 생각하는 동물이라고 한다. 인간은 생각하는 능력 때문에 동물과 다른 변별적인 특성을 갖는다는 말이다. 이와 같이 인류라는 한 집단이 다른 동물종들의 집단과 구별되는 변별적인 특징들도 찾아 볼 수 있을 것인데, 그 여러 가지 중에서 문화는 가장 중요한 변별적 특질이라고 할 수 있다. 인류는 다른 군집과는 다른 그들만의 독특한 문화를 만들어낼 수 있다. 인류를 인류로서 구별하게 하는 이 문화가, 인류의 사고하는 능력에 못지않게 중요한 인문학의 테마로 부각되는 이유가 거기에 있다.

우리 대학은 기독교 정신과 벤처 정신으로 성장하는 학교이다. 기독교 정신은 나와 하나님, 인류를 사랑하는 정신이다. 벤처 정신은 창의적인 도전이고 한 걸음 더 나아가는 모험의 정신이다. 우리 대학은 이러한 정신을 산학 연계와 교육에서 실현하고자 애썼고, 어느 분야에서는 일정한 정도의 그 선도적 의의를 인정받고 있다. 이제는 이러한 역량이 학문 분야에서도 실현되어 학문을 선도할 때가 되었다. 문화의 탐구, 문화콘텐츠의 생산이 바로 그것이다.

이미 1차 총서에서 천명한 바와 같이 이 총서는 '교양 있는 일반인'을 위한 '문화콘텐츠'의 학술적 동향을 안내하는 것이 그 목적이다. 쉽고 간결한 문체를 선택하고, 그림과 도표로써 이해를 돕도록 하며, 설명을 위한 최소한의 주석만 넣는 등의 편집 지침은 이전과 동일하다. 선정이 까다롭고 지원이 크지 않았음에도 불구하고 연구 성과가 풍성했다. 향후 3차 총서에서도 21세기 학문을 반성하는 문화학의 테마와 그의 산학적 실천이라는 문화콘텐츠 생성에 보다 의미 있는 저작이 풍성하게 결실하기를 희망한다.

호서대학교 한국어문화학부 김성룡

PROLOGUE

　자연의 이치가 그러하듯이 생명은 언제든지 그냥 가만히 있지 않는다. 역사를 도전의 기회로 삼고자 하는 이들에게 있어서 선조들이 남긴 문화의 체취는 세대가 바뀌어도 계속해서 그 향기를 멈추지 않고 후손들에게 전해질 것이다.

　'박물관은 살아 있다.' 그러나 많은 사람들은 학창시절에 박물관을 몇 차례 관람하고서는 뭔가 아쉽다는 생각을 가지게 된다. 전시관에 진열되어 있는 유물들에 대한 설명이 상세하지 않고, 유물들이 유리 벽 속에 전시되어 있어 쉽게 가까워질 수 없도록 만들어버린다. 박물관 관람을 마치고 나서도 뭔가 이해되지 않는 부분이 많고, 흥미를 가지게 만들 어떤 동기요인도 없다고 생각한다.

　예전 세대는 그렇다 하여도 오늘날의 청소년들도 그래야만 하겠는가. 박물관에 관련된 기초지식이 조금만 더 있었더라도 그렇게 재미없지는 않았을 텐데 말이다. 아쉬움이 많이 남는다. 최근 문화재청을 중심으로 전국의 모든 박물관에 전시되어 있는 유물들을 가상현실(Virtual Reality : VR)로 구축하였다. 이러한 노력의 결과로 박물관을 직접 방문하지 않고도 컴퓨터와 인터넷이 설치되어 있는 곳이면 어느 곳에서나 쉽게 모든 유물들을 탐방할 수 있게 되었다. 또한 모든 유물에 대한 자세한 설명이 제공되고 있으며, 탐방객들이 유물을 입체적으로 탐방할 수 있도록 특정 유물에 대해서는 2D와 3D로 구축해 놓았다. 본서는 독자들이 쉽게 우리 문화와 유물에 접근할 수 있도록 돕고 흥미를 가질 수 있도록 VR로 구축되어 있는 통합 사이버박물관(Cyber Portal Museum)을 소개하고 그 운용방법을 간략히 제시할 것이다. 특히 사이버국립경주박물관(Cyber Gyeongju National Museum)과 관련된 기초적 소양과 탐방 방법을 소개하여 신라문화 여행을 할 수 있도록 안내할 것이다.

　저자가 이 책을 집필하는 동안 장남의 컴퓨터에 문화재청이 구축해 놓은 사이버박물관을 설치해 놓았더니 매우 재미있다는 반응을 보인다. 중학생이지만 자유롭게 전국의 사이버박물관들을 서핑하며 그동안 접근이 용이하지 않았던 우리 문화의 정수를 만끽하는 모습을 보게 된다. 아마도 이 책을 읽는 독자들은 신라문화에 대한 기초지식을 어느 정도 갖추고 사이버박물관을 둘러볼 것으로 생각되기 때문에 더욱 더 흥미롭게 박물관 여행을 할 수 있으리라 확신한다.

신라의 문화를 이해하기 위해서 많은 사람들은 경주를 방문한다. 대한민국 사람이라면 대부분 학창시절에 한 번쯤은 경주지역에 산재되어 있는 유물과 유적지를 대충 훑어보는 식으로 둘러보았을 것이다. 하지만 이와 같이 짧은 여행을 통해서 신라의 문화를 이해한다는 것은 매우 어려운 것이 사실이다. 따라서 본서에서는 경주지역을 방문하여 신라의 문화를 몸소 체험하고자 하는 관광객들이나 인터넷을 통해서 신라문화를 이해하고자 하는 분들에게 필수적으로 요구되는 몇 가지 기초적인 배경지식을 소개하는 것으로부터 출발하고 있다. 저자는 본서가 신라문화를 이해하려고 하는 독자 여러분에게 여러 가지 생생한 역사체험의 기회를 제공해 줄 것으로 확신한다.

본서의 구성은 다음과 같다.

제1장에서는 신라의 문화는 어떤 모습이었을까 하는 문제에 대한 해답을 주고 있다. 신라의 역사와 정치, 고분군과 신라왕릉 이야기, 신라의 도시구조, 황금의 나라 신라에 대해 소개하고 있다.

제2장에서는 신라의 생활문화는 어떤 모습이었을까에 대한 해답을 제시하고 있다. 신라의 종교, 불교조각, 회화, 소리, 과학, 문자, 생활도구 등을 소개하고 있다.

제3장에서는 신라의 주요 유물과 유적지를 소개하고 있다.

제4장에서는 국립경주박물관에 전시되어 있는 주요 유물들을 소개하고 있다.

제5장에서는 VR을 통해서 독자들이 유적지를 방문하지 않고서도 집에서 사이버박물관을 설치하고, 각 시대와 신라문화의 유물들을 탐방할 수 있는 제반 방법들을 소개하고 있다.

본서가 나오기까지 필자는 많은 분들의 도움을 받았다. 먼저 본서를 집필할 수 있도록 재정적 지원을 해준 호서대학교에 감사드린다. 그리고 많은 신라문화에 대한 연구들의 지대한 연구 성과와 문화재청의 지원으로 구축된 사이버박물관이 없었더라면 본서는 빛을 발하지 못했을 것이다. 끝으로 본서가 집필되는 동안 고락을 함께 해준 가족들과 본서의 출간을 허락해 주고 편집을 위해 수고하신 도서출판 글누림의 사장님과 편집 담당자 이소희 선생님께도 깊은 감사의 말씀을 드린다.

태조산 기슭 연구실에서 저자 씀

CONTENTS

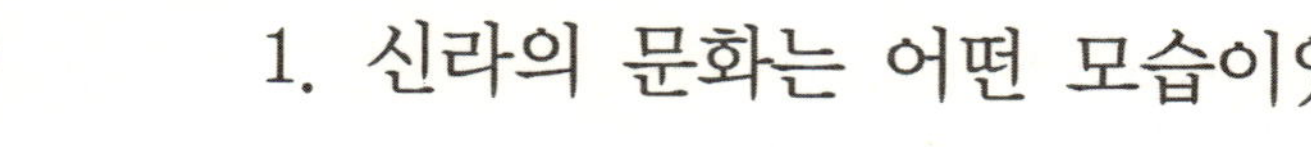

1. 신라의 문화는 어떤 모습이었을까

신라의 문화를 이해하기 위해서 많은 사람들은 경주를 방문한다. 대한민국 사람이라면 대부분 학창시절에 한 번쯤은 경주지역에 산재되어 있는 유물과 유적지를 대충 훑어보는 식으로 둘러보았을 것이다. 하지만 이와 같이 짧은 여행을 통해서 신라의 문화를 이해한다는 것은 매우 어려운 것이 사실이다. 따라서 본서에서는 경주지역을 방문하여 신라의 문화를 몸소 체험하고자 하는 관광객들이나 인터넷을 통해서 신라문화를 이해하고자 하는 분들에게 필수적으로 요구되는 몇 가지 기초적인 배경지식을 소개하는 것으로부터 출발하고자 한다.

(1) 신라의 역사와 정치

❶ 신라의 역사

삼국 중에서 가장 찬란한 문화를 꽃피웠던 신라는 당나라와 손잡고 고구려와 백제를 쳐서 삼국을 통일한 나라로, 모두 56명의 왕이 세워지고 폐하여졌으며, 천년고도 경주(옛 이름 서라벌, 금성)를 중심으로 크게 발전하였다. 그리고 신라는 약 1,000년(992년) 동안 현재로서도 상상하기 어려운 많은 역사 유적과 유물을 남겼다. "해 아래 새것이 없다"는 옛 어른들의 말씀처럼 신라시대의 도시 규모와 문명은 현대와 크게 다르지 않을 정도로 흥왕했던 것으로 알려지고 있다.

📋 **유적과 유물의 차이는?**
매장문화재는 땅 속이나 바다 밑에 들어 있어 잘 알 수 없으나 발굴과정을 통해서 그 모습을 알 수 있게 된다. 매장문화재는 유적과 유물로 구분된다.
유적은 흔적이 남아 있는 터로 선사시대 살림터와 조개더미, 옛 무덤자리, 건물자리 등을 말하며, **유물**은 유적 안에 들어 있던 것으로 질그릇, 석기와 같은 생활 도구와 각종 장신구 등이 있다.

그림 찬란한 문화와 역사의 나라, 신라의 세계로 함께 떠나볼까요.

신라의 역사는 크게 삼국통일 이전과 이후로 구분되며, 『삼국사기』와 『삼국유사』에 의하면 <표 1-1>과 같이 여섯 시기로 세분되고 있다. 그러나 신라의 역사는 <표 1-2>와 같이 왕들의 치적과 활동들을 면밀하게 살펴볼 때 우리들의 머릿속에 대강의 그림을 그려 볼 수 있다.

신라는 기원전 57년에 박혁거세에 의해 건국되었고 국호를 서라벌(왕 21년에 수도를 금성이라 함, 현재의 경주)이라 하였다. 박, 석, 김씨가 돌아가면서 왕이 되었고, 나라가 존재한 992년 동안 박씨가 10왕, 석씨가 8왕, 김씨가 38왕 모두 56명이

표 1-1 신라의 연대 구분과 특징

시 기	연　대(왕)	특　징
제1기	BC 57(박혁거세왕)~AD 356(흘해왕)	연맹왕국 형성기
제2기	AD 356(내물왕)~AD 514(지증왕)	연맹왕국 발전기
제3기	AD 514(법흥왕)~AD 654(진덕여왕)	중앙집권체제의 완성기
제4기	AD 654(태종무열왕)~AD 780(혜공왕)	삼국통일에 의한 황금시기
제5기	AD 780(선덕왕)~AD 889(진성여왕)	지방세력의 등장기
제6기	AD 889(진성여왕)~AD 935(경순왕)	내란기

재위하였다. 왕의 칭호도 많은 변화가 있었는데, 제1대 박혁거세는 '거서간'이라는 칭호를, 제2대 남해왕은 '차차웅'이라는 칭호를 사용하였다. 제3대 유리왕부터 제16대 흘해왕까지는 '이사금'이라는 칭호를, 제17대 내물왕부터 제22대 지증왕까지는 '마립간'이라는 칭호를, 제23대 법흥왕부터 제56대 경순왕까지는 '왕'이라는 칭호를 사용하였다.

표 1-2 신라 왕들의 계보

1대 박혁거세				
2대 남해차차웅				
3대 유리이사금	4대 탈해이사금	5대 파사이사금		
	7대 일성이사금	6대 지마이사금		
9대 벌휴이사금	8대 아달라이사금			
10대 내해이사금	11대 조분이사금	12대 첨해이사금	13대 미추이사금	14대 유례이사금
19대 눌지마립간	18대 실성마립간	17대 내물마립간	16대 흘해이사금	15대 기림이사금
20대 자비마립간				
21대 소지마립간	22대 지증마립간			
	23대 법흥왕	24대 진흥왕		
		25대 진지왕	26대 진평왕	
	29대 태종무열왕	28대 진덕여왕	27대 선덕여왕	
	30대 문무왕			
	31대 신문왕			
	32대 효소왕	33대 성덕왕		
		34대 효성왕	35대 경덕왕	
			36대 혜공왕	37대 선덕왕
				38대 원성왕
				39대 소성왕
44대 민애왕	43대 희강왕	42대 흥덕왕	41대 헌덕왕	40대 애장왕
45대 신무왕				
46대 문성왕	47대 헌안왕	48대 경문왕		
51대 진성여왕	50대 정강왕	49대 헌강왕		
52대 효공왕	53대 신덕왕			
	54대 경명왕	55대 경애왕	56대 경순왕	

[주] 가로선은 형제간 또는 인척간의 승계, 세로선은 정상적인 부자간 조손간 승계임.

신라 56왕의 재위기간과 주요 치적, 그리고 활동은 <표 1-3>과 같이 요약할 수 있다. 이들 내용을 세심하게 살펴보면서, 혹은 대충 읽어가면서 신라의 역사를 이해하여 보자.

표 1-3 신라 56왕의 재위 기간, 그들의 주요 치적과 활동

왕 명	재위 기간	주요 치적과 활동
제1대 박혁거세	BC 57~AD 4	13세에 왕위에 올라 국호(나라 이름)를 서라벌이라 함. 금성을 축조. 박씨 왕의 시작. 왕21년 수도를 금성(지금의 경주)이라 하고 국가의 기초를 세움.
제2대 남해차차웅	AD 4~AD 24	박혁거세의 맏아들.
제3대 유리이사금	AD 24~AD 57	남해왕의 아들. 이서국(현재 경북 청도) 정벌. 신라 가악의 기원인 '도솔가'를 지음.
제4대 탈해이사금	AD 57~AD 80	65년 국호를 '계림'이라 개칭.
제5대 파사이사금	AD 80~AD 112	유리왕의 아들. 농사와 양잠을 권장. 유사시 대비를 위해 '월성'을 쌓음.
제6대 지마이사금	AD 112~AD 134	파사왕의 맏아들. 왜국과 화친. 백제의 협조로 말갈을 물리침.
제7대 일성이사금	AD 134~AD 154	농본정책의 추진. 정사당 설치. 경지 개간.
제8대 아달라이사금	AD 154~AD 184	현의 설치와 도로개통. 박씨의 마지막 왕.
제9대 벌휴이사금	AD 184~AD 196	탈해왕의 손자. 석씨 왕 시대 시작.
제10대 내해이사금	AD 196~AD 230	벌휴왕의 손자.
제11대 조분이사금	AD 230~AD 247	벌휴왕의 손자.
제12대 첨해차차웅	AD 247~AD 261	벌휴왕의 손자. 고구려와 국교를 통함.
제13대 미추이사금	AD 262~AD 284	김씨 최초의 왕. 덕이 많은 임금. 빈민 구제.
제14대 유례이사금	AD 284~AD 298	조분왕의 맏아들. 백제와 수교.
제15대 기림이사금	AD 298~AD 310	조분왕의 둘째 아들. 307년 국호를 신라로 고침.
제16대 흘해이사금	AD 310~AD 356	기림왕의 후사가 없자 군신들의 추대로 즉위. 농사를 장려(벽골지를 만듦–신라시대의 저수지).

왕 명	재위 기간	주요 치적과 활동
제17대 내물마립간	AD 356~AD 402	중국 문물 수입에 힘씀. 김씨 두 번째 왕이며 이후부터 석씨 왕실이 완전히 사라짐.
제18대 실성마립간	AD 402~AD 417	백성들의 추대로 왕위에 즉위. 내물왕의 태자. 눌지를 시기하여 죽이려다 도리어 피살됨.
제19대 눌지마립간	AD 417~AD 458	내물왕의 아들. 438년 우차법(牛車法) 제정. 458년 고구려 묵호자가 불교 전파함.
제20대 자비마립간	AD 458~AD 479	왕 17년 고구려가 백제를 공격하자 433년 나제동맹을 맺음.
제21대 소지마립간	AD 479~AD 500	자비왕의 맏아들. 처음으로 시장 개설하여 경제 발전 추구.
제22대 지증왕	AD 500~AD 514	'왕'이라는 칭호를 처음 사용. 국호를 '신라'로 정함. 이사부가 우산국(울릉도)을 점령함. 순장제도 폐지. 석빙고를 만듦.
제23대 법흥왕	AD 514~AD 540	병부를 설치하고 율령을 반포함. 상대등 설치. 527년 불교 공인. 관리들의 복장 제정. 532년 금관가야를 정벌.
제24대 진흥왕	AD 540~AD 576	황룡사 건립을 시작함. 흥륜사 창건. 불교 권장. 화랑제도 만듦. 562년 대가야를 멸망시킴. 545년 이사부의 건의를 받아 거칠부를 시켜 국사(國史)를 편찬함. 555년 북한산 순수비 건립.
제25대 진지왕	AD 576~AD 579	진흥왕의 둘째 아들.
제26대 진평왕	AD 579~AD 632	진흥왕의 태자 동륜의 아들. 수양제와 연합하여 고구려를 공격. 중앙의 통치제도 정비.
제27대 선덕여왕	AD 632~AD 647	진평왕의 맏딸로 최초 여왕. 645년 황룡사 9층탑 완공. 614년 첨성대 건립. 국학 설치. 김유신으로 하여금 백제를 치게 하여 승전함.
제28대 진덕여왕	AD 647~AD 654	진평왕 어머니의 동생 국반갈문왕의 딸. 세배 풍습 시작. 성골 출신 마지막 왕.
제29대 태종무열왕	AD 654~AD 661	660년 당나라와 연합하여 백제를 멸망시킴. 진골 출신 첫 번째 왕.
제30대 문무왕	AD 661~AD 681	왕 17년에 백제와 고구려를 멸망시켜 삼국통일. 화랑도 조직. 유언에 따라 대왕암에 수장함. 674년 신라 안압지 만듦.

왕 명	재위 기간	주요 치적과 활동
제31대 신문왕	AD 681~AD 692	문무왕의 맏아들. 만파식적을 만듦. 682년 감은사 완공. 685년 지방제도인 9주 5소경 완성.
제32대 효소왕	AD 692~AD 702	신문왕의 아들. 설총을 시켜 이두를 정리함.
제33대 성덕왕	AD 702~AD 737	혜초가 서역에서 돌아와 '왕오천축국전'을 지음. 모든 백성에 '정전' 지급.
제34대 효성왕	AD 737~AD 742	성덕왕의 둘째 아들.
제35대 경덕왕	AD 742~AD 765	751년 김대성을 시켜 불국사 창건.
제36대 혜공왕	AD 765~AD 780	경덕왕의 아들. 대공의 난과 김지정의 난 등으로 나라가 어지러웠으며 선덕왕에게 피살됨. 771년 성덕대왕 신종 완성.
제37대 선덕왕	AD 780~AD 785	내물왕의 10세손.
제38대 원성왕	AD 785~AD 798	788년 관리등용제도인 '독서삼품과'를 설치.
제39대 소성왕	AD 798~AD 800	원성왕의 태자인 인겸의 아들. 2년 만에 죽자 이후에 왕위쟁탈전이 벌어짐.
제40대 애장왕	AD 800~AD 809	802년 해인사 창건. 숙부 김언승(헌덕왕)이 임금대신 정치.
제41대 헌덕왕	AD 809~AD 826	조카를 죽이고 왕이 됨. 친당정책.
제42대 흥덕왕	AD 826~AD 836	828년 완도에 청해진을 만들어 장보고에게 관리시킴.
제43대 희강왕	AD 836~AD 838	원성왕의 손자. 흥덕왕이 후사 없이 죽자 삼촌인 규정을 죽인 후 왕위에 올랐으나 그를 도운 김명 등이 난을 일으키자 자살함.
제44대 민애왕	AD 838~AD 839	원성왕의 증손.
제45대 신무왕	AD 839	민애왕을 죽이고 왕이 되었으나 반대파의 저주로 죽음.
제46대 문성왕	AD 839~AD 857	신무왕의 태자. 장보고의 반란으로 피살됨.
제47대 헌안왕	AD 857~AD 861	후사가 없어 왕족 응렴을 사위 삼고 왕위를 물려줌.
제48대 경문왕	AD 861~AD 875	희강왕의 아들 아찬 계명의 아들.
제49대 헌강왕	AD 875~AD 886	처용무가 유행하고 사회가 사치와 환락에 빠짐.

왕 명	재위 기간	주요 치적과 활동
제50대 정강왕	AD 886~AD 887	경문왕의 둘째 아들로 진성여왕의 오빠. 몸이 약해서 즉위 2년 만에 죽음.
제51대 진성여왕	AD 887~AD 897	재정이 고갈되어 주군(州郡)에 세금을 독촉하자 전국에서 봉기가 일어나고 나라가 혼란에 빠짐.
제52대 효공왕	AD 897~AD 912	정강왕의 아들. 정사를 돌보지 않아 궁예와 견훤에게 많은 영토를 빼앗김.
제53대 신덕왕	AD 912~AD 917	효공왕이 죽자 후사가 없어 백성의 추대로 즉위. 박씨 왕.
제54대 경명왕	AD 917~AD 924	신덕왕의 태자. 쇠퇴한 국운을 건지려 당나라에 구원을 요청하였으나 실패.
제55대 경애왕	AD 924~AD 927	927년 포석정에서 연회를 하다가 견훤의 습격으로 자살함.
제56대 경순왕	AD 927~AD 935	신라의 마지막 왕. 935년 고려 왕건에 항복. 왕건에게 항복한 후 왕건의 딸 낙랑공주와 결혼하여 경주 사심관(事審官)으로 여생을 보냄.

 '신라'라는 국호는 예로부터 사로(斯盧)·사라(斯羅)·서나(徐那)·서나벌(徐那伐)·서야(徐耶)·서야벌(徐耶伐)·서라(徐羅)·서라벌(徐羅伐)·서벌(徐伐) 등으로 표기되어 왔으며, 그 의미는 새로운 나라, 동방의 나라, 또는 성스러운 곳이다. 기원 후 503년(지증왕 4년)에 국호를 신라로 확정하였다. 『삼국사기』 찬자에 의하면 이 신라의 '신'은 덕업일신(德業日新)에서, '라'는 망라사방(網羅四方)에서 각기 취하였다고 한다.

 신라가 중앙집권적인 귀족국가로서의 통치체제를 갖추어 대내외적으로 비약적인 발전을 시작한 것은 6세기 초부터였다. 법흥왕(法興王, 재위 514~540년) 때에는 율령을 반포하였으며, 불교를 공인하고, 연호를 건원(建元)으로 하는 등 통치체제의 면모를 갖추었다. 다음의 진흥왕(眞興王, 재위 540~576년) 때에는 이와 같은 기반 위에서 대외발전이 추진되었다. 532년(법흥왕 19년)에는 김해(金海)에 있던 금관가야(金官伽倻)를 병합한데 이어 562년(진흥왕 23년)

에는 고령(高靈)의 대가야(大伽倻)를 공략·멸망시킴으로써 낙동강 유역을 차지하게 되었다. 한편 백제와 연합해서 고구려가 점유하고 있던 한강유역을 탈취하였는데, 처음에는 한강 상류지역의 죽령(竹嶺) 이북과 고현(高峴 : 지금의 鐵嶺) 이남의 10군을 점령했으나, 553년에는 백제군이 점령하고 있던 한강 하류지역을 기습 공격하여 한강유역 전부를 독차지하였다. 이같은 진흥왕의 정복사업은 창녕(昌寧)·북한산(北漢山)·황초령(黃草嶺)·마운령(磨雲嶺)에 있는 4개의 순수관경비(巡狩管境碑)와 단양(丹陽)에 있는 적성비(赤城碑)가 잘 말해주고 있다. 그러나 진평왕 후반기 고구려·백제 두 나라의 침략이 강화되고 선덕여왕이 즉위한 뒤 한층 가열되자 신라는 이를 타개하기 위한 방책으로 당(唐)나라에 대한 외교를 강화하였다. 당나라의 무력에 힘입어 660년(무열왕 7년)에 백제를, 668년(문무왕 8년)에는 고구려를 멸망시킴으로써 삼국통일을 이룩하였다. 삼국통일 뒤 왕권은 더욱 강화되어, 신문왕(神文王, 재위 681~692년) 때에는 강력한 전제왕권이 구축되었다. 신문왕은 상대등(上大等)으로 대표되는 귀족세력을 철저하게 탄압했을 뿐 아니라 통일에 따른 중앙·지방의 여러 행정·군사 조직을 완비하였다. 그리하여 성덕왕(聖德王, 재위 702~737년) 때에는 전제왕권하에 극성기를 누리게 되었다.

혜공왕(惠恭王, 재위 765~780년) 이후는 전제왕권의 몰락기로서, 왕위쟁탈을 중심으로 한 난리가 헌강왕(憲康王, 재위 875~886년) 때까지 계속되었으며 진성여왕(眞聖女王, 재위 887~897년)에 이르러서는 전국적인 동란을 맞게 되었다. 중앙의 문란한 정치가 지방에까지 번져 혼란을 불러일으켰는데, 그 결과 국경지방의 백성들이 중국·일본 등지로 몰래 도망하는 예가 많아졌고, 일부는 해적이 되기도 하였다. 마지막의 약 50년간은 중앙정부의 부패에 따라 지방의 호족세력이 다시 대두되어 후삼국시대가 전개되었다. 신라의 세력은 지금의 경상도지방에 국한되고 전라도 방면은 견훤(甄萱)이 차지하여 후백제를 세웠으며, 강원도 북부와 경기도·황해도·평안도 지방은 궁예(弓裔)가 차지하여 후고구려를 세워 다시 3국 정립의 형세가 되었다. 918년 궁예를 쓰러뜨리고 고려 태조에 즉위한 왕건(王建)이 한동안 신라와의 친선정책을 꾀함으로써 신라는 그 수명을 다소간 연장시킬 수 있었다. 그러나 고려가 후백제에 대해 절대우위의 위치에 놓이게 되자 경순왕(敬順王, 재위 927~935년)은 935년 11월 고려에 자진 항복하여 신라는 멸망하였다.

❷ 신라의 정치와 행정

신라의 중앙관제는 17관등으로 골품제도(骨品制度)와 밀접한 관계를 가지고 있다. 골품제는 모두 8개의 신분층으로 구성되었다. 먼저 골족은 성골(聖骨)과 진골(眞骨)로 구분되었으며, 두품층은 6두품에서 1두품까지 있었는데 숫자가 클수록 신분이 높았다. 그러나 이 가운데 3두품에서 1두품까지는 기록에 전혀 보이지 않는데, 이는 율령 반포 초기에 일반 평민을 3등분하였다가 곧 소멸되었기 때문일 것이며 일반인들은 평민 또는 백성이라 불렀다.

표 1-4 신라의 관등제도

등급	관등명	진골	6두품	5두품	4두품
1	이벌찬				
2	이 찬				
3	잡 찬				
4	파진찬				
5	대아찬				
6	아 찬				
7	일길찬				
8	사 찬				
9	급벌찬				
10	대나마				
11	나 마				
12	대 사				
13	사 지				
14	길 사				
15	대 오				
16	소 오				
17	조 위				

신라의 관등제도는 법흥왕 (6세기 초) 때에 완성되었으며 경위(京位 : 王京人) 17등과 외위(外位 : 地方人) 11등의 이원적 체계로 구성되었다. 진골 (眞骨)은 최고 상한선인 이벌찬까지 승진할 수 있으나, 6두품은 6위인 아찬까지, 5두품은 10위인 대나마까지, 4두품은 12위인 대사까지 승진의 한계가 제한되어 있었다. 그러나 하한선은 정해져 있지 않았기 때문에 진골 출신도 다른 두품과 같이 17위(조위)에서 출발하였다. 골품제도는 신분에 따라 유능한 인재라도 출세에 제한을 받았고, 의식주의 일상생활도 차별을 두었다. 따라서 혼인도 같은 골품끼리 하는 것이 상례였다. 만약 다른 골품과 결혼하면 그 소생은 어머니의 골품으로 전락하였다. 그래서 골품을 유지하기 위하여 근친결혼이 유행되었다.

신라는 국가의 발전과정에서 필요에 따라 관청과 부서를 설치해 나갔으며, 국왕을 중심으로 일원적 통치체제를 형성한 것으로 볼 수 있다. 신라는 중앙행정조직으로 10부(병부, 위화

표 1-5 신라와 통일신라시대의 중앙행정조직

신 라		통일신라	
관 부	담당 업무	관 부	담당 업무
병 부	무관인사, 군사, 교통, 봉수	병 부	군사, 국방
위 화 부	문관인사, 공훈, 왕실	위 화 부	관리 임명
조 부	광산, 조운(해운)	조 부	공물, 부역
창 부	재정	예 부	의례, 교육
예 부	의례, 교육, 과거	승 부	마정, 육상 교통
좌이방부	치안, 형옥, 법률, 노비	영 객 부	외교, 사신 접대
우이방부	치안, 형옥, 법률, 노비	집 사 부	국가기밀
사 정 부	각 기구의 감찰	창 부	재정, 회계
예 작 부	토목, 영선, 도량형, 파발	좌이방부	형률, 노비
공 장 부	토목, 영선, 도량형, 파발	사 정 부	관리 감찰
		선 부	선박, 해상 교통
		우이방부	형벌, 노비
		예 작 부	토목, 영선
		공 장 부	수공업

부, 조부, 창부, 예부, 좌이방부, 우이방부, 사정부, 예작부, 공장부)를 두었으며, 통일신라 때에는 14부의 관청(병부, 위화부, 조부, 예부, 승부, 영객부, 집사부, 창부, 좌이방부, 사정부, 선부, 우이방부, 예작부, 공장부)을 두었다.

중앙의 통치조직은 법흥왕 때부터 정비되기 시작하여 처음으로 귀족회의의 의장격인 상대등(上大等)과 병부(兵部)를 두었고, 진평왕 때에는 위화부(位和部)・조부(調部)・예부(禮部)를 설치하였다. 651년(진덕여왕 5년)에는 품주(稟主)가 집사부(執事部)와 창부(倉部)로 분리되어 집사부의 장관인 중시(中侍 : 통일 후에는 侍中)가 수상직을 맡으면서 국가 권력은 강화되어 중시는 상대등과 맞서는 위치에 있었다.

통일 후 신문왕 때에 공부(工部)에 해당되는 공장부(工匠府, 682년)와 예작부(例作府, 686년)를 설치하여 14개의 부로 중국의 6전조직(이부, 호부, 예부, 병부, 형부, 공부)과 유사한 정무 분담 체제가 이루어졌다. 신문왕 때에 국학(國學)이 설치된 것도(682년) 왕권의 강화와 정치체제의 정비를 위한 유교 정치이념이 설정되어야 했기 때문이었다. 통일신라의 관직체제는 망할 때까지 유지되었으며 중대에는 집사성의 시중(侍中)의 권한이 강화되었으나, 하대에 와서는 상대등의 권한이 다시 부상하는 현상이 나타나 이를 둘러싼 정권 다툼이 격화되었다.

신라는 지방 행정조직으로 5주 2소경(동원경, 중원경)을, 통일신라시대에는 9주 5소경(복원경, 중원경, 서원경, 남원경, 금관경)을 두었다.

지방행정을 위해서 중앙에서 관리를 파견하였다. 말단행정 단위인 촌(村)의 장은 그 지역의 세력가를 촌주(村主)로 임명, 그 지방 행정기관의 통제를 받도록 하였다. 한편 신라는 전국을 5주(州 : 軍主)로 나누고 주 밑에는 군(郡 : 太守)・현(縣 : 縣令)을 두어 정(停)을 두어 국방을 담당하게 하였다. 이와 같이 지방행정 조직은 군사조직이기도 하여 지방관이 군사 지휘권을 겸하였다. 또한, 수도 행정력을 보충하기 위하여 동원경(東原京 : 강릉, 639년), 중원경(中原京 : 충주, 557년) 등 2소경을 두고 사신(仕臣 : 왕족)을 파견하여 중앙집권화에 박차를 가하였다.

통일 후에는 확대된 영토를 통치하기 위하여 677년(문무왕 17년)경부터 685년(신문왕 5년) 사이에 전국을 9주 5소경으로 재편성하였다. 통일 후 지방제도는 점차 행정적인 성격으로 변모했으나 그 기구는 통일 전과 동일하게 주·군·현·촌과 향(鄕)·소(所)·부곡(部曲)으로 구성되었다. 촌은 몇 개의 자연촌으로 구성되어 양인들이 거주했고, 향·소·부곡은 피정복민이나 반역민을 집단적으로 사민(私民 : 귀족에게 매여서 그 통제를 받고 나랏일에 참여하지 않던 백성)시켜 천민화한 집단지역으로 여겨진다.

특히 지방 향리(鄕吏)들의 세력 확대를 막기 위하여 상수리제도를 실시하였다. 이 제도는 각 주의 향리 1명씩을 인질로 중앙에 머무르게 하여 시위(侍衛)·사역(使役) 또는 궁중용 화목(火木)을 공급하게 하였다. 5소경 제도는 수도인 경주가 동쪽에 치우쳐 있는 불편을 보충하려는 의도와 지방세력을 견제하기 위한 것이다. 5소경의 위치는 원래의 신라영토 밖인 소백산맥 외각지대로서 신라가 정복한 피정목민들을 강제로 사민시켜 중앙에서 파견한 왕경인(王京人)의 지배를 받도록 하였다.

그리고 피정복 가야·백제·고구려인에 대하여는 그들의 신분과 관직에 따라 신라 17관등의 신분체제에 편성시켰다. 그러나 백제인은 10관등급(大奈麻), 고구려인은 7관등급(一吉飡) 이하의 신분에 편입되었다. 그러므로 출세의 제약을 받은 피정복민들은 그들의 진로와 출세를 문화면에서 발휘하였다. 그 결과 5소경은 지방문화 발달의 산실로서 문화의 중심을 이루었다. 대가야계(大伽倻系)의 강수(强首)·우륵(于勒)·김생(金生)은 중원경에서, 고구려계의 법경(法鏡)은 남원경에서 각각 출세한 사람들이다.

(2) 고분군과 신라왕릉 이야기

❶ 신라 중심 역사구분의 이해

『한민족대백과사전』에서는 시대구분을 다음과 같이 설명하고 있다. 선사시대(先史時代)란 문자로 역사적 사실들을 기록하기 시작한 이전의 시대를 의미한다. 이는 역사시대(歷史時代)라는 용어와 대칭되는 개념이다. 이러한 개념의 용어가 최초로 사용된 것은 영국의 러벅(Lubbock, J.)이 구석기시대의 존재를 확증한 이후부터이다. 현대적 의미로 쓰인 것은 1851년 윌슨(Wilson, D.)이 처음이다(윌슨의 저서 The Archaeology and Prehistoric Annals of Scotland에서 비롯됨). 또한 선사시대와 역사시대의 중간단계로서 원사시대(原史時代, proto-historic times)가 있다.

원사시대란 민족·국가의 역사구성을 문헌사료 유무에 따라 편술하는 경우, 문헌사료가 풍부하게 있는 역사시대와, 문서기록이 전혀 없는 선사시대의 중간에 해당하는 과도기를 말한다. 문헌과 전승이 단편적으로 존재하고 유물·유적에 따라 어느 정도 그 민족이나 국가의 양상을 알 수 있다. 따라서 자료의 종류·분량에 따라서 시대를 구분하기 때문에, 원사시대와 역사시대와의 과도기를 어디에 두느냐에 대해서는 여러 가지 학설이 있다. 원사시대를 대상으로 하는 고고학 분야를 원사고고학(proto-historic archaeology)이라고 한다.

📋 **선사 / 원사 / 역사시대의 구분**

선사시대(先史時代)는 구석기시대, 청동기시대, 초기철기시대로 구분되며, 기원전후인 초기철기시대 말경에는 선사시대와 역사시대의 중간단계인 **원사시대**가 형성되었으며, 그 뒤 기원후 3세기경에 고구려, 백제, 신라, 가야 등이 건국됨으로서 우리나라도 **역사시대(歷史時代)**에 들어가게 된다.

한반도의 경우, 이런 선사시대의 개념을 적용시킨다면 구석기시대, 신석기시대, 청동기시대가 선사시대에 속하며 초기철기시대는 원사시대에 해당한다고 할 수 있다. 고고학에 있어서 선사시대를 다루는 연구 분야를 선사학 또는 선사고고학이라 하며 이는 선사고고학자가 담당하고 있다. 이와 대비해 문자기록이 나타난 이후의 시기를 다루는 분야를 역사고고학이라 칭한다.

선사시대에 대한 연구는 문자가 없으므로 거의 전적으로 유적과 유물을 중심으로 진행할 수밖에 없다. 연구방법으로는 유적·유물의 형태적 분석, 분포관계를 밝히는 지리적 분석, 선사시대와 비슷한 상황에서 도구를 제작해보는 실험적 분석, 현존 미개집단의 생활자료로부터 선사시대의 생활을 추정하는 민족지적(民族誌的)인 유추방법 등이 있다.

또한 선사시대 인간들은 자연환경에 보다 직접적으로 좌우되는 존재들이기 때문에 당시의 문화를 복원하는데 있어 당시의 환경을 다루는 생태학적 연구도 자연히 중요한 자리를 차지하고 있다. 이에는 지질학·고생물학 등의 자연과학적 뒷받침이 절대적으로 필요하다. 한반도의 선사시대는 각 시대별로 시기가 세분되어 있다. 구석기시대는 전기·중기·후기로, 신석기시대는 조기·전기·중기·후기로, 그리고 청동기시대는 전기·후기로 각각 구분되고 있다.

삼국시대(三國時代)는 고구려, 백제, 신라가 4세기에서 7세기 중엽에 걸쳐 한반도를 3분(分)하여 세력을 다투던 시대로, 3국이 각기 건국 초기의 부족국가적(部族國家的)인 틀에서 벗어나 고대 민족국가로서의 체제를 갖추기 시작한 때부터 고구려·백제가 멸망하고 통일신라시대(제29대 무열왕 이전을 삼국시대, 그 이후를 통일신라시대로 크게 구분함)가 개막되기까지의 시기이다. 이 시대는 삼국시대는 부족국가로서 출범한 이들 나라가 원시적 국가체제에서 벗어나 그 성장과정에서 받아들이기 시작한 철기문화(鐵器文化)를 소화하여 철제 농기구 사용의 일반화로써 농경생활을 확립시켰고 정치제도를 제정·정비함으로써 고대국가가 형성된 시기였다. 또한 불교가 전래 확산되어 유교윤리와 더불어 후대 정신문화의 기반을 마련하였으며, 대륙문화를 흡수, 재창조하여 선진문명국의 위치를 굳힌 시기라고 할 수 있다.

❷ 고분이란?

분(墳)이라는 것은 일반적으로 성토(盛土)를 한 묘를 의미한다. 고분이란 과거 우리 조상이 묻힌 무덤을 통칭하는 뜻도 될 것이나, 고고학에서는 일정한 형식을 갖춘 한정된 시대의 지배층의 무덤을 말한다. 여기서 한정된 시대란 선사시대 부족사회에서 고대왕조가 확립되는 삼국(三國)의 건국으로부터, 신라의 삼국통일 이후 불교의 영향으로 화장(火葬)무덤이 성행하여 고분 축조가 쇠퇴된 시기까지를 말한다.

인류가 언제부터 이러한 무덤을 만들기 시작했는가는 알 수 없지만, 현재 흔적이 남아 있는 것으로는 구석기시대 중기부터이다. 당시는 땅을 약간 파고 굽혀묻기[屈葬]한 형태이었는데, 신석기시대가 되면 고인돌[支石墓]과 같은 거대한 석조 건조물이 나타나고, 청동기시대에는 피라미드 같은 거대한 무덤이 건설되기에 이르렀다.

이러한 무덤에는 각종 껴묻거리가 풍부하게 매장되었다. 따라서 무덤이 커지고 내부에 각종 껴묻거리를 풍부하게 매장하였기 때문에, 고분의 매장방법을 통하여 고대인의 사상 및 신앙, 기타 관계된 풍습과 제도 등을 알 수 있다. 또한 꾸미개·무기·용기(用器) 등으로 그 시대의 문화·미술·공예 수준과 내용을 알 수 있다. 따라서 고분은 기록에 나타나는 고대인의 생활과 풍속을 실지로 보여주거나 보충 설명해줄 뿐 아니라, 기록에 전혀 나타나지 않는 시기의 문화와 생활 내용을 구체적으로 알 수 있게 해준다.

고분에서 주검의 매납(埋納)시설은 크게 구덩식[竪穴式]과 굴식[橫穴式] 계통의 둘로 나누어진다. 구덩식에는 돌방[石室]·점토곽(粘土槨)·나무널[木棺]·돌널[石棺] 등이 있고, 굴식으로는 돌방이 있다. 구덩식계통 무덤은 한번 주검을 매납하여 밀폐하고 추가장은 행하지 않지만, 굴식돌방의 경우는 입구에 문을 달아 그 문을 열면 추가장이 가능하다. 이는 매장에 대한 사고방식의 차이에서 기인하는 것이다. 껴묻거리도 주검의 몸에 매달은 꾸미개 및 무기류·의식용 그릇류 등이 보이는데, 대개 오래된 고분에는 보기(寶器)적인 것이 많고 시대가 내려오면 실용적인 것이 많아진다.

한국의 무덤은 신석기시대부터 나타나지만, 청동기시대 이후로 무덤형식이 다양해지고, 역사시대에는 각지에 고분군이 남아 있다. 그러나 통일신라시대 이후로는 껴묻거리가 빈약해지거나 아예 없어져서 고고학에서의 고분 연구성과는 삼국시대의 그것보다는 많이 줄고 있다.

① 신석기시대의 고분

신석기시대의 무덤으로는 1988년 전까지만 해도 인천 옹진군 시도(矢島), 부산 영도구 동삼동과 북구 금곡동의 조개더미유적, 충남 서산시 해미면 휴암리(休岩里)의 산위 포함층유적에서 조사된 돌무지유구와 경북 울진군 후포면(厚浦面) 후포리에서 조사된 세골장(洗骨葬) 유구가 그 대상으로 논의되었다.

그런 가운데 1988년 4월 경남 통영시 상노대도(上老大島)의 산등유적에서 온전한 형태의 신석기시대 인골이 검출되었고, 그해 9월 통영시 연대도 조개더미에서 2구의 인골이 검출되었다. 이 중 1호분은 유구도 분명하고 잔존한 인골의 상태도 양호하며 껴묻거리도 발견되어, 처음으로 한국 신석기시대 무덤으로 확인되었다. 이 무덤은 시신 위에 돌무지를 덮은 형태로, 대개의 신석기시대 무덤은 이와 유사했을 것으로 보인다.

② 청동기시대의 무덤

청동기시대의 무덤양식으로는 고인돌·돌널무덤·독무덤[甕棺墓]·움무덤[土壙墓] 등이 새로 들어와 초기철기시대까지 그 전통이 이어졌다. 고인돌은 선사시대 유적 중 가장 특징적인 성격을 가진 것으로, 제주도를 포함한 한반도 전역과 일본 규슈[九州], 중국 랴오둥반도 등에 퍼져 있으나 한반도에 가장 조밀하게 분포되고 있다. 서유럽의 고인돌과 비슷한 것도 있으나 이들과는 직접적인 관계는 없고, 중국 둥베이[東北] 지방과 한반도에서 독자적으로 발생한 무덤형식인 듯하다.

고인돌은 주검의 위치에 따라 크게 두 가지 양식으로 나뉜다. 판돌[板石]로 땅 위에 네모난 방을 만들어 주검을 넣고 그 위에 크고 넓은 돌을 얹은 탁자식(卓子式) 또는 북방식(北方式)과, 땅 밑에 판돌 및 깬돌[割石]로 널을 만들어 주검을 넣은 뒤 굄돌[支石] 또는 돌무지 위에 덮개돌을 덮은 바둑판식[碁盤式] 또는 남방식이 있다.

북한학계에서는 대표적인 출토지의 지명을 따라 전자를 오덕리형고인돌, 후자를 침촌리형 고인돌이라고 부른다. 고인돌에는 민무늬토기·붉은간토기[丹陶磨硏土器]·반달돌칼·돌검·돌살촉이 묻혀 있는 것이 대부분이며, 비파형동검을 부장하는 경우도 있으나 대체로 청동제품은 발견된 예가 많지 않다.

돌널무덤은 지하에 판돌·깬돌로 널[棺]을 만들고 판돌 및 나무판자로 뚜껑을 덮은 것으로, 대개 북방 시베리아 계통의 무덤 양식으로 보고 있다. 봉분(封墳)이 거의 보이지 않으며, 지역과 묻힌 자의 신분에 따라 형식과 껴묻거리의 양이 다르다. 여기에는 돌검·돌살촉·민무늬토기·붉은간토기·검은간토기·가지무늬[彩文]토기 등이 출토되며, 간혹 청동기도 함께 나온다.

충남 일대에서 발견되는 돌널무덤은 깬돌로 널을 만들고 구덩이의 윗부분을 돌로 채우는 특이한 형식으로, 한국식동검을 비롯한 청동거울, 각종 의기(儀器), 덧띠[粘土帶]토기, 검은간토기 등이 출토되어 지역적인 특징을 보여준다. 부여·공주 일대에서는 이 시대의 독무덤도 나오는데, 바닥에 구멍을 뚫은 일상용 토기를 바로 세워 묻고 아가리를 판돌로 덮은 형식이다.

③ 초기철기시대의 고분

초기철기시대의 무덤양식으로는 널무덤[木棺墓]·덧널무덤[土壙木槨墓]·독무덤 등이 유행하였는데, 일부 지역에서는 앞서 청동기시대에 나타난 고인돌과 돌널무덤이 계속 축조되었다. 덧널무덤은 구덩이에 덧널과 껴묻거리를 묻는 것인데, 단독 또는 부부를 함께 묻기도 하였다. 봉분이 낮고 어떤 것은 머리가 잘린 피라미드형[方臺形]도 있다.

처음 중국의 전국시대 묘제가 요동(遼東)지역에서 토착화하여 대동강유역에 영향을 주었고, 이것이 유력자의 무덤으로 차츰 널리 퍼져 대구·경주·김해 등 남부지방까지 퍼졌다. 서북한지역의 덧널무덤에서는 철기류와 함께 한국제 청동제품, 중국 한(漢)나라 문화의 영향을 받은 수레갖춤 등이 출토되며, 남한지역에서는 한국식동검·투겁창·꺽창·가지방울·거울 등 다양한 청동제품과 쇠칼·쇠손칼·쇠도끼·철제말갖춤 등이 같이 결합되어 출토되고 있다.

한편, 독무덤은 크고 작은 항아리나 독을 2, 3개 맞붙여서 옆으로 눕힌 형식인데, 어른을 넣을 수 있을 만큼 큰 것도 있고 어린이용이거나 세골장용의 작은 것도 있다.

④ 원삼국시대의 무덤

원삼국시대에는 무덤에서 크게 변화가 일어나 앞 시대의 고인돌·돌널무덤[石棺墓] 등이 자취를 감추고, 소형의 돌덧널무덤[石槨墓]과 덧널무덤[土壙木槨墓]이 출현하였으며, 북쪽에서는 돌무지무덤[積石塚]이 나타난다. 그리고 재래식 무덤 중 양식상에 다소 변화가 있지만 덧널무덤과 독무덤[甕棺墓]이 계속해서 만들어졌다. 돌무지무덤은 북쪽 고구려지역인 환인(桓因)지방에서 나타나는데, 냇돌을 네모지게 깔고 그 위에 널을 놓은 뒤 다시 돌을 쌓은 형식으로 한강 유역 등 중부지방에서도 일부 나타난다.

그 밖에 여러 형식의 무덤이 대동강·낙동강유역을 중심으로 나타나는데, 특히 경주시 조양동(朝陽洞) 유적의 덧널무덤은 신라의 돌무지덧널무덤[積石木槨墳]으로 넘어가는 과도기 형식을 가진 토기와 중국 한식(漢式)거울이 출토되어 중국의 영향이 경주지방에 어떻게 도달하였는가를 보여준다.

⑤ 신라시대의 무덤

경주 시내에는 4~6세기 전반에 조영된 신라시대의 대형 돌무지덧널무덤이 곳곳에 있어, 당시 신라의 힘과 부를 상징하고 있다. 이 무덤은 지하·지상에 덧널을 짜 놓고 그 속에 널과 껴묻거리를 넣은 뒤 덧널의 상부에 돌을 쌓고 그 위에 봉토를 씌우는 특이한 구조인데, 한 봉토 안에 덧널을 여러 개 넣은 것[多槨式], 하나만 넣은 것[單槨式], 그리고 봉토를 잇대어 외형을 표주박 모양으로 한 쌍무덤[瓢形墳] 등 몇 가지 형식이 있다. 이 무덤에는 봉토의 크기에 걸맞게 금관을 비롯한 많은 유물이 껴묻혔는데, 대표적 무덤으로는 금관총(金冠塚)·금령총(金鈴塚)·서봉총(瑞鳳塚)·식리총(飾履塚)·천마총(天馬塚)·황남대총(皇南大塚) 등을 들 수 있다.

이 밖에도 신라의 무덤으로는 덧널무덤·돌덧널무덤·독무덤·돌방무덤 등 다양한 형태가 보이고 있으나, 이 양식들은 신라지역에만 있는 것이 아니라 가야에서의 보편적인 무덤과 일치되고 있어 전형적인 신라무덤은 역시 위에서 이야기한 돌무지덧널무덤이다.

한편, 가야고분은 가야의 옛 영역인 낙동강유역과 남해안 일대에 산재하는데, 가장 대표적인 무덤으로는 돌덧널무덤이다. 4세기경에 이르면 경주에서는 돌무지덧널무덤이 성행하고, 영남지역 일대에서는 구덩식 돌덧널무덤이 널리 쓰인다. 혹자는 이 돌덧널무덤만을 가야고분이라고도 한다. 이것은 두꺼운 깬돌[割石]을 쌓아 네모진 돌덧널을 만들고, 다시 그 안에 주검을 넣은 널[木棺]이나 돌널[石棺]을 배치한 양식이다. 이 묘제는 돌상자무덤에서 변화 발전한 고인돌 이래의 전통이며, 움무덤[土壙墓]과 함께 경상도 지방에 깔려 있는 기본 묘제라고 하겠다. 이 돌덧널무덤은 매장방법에 따라 구덩식과 앞트기식으로 구분되며 지역에 따라 세부적인 차이를 보이고 있다.

⑥ 통일신라시대의 고분

통일신라의 무덤에는 돌방무덤[石室墳]·돌무덤[石塚]·화장무덤[火葬墓] 등이 있다. 돌방

📖 **구덩식과 앞트기식의 차이는?**
구덩식(수혈식)은 위에서 밑으로 주검을 넣도록 되어 있는 무덤 방식이며, **앞트기식(횡구식)**은 3벽을 할석(轄石)으로 쌓아올리고 뚜껑돌[개석(蓋石)]을 올린 뒤 막지 않은 벽을 통해 시체를 안치하며, 그 다음에 나머지 벽을 막고 흙으로 봉분을 만드는 방식을 말한다.

무덤은 6세기경 고구려와 백제의 영향으로 만들어지기 시작한 것으로, 처음에는 돌무지덧널무덤과 같이 평야지대에 만들어졌으나 곧 경주 분지 주변의 구릉지대로 옮겨 간다. 초기의 돌방무덤으로는 노서동(路西洞)의 쌍상총(雙床塚)이 있다.

이밖에 경주의 돌방무덤과는 달리 돌을 덮어 쌓아 봉토를 만들어준 돌무덤이 있다. 이러한 무덤은 울릉도(鬱陵島)에서만 조사되었는데, 그 안에서는 통일신라시대의 도장무늬[印花文]토기가 출토되었다. 그리고 이 시대에는 불교의 성행으로 화장(火葬)이 성행하여 뼈를 항아리에 담아 묻는 매장 방법이 유행하였다. 뼈항아리는 그대로 땅속에 묻기도 하나, 지하에 돌로 덧널을 짜고 그 안에 뼈항아리를 넣기도 하고 뼈항아리가 들어 있는 다듬은 돌상자[石函]를 지하에 묻는 방법도 있다.

❸ 신라의 고분과 왕릉

천마총과 황남대총에 대한 발굴과정에서 출토된 많은 금동관 등 많은 황금유물과 시신을 두르고 있었던 황금으로 만든 치장들을 보면 신라는 정말 황금의 나라였으며, 왕들이 시신이 안치된 왕릉은 황금궁전이었다.

왜 신라인들은 거대한 규모의 왕릉을 만들었고 그 속에 찬란한 황금빛 유물들을 부장(副葬)했을까? 그리고 많은 부장품 속에 숨겨져 있었던 비밀은 무엇이며, 신라인들이 미래를 내다보며 꿈꾸었던 세계는 무엇이었을까? 이러한 의문을 가지고 신라 천년의 꿈과 문화를 살펴보기로 하자. 그러면 이 책을 읽고 있는 여러분도 시공간을 초월하여 왕릉 속에 숨겨진 신라 천년왕국의 비밀이 하나씩 우리들 앞에 펼쳐지고 있음을 느끼게 될 것이다.

신라의 고분과 왕릉은 당대의 정치·경제·사상·문화의 총체적 양상이 반영되어 있는 조영물(造營物)이기 때문에 매우 중요한 역사적 의미가 내포되어 있다. 따라서 신라왕릉에 대한 올바른 인식은 곧 신라의 역사를 이해하는데 있어서 도움이 된다.

경주지역에는 56명의 신라 왕 중에서 현재 36기의 왕릉이 전해지고 있다. 이 중에서 오릉을 중심으로 서남산 일대에 박씨 왕릉 6기가 있으며, 남산과 토함산 자락으로 이어지는 왕릉들이 일직선상에 줄지어 위치하고 있다. 선도산 지구에도 태종무열왕과 법흥왕릉 등을 비롯한 왕릉들이 밀집해 있다. 묘제의 구조에서도 초기의 목관분에서 목곽분으로, 대형 고분인 돌무지덧널무덤(積石木槨墳, 적석목곽분)에서 굴식돌방무덤(橫穴式石室墳, 횡혈식석실분)으로 변화하였다.

신라시대 이전의 신라지역 무덤양식은 다른 지역과 유사한 양상을 나타낸다. 초기의 지석묘(고인돌), 큰 옹기를 관 대신 사용하는 옹관묘(甕棺墓), 굴 안에 매장 또는 유기하는 굴장, 청동기시대 후기부터 초기 철기시대에 걸쳐 발달한 토광묘(土壙墓) 등으로

그림 1-1 대형 돌무지덧널무덤 : 황남대총

그림 1-2 굴식돌방무덤 : 일성왕릉

그림 1-3 큰 옹기를 사용하는 옹관묘

구분된다. 또한 신라초기의 묘제의 형태는 다곽묘의 형태로도 나타난다. 다곽묘란 한 봉분 안에 여러 구의 시신을 매장하는 것으로 아마 한 가족을 공동으로 장사할 때 사용된 듯하다.

신라가 건국하는 B.C. 1세기부터 A.D. 1세기까지 조성된 고분들(입실리 유적, 외동읍 죽동리고분군, 조양동고분군, 서면 사라리고분군 등)은 목관묘(木棺墓)이다. 무덤의 크기는 70cm~1m 내외이며 길이는 2m 미만의 소형분이다. 대부분 중심지에서 떨어진 외곽지역에 조성되었고 봉분의 규모도 작아 자연히 소멸되었으며, 그 결과 평지화된 것이 특징이다. 2세기부터 4세기 중엽까지는 한 단계 더 발전된 목곽묘(木槨墓)이나 이전 시기의 목관묘와 혼재하고 있는 경우가 대부분이다. 이들 역시 전기의 목관묘와 비교해 봐도 외관상으로는 큰 차이가 없으며, 외형적 특징만으로는 왕릉인지의 여부를 아는 것도 어려운 상황이다.

신라의 삼국통일 이전 시기(4세기 전반~6세기 초)는 돌무지덧널무덤이 축조되고, 그 동안 산록에 조성되던 왕릉이 경주분지 중심지인 시내 지역으로 이동하고 있다. 이들 역시 경주분지 내 집단묘역의 다른 고분과 구별되는 특징이 없어서 왕릉인지의 여부는 파악하기 어렵다. 돌무지덧널무덤은 구덩이를 파거나 지상에 돌을 깔고 덧널을 세운 다음 그 안에 널을 넣고 냇돌로 덧널을 덮고 다시 봉토를 씌운 것이다. 돌무지덧널무덤의 가장 두드러진 특징은 지면 위에 축조된다는 점이다. 우리나라에서 가장 큰 고분인 황남대총(황남동 98호분)과 천마도가

📖 **관과 곽의 차이는?**
관(棺)은 시신만 들어가는 것이고, **곽(槨)**은 시신과 부장품이 함께 들어가는 것을 말한다. 따라서 곽의 내부에는 관이 있는 경우도 있고, 그렇지 않고 곽만 있는 경우도 있다. 따라서 곽은 관보다 규모가 크다.
(예) 목관묘, 목곽묘

나온 천마총(155호분)이 이 양식의 대표적인 무덤이다.

그림 1-4 대릉원 내에 있는 황남대총 표형분(쌍분)

경주의 돌무지덧널무덤은 초기 단계를 지나 5~6세기가 되면서부터는 묘지도 점차 북쪽으로 확장되고 무덤도 대형화되지만 초기의 가족적인 다곽묘가 단곽묘로 변화되고, 말의 순장도 마구의 부장으로 상징되는 등 형식화되는 경향을 보인다. 또한 4세기에서 6세기에 이르는 200여 년간의 경주지역(황오동, 황남동, 노서동, 노동동)에는 갑자기 평지에 노서동 고분과 황남동 98호 고분(황남대총) 등과 같이 대형 고분들이 출현한다. 이곳 고분군에서는 이전 고분에서 볼 수 없었던 금은으로 만든 화려한 유물들이 쏟아져 나왔다. 금관이 처음 출토된 금관총을 비롯하여 천마총, 황남대총, 서봉총, 금령총 등지에서 금관이 출토되었다. 고분들도 불교

📖 **능, 묘, 총, 전(傳)○○왕릉의 차이는?**

능(陵)은 왕과 왕비의 무덤을, **묘(墓)**는 주인을 알 수 있는 무덤일 때, **총(塚)**은 누구의 무덤인지 모를 때, **전(傳)**은 누구의 무덤인지 모르지만 추정된 경우에 사용된다.

(예) 무열왕릉, 천마총, 김유신 묘, 전(傳) 미추왕릉

가 전래되면서 평지를 떠나 구릉진 야산 산기슭(충효동, 선도산, 장산, 동천동, 용강동, 배반동, 율동 등)으로 이동하게 된다. 산지고분은 석실분이 주류이며, 이것은 고구려와 백제를 병합하고 나타난 무덤양식이라 추정된다. 이러한 석실분은 평지에 있는 경우도 있다.

삼국통일이 이루어진 6세기 전반이후 고분은 돌방무덤(石室墳)의 형태로 나타나고, 왕릉의 규모도 점차 소형화되는 경향을 보인다. 대표적인 굴방무덤의 예로는 태종무열왕릉이 있다. 특히 통일신라 이후 시기의 경주에서는 굴식돌방무덤이 나타난다. 태종무열왕릉 이후의 능에는 봉토에 둘레돌을 둘러 십이지신상을 세웠으며, 주위에 돌난간을 두르고, 괘릉(사적 제26호)과 같이 돌사자를 세우는 등 제도를 갖추게 된다. 이러한 돌방무덤의 형태는 통일신라기를 거쳐 전국으로 퍼져나가게 된다.

신라의 고분 형태는 크게 원형분(둥근 무덤), 표형분(쌍무덤), 방형분(네모무덤)으로 나타났다. 경주지역의 고분은 원형분이 주류를 이루고 있으며, 일부의 고분에서 표형분과 방형분이 보여 진다. 대릉원 안에 있는 천마총은 원형분이며, 천마총 바로 옆는 황남대총(황남동 98호 고분)은 표형분의 형태를 취하고 있다. 이외에도 경주지역에는 황오동고분, 서봉총, 호우총, 보문리 부부총 등과 같은 표형분이 있다. 신라시대에 만들어진 약 10기의 표형분 중에서 가장 큰 것은 역시 대릉원 안에 있는 황남대총이다. 표형분은 신라 고분에서만 볼 수 있는 것으로, 먼저 만든 분묘의 봉토와 호석(둘레돌)의 일부를 떼어 내고 그 자리에 뒤에 만드는 분묘의 봉토와 호석을 붙이는 것이며, 원칙적으로 부부묘의 경우에 성립한다.

방형분은 밑 부분이 사각형인 무덤으로 고구려 무덤양식이다. 신라의 고분 중 단 1기가 불국사역 앞(구정동 방형분)에 있다.

그림 1-5 경주시 구정동 방형분

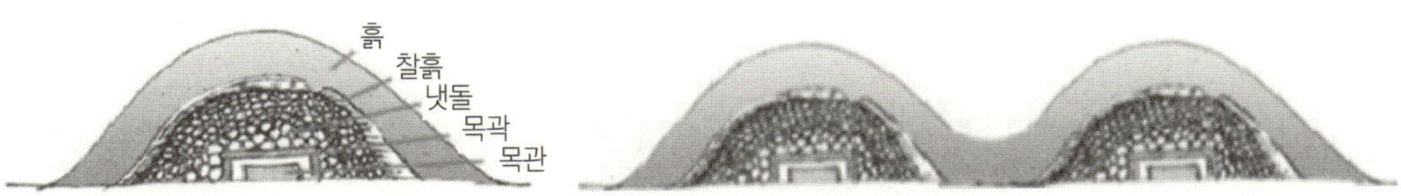

그림 1-6 돌무지덧널무덤의 내부구조(좌 : 원형분, 우 : 표형분)

　신라의 고분에서는 호석(혹은 보호석)의 변화도 눈여겨 볼만하다. 호석(護石)이란 봉토의 둘레 기초 부분에 둘레돌을 돌리고 비석을 세운 양식을 말한다. 원래 봉토 주위에 돌을 돌리는 것은 옛 신라시대부터 시작되었는데 처음에는 봉토의 아래 경계를 표시하는 정도인 한 줄의 돌이 점점 2단, 3단으로 높아지면서 돌담으로 봉토 밖으로 나타나게 되고 무너짐을 방지하기 위해서 지탱할 수 있는 보조석을 설치하는 경우도 생겨나게 되었다.

그림 1-7 신라왕릉의 호석 변화

선덕여왕릉과 태종무열왕릉은 봉토 아랫부분에 자연석의 둘레돌을 돌리고 일정한 간격으로 자연석의 큰 돌을 끼워 넣거나 지탱석을 세우는 형식을 취하고 있다. 신문왕릉은 봉토 아랫부분에 다듬은 돌을 사용하여 단을 쌓고 이를 보다 견고히 하기 위해 자연석을 다듬어 지탱석을 받치고 있다. 경덕왕릉, 성덕왕릉, 괘릉의 원성왕릉은 봉토 아랫부분에 둘레돌을 쌓은 대신 판석으로 돌리고 돌못 역할을 하는 탱석에 12지신상을 새기는 형식이다. 성덕왕릉과 괘릉은 능의 둘레돌에 12지신상을 조각하고 무덤에 사자, 문인석(능 앞에 세우는 문인(文人) 형상으로 된 돌), 무인석(능 앞에 세우는 무관(武官) 형상으로 된 돌), 화표석(무덤을 꾸미기 위하여 무덤 앞 양 옆에 하나씩 세우는 돌기둥) 등을 갖춘 형식이다. 헌강왕릉과 정강왕릉은 봉토 아랫부분에 다듬은 둘레돌을 쌓은 형식을 취하고 있다.

❹ 불교와 함께 전래된 화장묘

신라사회에 불교가 정착되면서 사람들의 일상생활에도 커다란 변화가 일어났다. 특히 화장이 크게 유행함에 따라 화장묘(火葬墓)를 많이 쓰게 되면서 뼈를 담는 뼈항아리가 다양하게 만들어졌다. 뼈항아리에는 화장한 뼈를 담는 것이 원칙이지만 경우에 따라 껴묻거리(부장품)를 넣기도 한다. 이러한 전통은 신라 중대 이후 하대에 이르기

그림 1-8 화장묘에 사용된 뼈항아리 1

까지 당대 최고 지배계층이 선호했다. 물론 이러한 현상은 불교의 문화에 힘입은 바 크다고 할 수 있다. 불교식 장례법인 화장을 유언으로 남긴 왕으로는 문무왕 외에도 효성왕, 선덕왕, 원성왕, 효공왕, 신덕왕, 경명왕 등이 있다. 그런데 이들 왕 가운데 문무왕과 원성왕을 제외하면 모두 재위 기간이 극히 짧았음을 알 수 있다.

통일신라시대에는 불교의 영향으로 화장(火葬) 풍습이 성행함에 따라 뼈를 그릇에 담아 지하에 묻는 화장묘가 유행하였으며, 이때 사용된 용기를 장골용기라 한다. 장골용기를 사용한 화장무덤이 가장 발달한 지역은 신라의 경주부근으로 알려져 있으며, 장골용기로 사용된 토기는 대부분 인화문(印花文)이 화려하게 시문된 토기가 주류를 이루고 있다. 신라의 장골용기

💾 **장골용기란?**
장골용기(藏骨容器)는 뼈항아리 또는 〈골호(骨壺)〉라고도 하며, 이는 사람의 시체를 화장한 뒤 추려 담아 땅에 매장할 때 쓰던 용기로 발생 시기는 삼국시대 말인 7세기 이후로 추정된다.

그림 1-9 화장묘에 사용된 뼈항아리 2

이 뼈항아리는 1984년 전 민애왕릉(傳 閔哀王陵) 주변을 조사할 때 발견된 것으로서 전형적인 통일신라시대 화장묘의 구조였다. 뼈항아리의 바닥은 납작하며 약간 낮은 받침이 붙어있으며 상단(上段)에는 4군데에 방주상(方柱狀) 파수(把手)가 부착되어 있으며, 파수에는 상하로 구멍이 뚫려 있다.

는 대개 7세기까지는 전체적으로 반구형의 몸체에 뚜껑이 있는 합이 많이 쓰인다. 무늬는 주로 뚜껑에 기하학적인 무늬가 있는 것이 많은데, 점차 인화문으로 바뀌어 간다. 8세기에는 장골용기가 최고로 발전하며 인화문이 화려하게 시문된 항아리를 비롯하여 녹유도기나 당삼채 등이 사용되고, 기종도 매우 다양해진다. 통일신라 후기가 되면 점차 장골용기의 양식이 쇠퇴하여 화려하게 장식된 인화문이 사라지고 기형도 둔중해지는 등 전반적으로 퇴화된 모습을 보여준다.

(3) 신라의 도시구조 : 왕경 경주

사람들 가운데 설왕설래 하는 것 중에 '신라 왕경인 경주의 옛 인구가 100만 명이 넘었었다', 혹은 '옛날의 도시구조와 설계가 오늘날과 거의 차이가 없을 정도로 발달했다'는 이야기가 전해져 오고 있는데 과연 진실일까?

이렇게 전래되어 오고 있는 이야기들이 사실이라면, 다음과 같은 몇 가지 질문들에 대한 명백한 증거들이 확보되어야 할 것이다. 만약 이러한 의문에 대한 명확한 해답이 주어질 수 있다면, 정말 신라 왕경(王京)인 경주의 옛 모습은 이탈리아의 폼페이처럼 매우 균형적으로 발달된 찬란한 도시였음을 알게 될 것이다.

- 옛 경주인 신라 왕경의 크기는 얼마나 되었을까?
- 왕경의 거주인구는 어느 정도이었을까?
- 건축물, 도로시설, 상하수도시설은 잘 발달되어 있었을까?
- 물건을 매매하는 시장은 잘 발달되었을까?

지금부터는 각각의 의문에 대한 증거들을 살펴보기로 하자.

❶ 옛 경주인 신라 왕경의 크기는 얼마나 되었을까?

신라의 서라벌(경주)은 8세기경에 이라크의 바그다드, 당(唐)나라의 장안(長安), 동로마의 콘스탄티노플과 함께 세계 4대도시에 포함될 정도로 국제적인 명성이 있는 고대도시였던 것으로 알려지고 있다.

지금부터 천년 전 경주는 360개 방(坊)으로 이루어진 바둑판 모양의 도시구조를 가진 계획도시였고, 영흥사에 불이 났는데 민가 350채가 한꺼번에 탔다는 기록으로 볼 때 매우 인구밀도가 높은 도시였던 것으로 추정된다. 방의 크기는 동천동 유적지와 황룡사지 동쪽의 왕경지

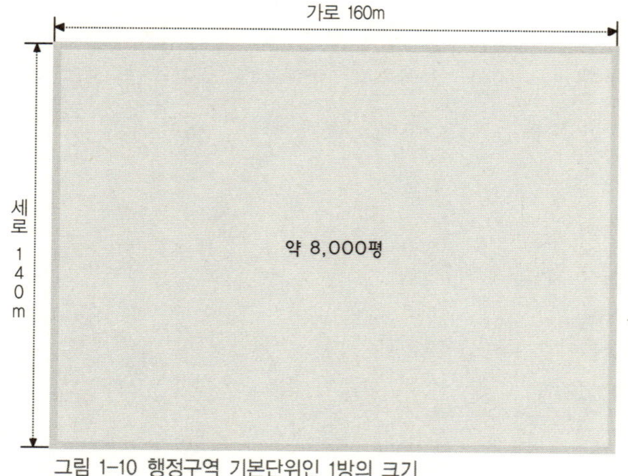

그림 1-10 행정구역 기본단위인 1방의 크기

구 발굴현장에서 증명되었는데, 대략 8,000천 평 규모의 네모난 바둑판 모양으로 오늘날 블록과 유사하였다. 경주에는 360개 방이 있었고 1개 방은 8,000평이므로 360개 방으로 환산하면 그 당시 도시면적은 288만 평(8,000평×360개 방)으로 추산된다. 그러나 당시의 도시크기가 이 정도라고 결론을 내릴 수 있을까?

불교가 전래되기 전의 경주는 왕릉들이 거의 시민들의 생활공간인 시내에 위치하고 있었다. 그런데 6세기 이후에는 왕릉이 시가지인 360방의 범위를 벗어난 외곽지역에 조성된다. 이는 도시의 범위가 외곽으로 확장됐음을 의미하며, 인구의 팽창과 택지면적 규제가 그 원인이 되었을 것으로 판단된다.

한편 『삼국유사』에서도 경주의 옛 도시 경계가 매우 넓었음을 간접적으로 보여주는 기록이 있다. 이에 의하면 천년 전 경주는 이곳 관문성을 도시의 동남쪽 경계를 삼고 있었다고 한다. 그런데 이는 오늘날 경주의 도시 경계와도 일치하고 있다. 경주에서 동남방향으로 21km 정도 가다보면 울산시와 경계가 되는 곳에 경주의 '관문성'이 있다.

"왕경인 경주로부터 동해 어귀에 이르기까지 집들이 총총 들어섰지만 초가집 한 채를 볼 수 없었고……"

<그림 1-11>은 신라 왕경인 경주의 옛 모습을 복원한 모형이다. 왕경도는 여러 자료를 기준으로 하여 9세기의 왕경인 옛 경주의 모습을 복원하고자 3년 간의 작업과정을 거쳐 1992년에 완성된 모형이다.

경주의 남쪽에는 초생달 모양으로 생겼다 해서 월성이라 불린 왕궁이 있었고 월성의 북쪽에는 대릉원과 첨성대가 있고, 첨성대동쪽 편에는 인공섬과 연못을 조성한 안압지가 있었다. 안압지 옆에는 동궁터로 알려진 건물지가 있는데 이곳은 월성의 별궁 역할을 했으리라 추정된다. 월성의 북동쪽에는 황룡사가 있었다. 신라의 왕궁은 월성이었으나 도시

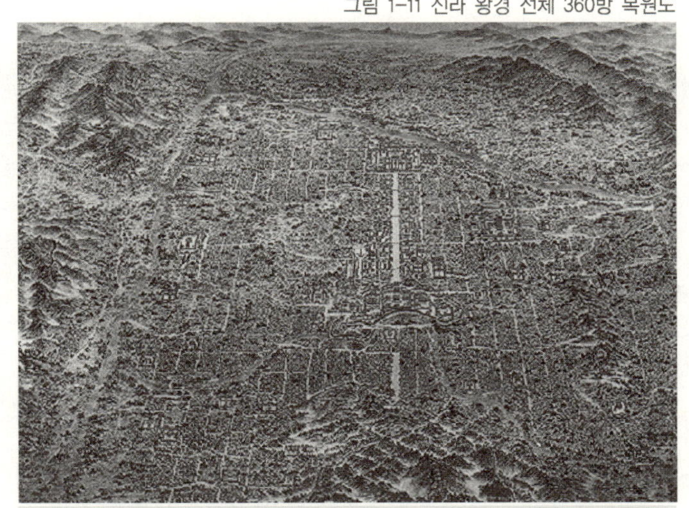

그림 1-11 신라 왕경 전체 360방 복원도

국립민속박물관과 신라역사과학관에 전시된 이재건 화백의 경주왕경도이다. 당시의 경주를 반월성(半月城) 남쪽에서 바라본 모습이다. 그림에는 월성, 안압지, 황룡사, 성동리궁궐과 남북대로가 나타나 있다. 그리고 네모모양의 방으로 잘 구획되어 있는 도시구조를 볼 수 있다.

📖 **왕경(王京), 방(坊)이란?**

왕경(王京)은 신라 수도였던 서라벌(경주)을 의미한다. **방(坊)**이란 신라 왕경 행정구역의 기본단위로 대략 8,000평 정도의 네모난 바둑판 모양을 말한다.

가 북쪽 방향으로 확장되면서 왕궁이 남쪽에 치우치게 되었고 이를 해결하기 위해 북쪽에 상징적인 궁궐을 만들었는데, 이것이 바로 성동리궁궐이다. 안압지 앞에서 북궁인 성동리궁궐까지는 23m의 남북대로가 설치되어 있었다.

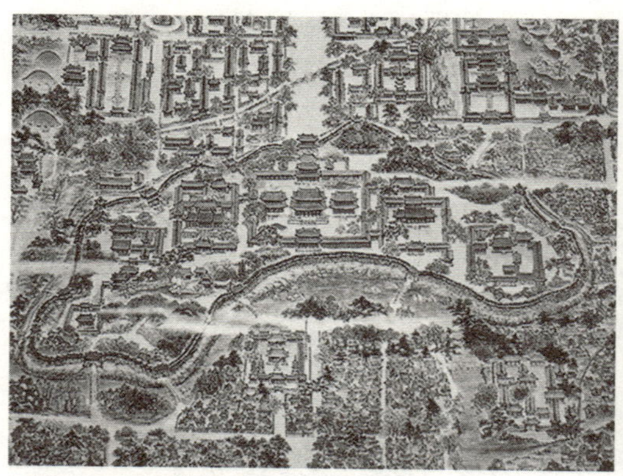

그림 1-12 신라 왕경 경주 반월성 복원도

그림 1-13 신라 왕경도 내의 황룡사, 분황사, 안압지 부근 복원도

그림 1-14 경주 반월성 북쪽에 있는 첨성대

경주 반월성 북쪽에 있는 첨성대이다. 높이 9.17m, 밑지름 4.93m, 윗지름 2.85m이다. 사용된 석재 수는 1년을 상징하는 365개이며, 기단 위에 27단의 석단을 쌓았다.

그림 1-15 경주 반월성 동북쪽에 있는 안압지

반월성의 북동쪽에 위치하고 있는 안압지이다. 동서 200m, 남북 180m의 구형(鉤形)으로, 크고 작은 3개의 섬이 배치되어 있다.

❷ 왕경의 거주인구는 어느 정도이었을까?

조선 후기의 한양 인구가 20만 명인 것을 감안해 본다면, 신라 전성기인 천년 전의 인구가 100만 명에 달했다는 기록이 사실일까? 『삼국유사』에는 신라 전성기의 인구가 어느 정도인가를 추정할 수 있는 기록들이 있다.

"新羅全盛之時 京十七萬八千九百三十六戶"
(신라전성기의 수도인 경주에는 17만 8천 9백 36호가 있었다.)

"절과 절이 별처럼 벌여있고, 탑들은 기러기 떼인 양 줄지어 있으며……"

신라전성기의 경주에는 17만 8천 9백 36호가 살고 있었고, 왕경인 경주로부터 동해 어귀에 이르기까지 집들이 총총 들어섰지만 초가집 한 채를 볼 수 없었다는 것이다. 시대를 8~9세기 경으로 가정한다면 정말 놀라운 기록이 아닐 수 없다.

당시의 경주는 360개 방으로 이루어진 계획 도시였다. 한 개의 방은 8,000평 규모의 블록이고, 동천동 지역을 발굴한 결과에 의하면 가로 14m, 세로 20m 집터에 세 채의 집이 있었으므로 1방에는 150채 정도의 집이 들어설 수 있고, 360개 방으로 환산하면 약 54,000가구가 된다. 1가구당 5인이라고 가정하면 약 27만 정도의 인구가 살았을 것으로 추정된다. 그러나 『삼국유사』의 기록에 의하면 178,936호가 살았으므로 거주인구는 894,680명(178,936호×1호 5인 기준)이라는 계산이 나온다.

경주는 당시 다른 도시와는 달리 왕도와 주변을 경계 짓는 나성(羅城)이 없었다. 그 대신 수도의 방비를 위해 주변에 산성(포항 쪽의 북형산성, 서쪽의 부산성, 감포의 팔조산성, 울산 쪽의 관문성)을 쌓았다. 그러므로 경주의 178,936호는 이 산성지역까지를 포함하는 것이 옳을 것이다.

결론적으로 과연 경주의 옛 인구가 100만 명이 넘었다는 이야기는 과장된 것이 아님을 쉽게 알 수 있

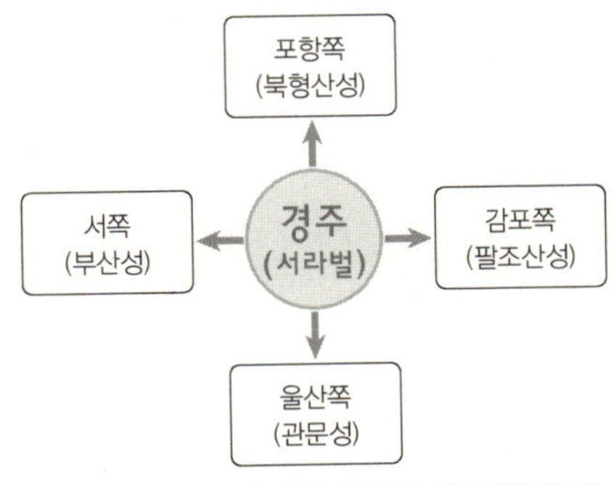

그림 1-16 신라시대 왕경 경주의 외곽지역 경계

다. 또한 국력이 성장하고 인구가 비대해지면서 법흥왕 이후에는 왕릉이 360방의 범위를 벗어나 외곽지역으로 확장되었고, 도시 경계가 동해어귀와 관문성에 이를 정도로 커졌다는 사실을 감안한다면 후대의 과장이 덧붙여졌다 해도 거주인구 100만 명이라는 설은 설득력을 가질 수 있을 것이다.

❸ 건축물, 도로시설, 상하수도시설은 잘 발달되어 있었을까?

신라왕경인 경주는 단지 인구만 많았던 고대도시일까? 발굴된 유적과 유물들을 살펴보면 정말 탄성이 저절로 나올 정도로 완벽하게 설계된 계획도시였다는 사실을 알게 된다.

도시 전체의 모습은 마치 바둑판처럼 반듯하게 구획정리가 되어 있었고, 이는 오늘날의 도시설계와도 매우 흡사한 구조라고 볼 수 있다. 경주 월성과 성동리궁궐을 이어주는 남북도로는 무려 그 폭이 23m로 매우 넓은 도로였으며, 마차와 사람들이 다니는 차도(車道)와 인도(人

📖 **나성(羅城)이란?**

나성(羅城)이란 자성(子城) 또는 내성(內城)·재성(在城 : 임금이 거하는 성)의 바깥에 있는 넓은 주거지까지 에워싼 이중의 성벽을 말하며 나곽이라 부르기도 한다. 특히 도성의 구조에서 왕궁과 관청을 두른 왕성이나, 일반 주거지를 포용하여 쌓은 성을 나타낸다. 우리나라에서는 6세기경에 이르러서 나성을 갖춘 도성제가 성립되었다.

道)가 분리되어 있었다. 신라 통일 직후인 문무왕 14년(674년)에는 월성 동북쪽의 궁궐에 화려한 정원인 안압지가 조성되었다. 북천 너머로 확대된 통일 이후의 주거유적은 도로와 가옥, 배수로가 잘 구획된 모습이었다.

왕경에는 크고 작은 200여 개의 사찰들이 있었고, 귀족들의 저택이라 볼 수 있는 금입택(金入宅)이 수십 채에 달했으며, 계절에 따라 풍취를 느낄 수 있는 사절유택(四節游宅)이 있었다. 가옥은 본채와 사랑채, 부엌, 곳간, 그리고 화장실까지 있었고, 황룡사지 동쪽의 방을 발굴한 결과 집과 집사이의 도로는 15.5m에 자갈과 점토를 층층이 다진 뒤 마사토를 깔아서 만든 구조를 가지고 있었다. 각 집에는 상수도 역할을 하는 53개의 전용우물이 있었다. 우물마다 배수구가 딸려 있었고, 각 집에서 배출한 하수는 소배수로를 통해 도로 옆 배수로로 모이게 설계되었다. 또한 집터에서는 풍로와 숯을 굽던 20기의 가마터가 발견되었는데, 이로 보아 당시의 경주에는 숯을 구워 취사와 난방을 했으리라 추측된다. 그러나 서민들의 생활을 알 수 있는 유적과 유물은 거의 발굴되지 않았다.

❹ 물건을 매매하는 시장은 잘 발달되었을까?

왕릉에서 발굴된 다양한 유물들을 보면 그 당시 경주에서 생산된 것이 아니고 해외에서 수입된 것들(예 : 유리컵 등)도 많이 포함되어 있음을 알 수 있다. 이로 보아 옛 경주는 국제적인 해상무역도시로 발달되었으며, 무역을 통해 당나라는 물론 멀리 아라비아산 사치품이 유입되었을 가능성이 높다.

왕경에는 모두 세 군데의 시장(市場)이 있었고, 이곳에서는 쌀이나 기름, 옷감이나 짚신과 같은 생활필수품, 그리고 철이나 금제품과 같은 물건들이 거래되었다. 소지왕 때 시사라는 관영상점이 처음 등장했고, 지증왕 때 동시(東市)가, 삼국통일 후 효소왕 4년(695년)에 서시(西市)와 남시(南市)가 개설되었다. 당시의 시장은 사람들이 많이 왕래하는 사찰을 중심으로 형성되었다. 특히 경주에는 시장을 관리하는 관청인 시전(市典)이 있었고 이곳에는 30명의 시전관리가 상주했다고 한다. 이들은 시장관리는 물론 왕궁에서 쓸 물건을 조달하고, 시장에서 벌어지는 각종 분쟁을 해결하는 역할을 수행하였다.

(4) 황금의 나라 신라

신라는 경주지역에 산재하고 있는 고분 중에서 128호 무덤에서 1921년 9월 어느 날, 어떤 주인이 날로 번성하는 자신의 주막을 확장하기 위해서 뒤뜰의 둔덕을 깎아내리는 과정에서 우연히 황금 유물들을 발견하게 되었다. 이들 유물은 기록으로 전하던 '황금의 나라 신라'의 실체를 세상에 알리는 신호탄이었다. 일본강점기에 벌어진 이 사건은 신라의 옛 무덤을 국제적인 관심사로 부상시켰고 연이은 발굴조사의 출발점이 됐다. 이 옛 무덤은 금관이 발견됐다는 뜻에서 '금관총(金冠塚)'이라 이름 붙여지게 되었다. 금관총 발견은 이후 신라고분 연구의 기점이 된 긍정적인 부분도 있으나, 이를 통해 제국주의 일본이 국제적으로 선전에 활용한 부정적인 부분도 있다.

신라가 서역인과 같은 이방인들에게 그토록 주목받은 이유는 산명수려해서가 아니라 바로 금 때문일 것이다. 황금의 나라 신라. 사람들이 금에 그토록 혹하는 것은 금이 곧 돈이기 때

📖 **서역이란?**
서역(西域)이란 중국의 서쪽에 있던 여러 나라를 총칭한 역사적 용어로 서방지역이라는 의미이다. 서이(西夷) · 서융(西戎) · 서번(西蕃)이라는 유사어가 있으나, 그것은 티베트인을 포함한 서방 여러 민족을 뜻하며, 서역은 지역명이다.

문일 것이다. 한편, 신라는 황금의 나라라고 불릴 만큼 황금으로 많은 예술품들을 만들었으나 그 중 금관은 신라를 대표 할 수 있는 유물 중의 하나로 신라의 예술적 경지와 금속 제련의 높은 기술성을 알 수 있다.

신라의 천년고도 경주에는 산등성이마다 신라인의 무덤이 즐비하고 그 무덤 속에서는 금빛 찬란한 유물들이 쏟아져 나온다. 신라인은 현세의 삶이 내세까지 이어진다고 굳게 믿었기 때문에 사후의 안식처인 무덤 속으로 자신의 권세와 부를 그대로 가져가려 하였다. 신라의 황금유물들은 빼어난 금속세공품일 뿐만 아니라 신라의 역사를 고스란히 품고 있는 사료이다. 4~6세기 지금의 경주시내에는 돌무지덧널무덤이라고 부르는 거대한 적석목곽분(積石木槨墳)이 연이어 출현한다. 이 적석목곽분들은 규모가 클 뿐만 아니라 신라 황금문화의 보고로도 통한다. 거기에 걸맞게 거의 모든 적석목곽분에 묻힌 주인공은 머리끝 금관에서 발끝 금동신발에 이르기까지 온통 황금 장식으로 치장한 채 모습을 드러낸다.

그렇다면 신라인들은 왜 이런 황금유물을 무덤에 부장했을까? 이는 신라인들의 내세관을 보여주는 것으로 볼 수 있다. 현재의 삶이 내세까지도 이어진다는 믿음이 다양한 각종 황금유물을 무덤에 함께 묻어주는 요인이 되었던 것이다.

신라 '황금 문화'를 상징하는 데 금관만한 유물은 없을 것이다. 힘과 권위를 상징하는 그 화려함 때문일까. 다른 나라에서 결코 찾아볼 수 없는, 나뭇가지 모양과 사슴뿔 모양의 세움장식이 잘 드러난 신라 금관의 '표준형', 곱은옥[曲玉]과 달개[瓔珞 : 둥글게 오려낸 금판을 금실에 꿴 것] 같은 장식품도 호화로운데, 바람이 불면 달개가 움직이면서 햇빛을 받아 찬연한 빛을 발하게 된다. 지금부터는 신라의 고분에서 발굴된 황금유물 중에서 금관 몇 가지를 소개하고자 한다.

❶ 금관총 금관

경주시 노서동에 있는 금관총에서 발견된 신라의 금관으로, 높이 44.4cm, 머리띠 지름 19cm이다. 금관은 내관(內冠)과 외관(外冠)으로 구성되어 있는데, 이 금관은 외관으로 신라금관의 전형을 보여주고 있다. 즉, 원형의 머리띠 정면에 3단으로 '출(出)'자 모양의 장식 3개를 두고, 뒤쪽 좌우에 2개의 사슴뿔 모양 장식이 세워져 있다. 머리띠와 '출(出)'자 장식 주위에는 점이 찍혀 있고, 많은 비취색 옥과 구슬모양의 장식들이 규칙적으로 금실에 매달려 있다. 양 끝에는 가는 고리에 금으로 된 사슬이 늘어진 두 줄의 장식이 달려 있는데, 일정한 간격으로 나뭇잎 모양의 장식을 달았으며, 줄 끝에는 비취색 옥이 달려 있다.

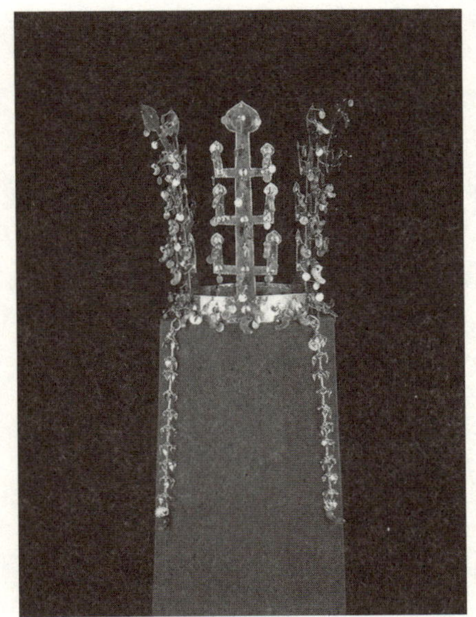

그림 1-17 금관총 금관

이같은 외관(外冠)에 대하여 내관으로 생각되는 관모(冠帽)가 관(棺) 밖에서 발견되었다. 관모는 얇은 금판을 오려서 만든 세모꼴 모자로 위에 두 갈래로 된 긴 새날개 모양 장식을 꽂아 놓았다. 새날개 모양을 관모의 장식으로 꽂은 것은 삼국시대 사람들의 신앙을 반영한 것으로 샤머니즘과 관계가 있을 것으로 생각된다.

이 금관은 기본 형태나 기술적인 면에서 볼 때 신라 금관 양식을 대표할 만한 걸작품이라 할 수 있다.

❷ 천마총 금관

그림 1-18 천마총 금관

신라의 금관(金冠) 중 가장 화려한 것인데 곱은옥[曲玉]과 달개[瓔珞]가 가득 달려있다. 구조는 넓은 관테[臺輪]에 3개의 나뭇가지모양장식[出字形立飾]과 2개의 사슴뿔장식[鹿角形立飾]을 접합한 것이다.

관테에는 상하 가장자리에 2줄의 점열무늬[點列文]와 파상무늬[波狀文]가 장식되어 있는데 파상무늬 사이사이에 원권무늬[圓圈文]가 찍혀 있다. 부문과 달개는 금령총(金鈴塚)과 마찬가지로 3열이며 나뭇가지모양 장식의 작은 가지도 4단이며 각 단마다 경옥제 곡옥과 달개가 매달려 있다. 작은 가지의 좌우가 90도에 가깝게 각지며 솟음장식[立飾]의 가장자리에도 2줄의 점열무늬를 장식하였다.

전면(前面)에는 2줄의 수하식(垂下飾)을 매달았는데 금령총과 더불어 세환에 코일상의 중간식과 펜촉형수하식을 장식하였다.

이 금관도 발굴당시 황남대총북분(皇南大塚北墳)이나 금령총(金鈴塚) 금관처럼 고깔모양을 띠고 있었으며 관테가 턱부근까지 내려와 있었다. 이 금관은 기본적으로는 황남대총 북분 출토관의 계보를 잇고 있으나 연대적으로는 금령총 출토 금관과 공통점을 지니고 있다.

❸ 교동 금관

경주시 교동(校洞)의 폐고분(廢古墳)에서 도굴되었다가 압수한 금관(金冠)이다. 신라의 금관 중 가장 형태가 단순하며 오래된 것이다.

금판을 길죽한 띠모양으로 오려 관테[臺輪]를 만든 다음 별도로 만든 3개의 솟음장식[立飾]을 관테의 안쪽에 덧대고 금못을 '∴' 모양으로 박아 고정하였다. 관테에는 상하로 2줄의 달개를, 솟음장식에는 한줄씩의 둥근 달개를 금실에 꿰어 매달았다. 솟음장식은 중심줄기와

그림 1-19 교동 금관

2개의 가지로 이루어진 나뭇가지모양인데 형태상으로 보면 부산 복천동 10·11호분에서 나온 금동관과 유사하며 신라의 전형적인 관(冠)인 '출(出)' 모양 금관의 시원적인 모습으로 추정된다. 관테의 지름이 14cm에 불과하여 금령총 출토 금관처럼 소년용일 가능성이 있다.

❹ 황남대총 금관

그림 1-20 황남대총 금관

경주시 황남동 미추왕릉 지구에 있는 삼국시대 신라 무덤인 황남대총에서 발견된 금관이다. 신라 금관을 대표하는 것으로 높이 27.5cm, 아래로 늘어뜨린 드리개(수식) 길이는 13~30.3cm이다.

이마에 닿는 머리띠 앞쪽에는 山자형을 연속해서 3단으로 쌓아올린 장식을 3곳에 두었고, 뒤쪽 양끝에는 사슴뿔 모양의 장식을 2곳에 세웠다. 푸른 빛을 내는 굽은 옥을 '출(出)'자형에는 16개, 사슴뿔 모양에는 9개, 머리띠 부분에 11개를 달았다. 또한 원형의 금장식을 균형있게 배치시켜 금관의 화려함을 돋보이게 하였다. 아래로 내려뜨린 드리개는 좌·우 각각 3개씩 대칭으로 굵은 고리에 매달아 길게 늘어뜨렸다. 바깥의 것이 가장 길고, 안쪽으로 가면서 짧아진다. 장식 끝부분 안쪽에는 머리띠 부분과 같은 푸른색 굽은 옥을 달았고, 바깥쪽에는 나뭇잎 모양의 금판을 매달았다.

발견 당시에는 금관과 아래로 내려뜨린 드리개들이 분리되어 있었다. 이 금관은 신라 금관의 전형적인 형태를 갖추고 있으며, 어느 것보다도 굽은 옥을 많이 달아 화려함이 돋보이고 있다.

2. 신라의 생활문화는 어떤 모습이었을까

어떤 나라의 생활문화에 대한 이해는 그 시대의 상황을 이해하는데 매우 필요한 작업이다. 본 장에서는 신라의 생활문화를 신라의 종교, 예술, 생활도구 등으로 구분하여 살펴보기로 한다.

(1) 신라의 종교

신라 시대의 종교를 보면 재래의 샤머니즘 외에 불교·도교 그리고 풍수지리설이 전래되어 크게 발달하였다. 6세기 이후의 신라의 문화재와 유물 중에는 불교와 관련된 것이 많이 남아 있다.

❶ 불교

불교(佛敎, Buddhism)는 5세기 초인 눌지마립간 때에 고구려를 통해 전해져 처음 북쪽 지방에 파급되었으나 많은 박해 속에서 끝났다. 신라의 불교수용은 고구려의 372년이나 백제의 384년에 비해 거의 150여 년이나 뒤진 것이었다.

신라의 불교 수용 과정은 순탄한 것만은 아니었으며, 그 갈등은 다음과 같은 두 가지로 파악된다. 첫째로 사회적·정치적 갈등을 들 수 있다. 이차돈(異次頓)과 같은 불교도의 불교 공인 요구와 왕권 신장 및 중앙 집권적인 지배 체제 확립을 위한 새로운 지배 이념을 필요로 하는 왕권의 요구가 상응한데 반해, 부족 합의제의 고수를 지향하는 전통 귀족 세력은 법흥왕과 이차돈의 불교 승인요구를 극력 거부하였던 것이 그 형태이다. 둘째로 종교적, 문화적 갈등을 들 수 있는데, 법흥왕의 불교 승인 요구에 대하여 귀족층과 전통 부족 세력을 대표하는 대신들이 승려들의 머리모양, 옷차림새 그리고 그들의 언변에 상당한 비난을 가한 것이었다.

이러한 갈등에도 불구하고 불교가 신라에서 공인되었는데 그 과정상 결코 순조롭지는 못했다. 법흥왕은 527년(법흥왕 14년)에 왕의 총신인 이차돈을 희생시키고서야 비로소 불교를 공인할 수 있었기 때문이다. 즉 눌지왕 때 아도화상의 전교(傳敎)로부터, 소지왕대의 사금갑(射琴匣)사건을 거쳐, 법흥왕대의 이차돈사건을 겪으면서 마침내 공인을 받게 되었다.

그림 2-1 이차돈 순교비

<그림 2-1>은 경주 소재 백률사에서 발견된 이차돈 순교비이며, 국립경주박물관에서 소장하고 있다. 신라에도 불교가 전래되면서 전통문화의 굴절과 새로운 변천을 겪는다. 법흥왕은 이차돈의 순교를 계기로 귀족들의 반발을 무마하고 종래의 성스러운 천경림(天鏡林)을 헐고 흥륜사를 짓는 등 강력히 불교를 장려하면서 왕권을 강화하였다. 이 비는 이차돈이 순교한지 290여 년이 지난 818년(헌덕왕 10년)에 세워진 6면 비석이다. 이 비의 5면에는 글씨가 새겨져 있으나 마멸이 심하여 읽기 어렵고, 1면에는 이차돈의 순교 장면이 조각되어 있다. 즉 땅이 진동하고 꽃비가 내리는 가운데 잘린 목에서는 흰 피가 솟아오르는 장면이 좁은 비석면에 간결하게 표현되어 있다.

신라의 불교는 크게 3기로 구분할 수 있다. 아도화상(阿道和尙)의 불교전래로부터 원효까지의 1기와 의상의 화엄종 전래 이후 진표(眞表)의 법상종 성립까지의 2기, 도의선사에 의한 선종선종의 전래 이후 나말여초 구산선문(九山禪門)의 번성을 이룬 3기를 말한다. 이렇게 신라의 불교 전체를 놓고 볼 때, 크게 3번에 걸친 발전이 이루어졌다고 할 수 있다.

신라에 있어서 불교는 중앙 집권적인 왕권을 유지하는데 적합했을 뿐 아니라, 귀족들의 특권을 옹호해주는 이론적 근거도 갖추었기 때문에 공인 후 국왕과 귀족 세력 쌍방의 조화 위에서 국가불교로서 호국신앙으로 크게 발전하였다. 호국경전인 『인왕경(仁王經)』과 『법화경(法華經)』이 매우 존중되었으

그림 2-2 황룡사의 복원 모형도

며, 호국의 도량(道場)을 마련한다는 취지에서 17년이나 걸려 황룡사(黃龍寺) 같은 사찰을 짓기도 하였는데, 이는 신라불교의 저력을 과시한 것으로 볼 수 있다.

신라불교의 수용시기는 중고기(中古期)에 해당되는 시기로서 법흥왕, 진흥왕, 진지왕, 진평왕, 선덕여왕, 진덕여왕이 모두 불교식 왕명(佛敎式 王名)을 가진 군주였다. 특히 진흥왕은 순수(巡狩)에 승려를 대동하였고, 화랑도에는 이들을 지도할 인물로 승려낭도를 두기도 하였던 것이다. 신라는 불교의 공인 이후 국가의 주도로 급속히 불교가 전파되어갔지만, 재래의 무속신앙과의 습합을 통해 신라사회에 사회사상으로 뿌리를 내릴 수 있었다.

순수란?
순수(巡狩)란 임금이 나라 안을 두루 보살피며 돌아다님을 의미한다.

그림 2-3 경주의 불국사

한편, 신라 말기에는 선종(禪宗)이 크게 유행하였다. 선종은 불립문자(不立文字)를 주장하고 복잡한 교리를 떠나서 심성을 도야하는 데 치중했던 만큼 소의경전(所依經典)에 의존하는 교종과는 대립적인 입장에 서 있었다. 선종이 처음 신라에 들어온 것은 선덕여왕 때라고 하는데, 처음에는 그다지 이해를 얻지 못하다가 헌덕왕 때 도의(道義)가 가지산파(迦智山派)를 개창함에 따라 점차 퍼지기 시작하였다. 그 결과 이른바 선종 9산(山)이 성립되었고, 이러한 배경에는 지방의 호족들이 환영해 후원했기 때문이다. 선종은 신라의 지배 체제에 반발하고 있

📖 불립문자란?
불립문자(不立文字)는 선종에서 법을 전할 때 마음에서 마음으로 하고, 따로 말이나 글로써 하지 않음을 의미한다.

던 지방 호족들에게 자립의 사상적 근거를 제공함으로써 종국적으로는 신라의 멸망을 재촉하게 되었다.

❷ 도교

도교(道敎, Taoism)는 '신선도(神仙道)'라고도 불리는 것으로 중국의 한(漢)나라시대부터 신선설이 나오게 되었으며, 후한(後漢)의 말기에 이르러서는 노자(老子) 숭배가 일어나 도교가 되었다. 특히 당(唐)나라 시대에는 노자를 국조(國祖)로 삼았었다.

신라 시대에는 도가사상(道家思想)도 일찍부터 발달하였다. 이 사상은 장생불사(長生不死)의 신선 사상의 형태를 띠고 있다. 예컨대, 진평왕 때 장생불사의 신선이 되기 위해 중국으로 유학을 떠난 대세(大世)의 이야기라든지, 혹은 김유신이 중악(中嶽) 석굴에서 신술(神術)을 닦은 것 등으로 미루어볼 때 선풍(仙風)이 성행하던 신라에는 신선방술(神仙方術)을 곁들인 도교문화가 쉽사리 수용되었을 것으로 추측된다.

신라 말기에 지방세력이 등장하는 것과 동시에 유행되기 시작한 사상에는 풍수지리설이 있는데 이 설은 호족들에게 크게 신봉되었다. 이 설에 의하면 지형이나 지세는 국가나 개인의 길흉과 밀접한 관계를 가지며, 따라서 이른바 명당을 골라서 근거지를 삼거나 혹은 주택과 무덤을 지어야 국가나 개인이 행복을 누릴 수 있다고 본다.

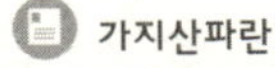 **가지산파란?**
가지산파(迦智山派)란 전라남도 장흥군에 있는 가지산 보림사를 중심으로 하여 일어난 선문구산 가운데 하나를 말한다. 가지산선문이라고도 하며, 가지산파의 개산조(開山祖) 도의(道義)는 당나라로 건너가서 지장(智蔣)의 법을 받았다.

(2) 신라의 과학

그림 2-4 성덕대왕 신종

신라시대에는 천문학과 수학 지식에 바탕을 둔 과학기술이 크게 발전했으며 국가가 과학기술을 적극적으로 권장하였다. 효소왕 때에는 의학 및 산학(算學) 박사제도를, 경덕왕 때에는 누각 박사제도를 실시하였다. 의학과 천문학은 일본에도 전파되었으며 수학적 방법은 고분, 도성, 궁궐, 다보탑과 석굴암 등의 축조에 널리 활용되었다. 주조 기술도 발달하여 범종, 사리 장치, 금관, 금동 불상 등의 제작에 응용되었다. 특히 선덕대왕 신종은 오늘날 남아 있는 고대의 범종으로는 가장 큰 것으로, 종의 울림이 크고 은은하며 맑고 울림이 오래가며, 주조 기술도 매우 뛰어나 범종으로서 세계 최고의 것으로 평가받고 있다.

구체적으로 신라시대의 과학발전 모습을 살펴보기로 하자.

신라 시대에는 천문학과 금속 야금(冶金) 및 세공기술이 발달했으며, 건축부문에서는 역학(力學)과 수학의 원리가 응용되어 위대한 신라 문화재인 첨성대와 석굴암을 만들었다.

선덕여왕 때인 633년(선덕여왕 2년)에 제작된 것으로 알려지고 있는 첨성대(瞻星臺)는 동양에서 가장 오래된 천문대이자 세계적으로 잘 알려진 과학 유물로, 천체 관측에 대한 당시의 관심과 아울러 놀랄만한 과학기술의 도입 수용을 보여주고 있다. 물론 첨성대는 사람이 가로와 세로 1m 가량의 창문으로 올라가기 어렵고, 불과 9m 높이에 불과하여 하늘을 관측하는 시설로 이해하기 어려운 점도 있다. 그러나 그 상징성은 매우 강하여 돌로 쌓아 만든 첨성대의 병 모양 부분이 27단인 것은 선덕여왕이 27대 국왕임을 뜻하고 그 위에 얹혀있는 정자석을 합쳐 모두 28단이 되는 것은 28수(宿)라는 기본 별자리를 가리키는 것으로 추정된다. 또한 기단석까

그림 2-5 첨성대

지 합쳐 모두 29단인 것은 한 달 29일을 뜻하며, 중앙의 창문까지가 12단이고 그 위의 단수도 12단인 것은 1년 12달을 의미하는데, 여기에 사용된 362개의 돌도 1년의 날수에 가깝다. 더구나 첨성대는 고도의 축조기술을 사용하여 우아한 곡선미와 세련된 안정감을 갖춘 예술품으로 칭송된다.

일반기술 분야에서 주목되는 것은 금·동의 세공 및 도금과 같은 금속 가공 기술인데, 마립간 시대 경주의 왕릉에서 출토된 금관은 높은 수준을 보여주고 있다. 또한, 토기의 제작기

그림 2-6 불국사 다보탑

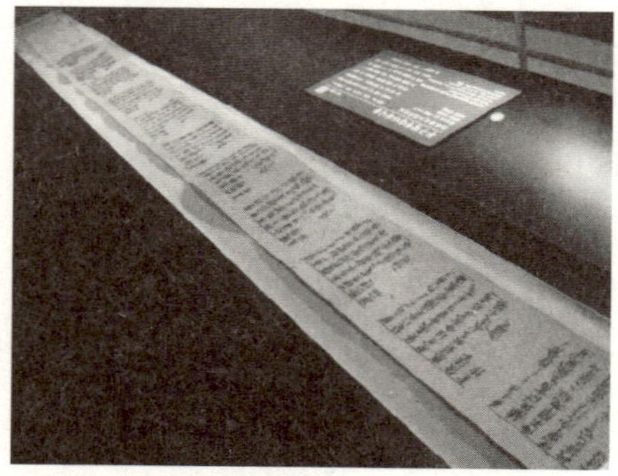

그림 2-7 무구정광대다라니경

술 역시 일찍부터 높은 수준에 이르렀으며, 삼국 통일 후에는 이와 같은 과학기술이 더욱 발전하였다.

한편, 수학이 발달해 사원 건축 등에 크게 응용되었다. 신라의 최고학부인 국학에서는 수학교육이 행해졌으며, 717년에는 산학 박사제도를 설치하였다. 이렇게 하여 발달된 수학지식은 불국사·석굴암 등 사원이나 석가탑·다보탑 등 석탑의 제작에 실제 응용되어 균형미 넘치는 건축물을 낳게 하였다. 특히 석굴암은 아직도 해석하지 못하는 그 기묘한 구조와 아름다운 조각, 축조기술의 우수성으로 한국 고대사회의 예술과 건축의 정화이자 세계적인 문화유산에 속한다.

이 밖에도 많은 서적의 보급과 함께 인쇄술·제지술도 발달하였다. 최근 석가탑 안에서 발견된 『무구정광대다라니경(無垢淨光大陀羅尼經)』은 목판으로 인쇄술의 발달을 증명해 주는 자료로 볼 수 있다.

8세기 중엽에 간행된 목판 인쇄본으로, 너비 약

8cm, 전체길이 약 620cm이며 1행 8~9자의 다라니경문을 두루마리 형식으로 적어놓은 것이다. 1966년 10월 경주 불국사 석가탑을 보수하기 위해 해체할 당시 탑 안에 있던 다른 유물들과 함께 발견되었다. 발견 당시 부식되고 산화되어 결실된 부분이 있었는데 20여 년 사이 더욱 심해져, 1988년에서 1989년 사이 대대적으로 수리 보강하였다. 불경이 봉안된 석가탑이 751년 김대성에 의해 불국사가 중창될 때 세워졌으므로 이 불경은 그 무렵 간행된 것으로 볼 수 있다. 또한 본문 가운데 중국 당나라 측천무후 집권 당시만 썼던 글자들이 발견되어, 간행 연대를 추정할 수 있게 해준다.

『무구정광대다라니경』이 발견되기 전까지 세계에서 가장 오래된 인쇄물은 770년경에 간행된 일본의 『백만탑다라니』로 알려져 왔다. 그러나 이것은 전문을 다 새긴 것이 아니라 『무구정광대다라니경』 중에서 발췌하여 새긴 것으로, 판각술에 있어서도 『무구정광대다라니경』이 훨씬 정교하며 글자체가 예스럽고 힘이 있다. 따라서 목판인쇄술의 성격과 특징을 완전하게 갖추고 있는 『무구정광대다라니경』이야말로 세계에서 가장 오래된 목판본이라 할 수 있다.

(3) 신라의 문학

신라 시대의 문학은 원시 심성(心性)의 가장 보편적인 정령관(精靈觀)을 바탕으로 한 종교적인 가무·제의에서 발생했는데, 크게 설화문학과 시가문학으로 나누어볼 수 있다.

신라시대에는 특정 인물을 역사적 사실과 관련해서 다루는 전설이 비교적 많이 남아 있다. 영웅과 고승을 주인공으로 삼는 이야기가 특히 많고, 평범한 백성들의 사랑에 얽힌 이야기도

적지 않은 비중을 차지하고 있다. 최치원의 『수이전』은 당시의 설화들을 채록한 설화집이었다.

김유신 이야기는 상층 영웅이야기의 대표격이다. 열일곱 살 때 중악 석굴에 들어가 적국을 물리치고 난리를 평정할 힘을 달라고 하늘에 기원하자, 어떤 노인이 나타나 정성을 시험한 다음 어떤 비법을 전해 주었다고 한다. 또 적국 첩자의 유혹에 넘어가 위험에 빠지자, 세 여인이 나타나 구출해 주었다는 이야기도 있다. 삼국통일의 소망이 이루어질 것인가를 시험하기 위해 칼로 바위를 잘랐다고 해서 그 산 이름이 단석산이라고 하는 등 김유신과 관련된 많은 이야기가 전한다. 설화 이야기의 주인공은 모두가 역사적 실존인물이고, 내용도 적국(敵國)인 왜에 대한 투쟁이 중심을 이루고 있어 일종의 영웅서사시로 볼 수도 있다.

한편, 시가문학은 민요·향가 등 다양한 편이다. 민요풍을 띠는 시가로는 『서동요(薯童謠)』와 『풍요(風謠)』가 있다.

『서동요』는 사랑을 노래한 한국 최초의 4구체(四句體) 향가(鄕歌)로, 백제의 서동(薯童 : 백제 무왕의 어릴 때 이름)이 신라 제26대 진평왕 때 지었다는 민요 형식의 노래이다. 이두(吏讀)로 표기된 원문과 함께 그 설화(說話)가 『삼국유사(三國遺事)』 권2 무왕조(武王條)에 실려 전한다. 즉, 무왕이 어릴 때 진평왕의 셋째 딸인 선화공주(善花公主)가 예쁘다는 소문을 듣고 사모하던 끝에 머리를 깎고 중처럼 차려 신라 서울에 와서 마[薯]를 가지고 성 안의 아이들에게 선심을 쓰며 이 노래를 지어 그들에게 부르도록 하였다. 이 노래는 "선화공주님은 남 몰래 정을 통해 두고 맛둥방(서동)을 밤에 몰래 안고 가다"라는 것으로, 선화공주가 밤마다 몰래 서동의 방을 찾아간다는 내용으로 되어 있다. 이 노래가 대궐 안에까지 퍼지자 왕은 마침내 공주를 귀양 보내게 되었다. 이에 서동이 길목에 나와 기다리다가 함께 백제로 돌아가서 그는 임금이 되고 선화는 왕비가 되었다는 이야기이다. 이는 아마도 민중들이 어떤 왕실귀족의 떠들썩한 연애사건을 풍자해 지어낸 노래인 듯하다.

향가에는 일반 백성이 부르던 노래도 들어 있다. 절을 짓는 데 동원되어 일을 하면서, 서러움을 호소하면서도 공덕을 닦는다고 스스로 위안을 하기도 하는 『풍요』는 경주 영묘사 내의 조상(造像) 공사와 관련된 일종의 노동요로서 후대에까지 민중 사이에 불렸다. 이 노래를 노동요(勞動謠)로 보는 의견도 있으나, 부처의 본을 뜨기 위하여 진흙을 나르는 일을 노동이라 보기 어렵고, 한줌의 흙이라도 이토시주(泥土施主)가 되겠다는 기원에서 나온 노래라 하겠다. 『삼국유사』 권4 양지사석조(條)에 실려 전하는 풀이와 그 원문은 다음과 같다. "오다 오다 오다, 오다 서럽더라, 서럽다 어내여(우리들이여), 공덕 닦으러 오다(來如來如來如 來如哀反多羅 哀反多矣徒良 功德修叱如良來如)."

시가 문학은 불교의 영향을 받아 향가로 발전했으며, 통일기에는 많은 향가 작가가 나타났다. 소박한 노래 속에 부드러운 가락을 담고 있어 국문학상에서 높이 평가되고 있다. 향가는 무격(巫覡)의 신가(神歌)에 대치되는 불교적인 노래였으나, 자체가 주원적(呪願的)인 의미를 강하게 지니고 있다.

신라 시대에는 많은 향가가 제작되어 888년에는 진성여왕의 명령으로 위홍(魏弘)과 대구화상(大矩和尙)이 『삼대목(三代目)』이라는 향가집을 편찬하였다. 이 책은 현재 전하지 않으므로 전체의 수를 짐작하기 어렵다. 다만 『삼국유사』에는 14수가 전해지고 있다. 그 중 이름난 것이 승려 융천사(融天師)의 『혜성가(彗星歌)』, 재가승(在家僧) 광덕(廣德)의 『원왕생가(願往生歌)』, 낭도 득오(得烏)의 『모죽지랑가(慕竹旨郎歌)』, 승려 월명사(月明師)의 『제망매가(祭亡妹歌)』, 승려

충담사(忠談師)의 『찬기파랑가(讚耆婆郎歌)』, 처용(處容)의 『처용가』 등이다. 향가는 주로 승려나 화랑과 같은 지배층에 속하는 사람을 작가로 한 귀족사회의 소산이지만, 거기에는 또한 민중의 마음이 표현되어 있어 국민 상하간에 널리 애창되었다.

(4) 신라의 예술

❶ 음악과 춤

신라의 음악은 백제와 고구려에 비해 중국 음악의 영향을 적게 받았으며, 이 시대의 음악은 악기와 노래에 춤이 가미된 일종의 종합예술이었다. 신라에는 음악을 관장하는 기관인 음성서(또는 대악감)가 설치되어 있었으며 궁중의 의식이나 연화와 관련된 음악행정을 맡아보았다.

신라의 소리는 5~6세기 신라사회의 생활상이 담겨져 있는 토우(土偶)를 통해 알 수 있다. 악기가 실물로써 전하는 것은 거의 없고 토우를 통해서 고, 비파, 피리 등을 살펴볼 수 있다. 토우에 나타난 가무와 주악은 시신을 운반하는 장례의례이며, 토우에 나타난 모습은 악기를 연주하고 춤추며, 노래하는 축제의 풍경으로 표현되고 있다.

그림 2-8 악기를 연주하는 토우

서기 527년 신라에서 불교가 공인되고 통일 신라시대에 크게 융성하면서 풍탁(風鐸)이나 동종(銅鐘), 금고(金鼓), 요령(搖鈴) 등과 같은 법구류(法具類)가 많이 제작됐다.

석탑과 부도, 종 등에 조각된 악기를 연주하는 주악상은 음악이 흐르는 평화로운 불교의 이상세계, 즉 불국토를 나타낸다. 악기는 생황과 공후, 횡적, 종적 등 다양하며 불교가 융성하면서 불교음악으로 '범패(梵唄)'가 들어와 불교의식과 음악을 통해 국가와 왕실의 안녕을 기원하는 호국적인 의미가 있다.

그림 2-9 금동주악천인상

서기 551년에는 대가야의 악사 우륵(于勒)이 신라에 귀화하면서 신라의 음악은 더욱 발전하게 되는데 삼국을 통일한 신라는 당나라 음악인 당악(唐樂)을 받아들였고 동시에 고구려와 백제의 음악을 수용하여 한민족 고유의 음악인 향악(鄕樂)의 기틀을 갖추게 된다. 신라의 향토음악에 대한 기록은 『삼국사기』 등에 풍부하게 보인다. 유리왕(24~57년)때 음악인 회악(會樂, 會蘇曲), 탈해왕(57~80년)때 음악인 돌아악(突阿樂), 자비왕(458~478년)때 백결선생이 지은 대악(碓樂) 등이 널리 알려져 있으며, 이 밖에도 신라 여러 지역 음악의 제목이 전해지나, 음악적인 내용은 알 수 없다.

6세기경에 신라에 수용된 가야금은 신라에서 크게 번성하였다. 당시 신라악은 대부분 가야

금과 노래에 맞추어 춤을 추는 편성이다. 통일 전의 <신열악>, <사내악>, <미지악> 등 고악(古樂)은 가야금을 수용한 이후, 곡이 세련되고 아정한 음악으로 바뀌었음을 추측하게 한다.

통일신라시대에는 불교음악이 본격적으로 전래 되었으며, 이 시대의 음악에서는 가야금, 거문고, 향비파, 대금, 중금, 소금의 '삼현 삼죽'이 중심이 되어 사용되었고 신문왕 때에는 만파식적이 사용되었다. 신라고유의 향토음악인 향악은 삼현삼죽과 박판(拍板), 대고(大鼓), 가(歌), 무(舞)로 이루어져 훨씬 다양하고 화려해졌다. 통일신라 음악문화의 주된 흐름은 향토색이 짙은 전통 음악문화의 기반 위에 외래음악을 자주적으로 수용하여 형성한 향악의 전승이다. 또 다른 특징은 당악기 및 당악조의 수용에 따른 당악의 등장 및 당시 지배적 사상이었던 불교와 관련된 음악문화의 대두에 의해서 규정된다.

❷ 미술

신라의 미술은 초기에는 고구려의 영향을 받았으나, 뒤에는 백제의 영향을 강하게 받았다. 한반도의 남동부를 차지한 신라는 비교적 평화롭고 안정된 지역적 조건 밑에서 독자적인 미술문화를 이루었다. 특히 5세기 후반에 전래된 불교의 영향으로 더욱 화려하고 독특한 종교문화를 이룩하였으며, 고분의 유적에서 발굴된 유물들에서 당시의 뛰어난 공예 예술을 엿볼 수 있다. 신라의 미술은 소박한 가운데 조화로운 아름다움을 지니고 있었다. 뿐만 아니라 중국의 6조(六朝), 수(隋), 당(唐) 등 중국의 문화와 멀리 인도 등의 남방문화 그리고 고구려, 백제 등과 접촉하면서 통일신라 때에는 화려하며 패기 있고 섬세한 양식으로 발전하였다.

신라 시대의 미술은 크게 건축, 조각, 공예, 회화, 서예의 다섯 분야로 나누어볼 수 있다.

① 건축

건축에 속하는 것으로는 궁터, 왕릉, 사찰, 탑파(塔婆) 등이 있다.

가. 궁터

신라의 궁터로는 월성(月城)과 안압지(雁鴨池)가 있다. 월성은 경북 경주시 인왕동(仁旺洞)에 있는 101년(파사왕 22년)에 축조한 신라 때의 왕성으로 축성되어 신라가 망하는 서기 935년까지 궁궐이 있었던 곳이다. 지형이 초승달처럼 생겼다하여 '신월성(新月城)' 또는 '월성(城)'이라 불렸으며, 임금이 사는 성이라 하여 '재성(在城)'이라고도 하였다. 조선시대부터 반월성(半月城)이라 불려 오늘에 이른다.

그림 2-10 반월성의 오늘날 모습

월성의 성은 돌과 흙을 섞어 싼 토석축성인데 길이가 1,841m이며, 성내 면적이 193,585m²이다. 동에는 동궁인 임해전과 안압지와 연결되고 북으로는 첨성대가 있다.

반월성에 얽힌 설화가 전해 내려오고 있다. 석탈해가 토함산에 올라서 서쪽 육촌을 바라보니 반월 모양의 땅이 무척 좋아 보였다. 곧 이곳에 와서 보니 당시 신라의 중신 호공의 집이었다. 탈해는 이 집을 자기 수중에 넣으려고 한 가지 계략을 꾸미게 되었다. 호공의 집 주변

에 몰래 숫돌과 쇠붙이, 숯들을 많이 묻어두고, 이튿날 호공을 방문하여 "이 집은 원래 우리 조상들의 집이었으니 집을 내달라"고 하였다. 호공은 크게 놀라 그 증거를 보이라 하였다. 탈해는 서슴지 않고 "우리 조상이 여기서 오래 살다가 잠시 다른 나라로 간 것이오. 집터 주변을 파보면 확실한 증거물이 나올 게요. 우리 조상들은 원래 쇠를 다루던 대장장이였소."하고 당당히 말하였다. 억울하기 짝이 없는 호공이 시비를 가려달라고 관청에 송사를 걸었다. 드디어 재판 날 탈해의 말대로 집 주변을 파보니 과연 숯이 많이 나왔다. 이에 관원들은 탈해의 집이라 인정하지 않을 수 없었다. 이 내막을 알게 된 2대 남해왕은 탈해가 보통 사람이 아니라 생각하여 사위로 삼았다. 그 후 탈해가 왕이 되자 이곳을 왕성으로 정하고, 5대 파사왕 때 석벽을 쌓아 훌륭한 성을 마련하였다는 것이다.

옛 기록에 따르면 월성을 중심으로 한 궁성의 문은 남문(南門)·귀정문(歸正門)·북문(北門)·인화문(仁化門)·현덕문(玄德門)·무평문(武平門)·준례문(遵禮門)·임해문(臨海門) 등이 있고, 누각으로는 월산루(月山樓)·망덕루(望德樓)·명학루(鳴鶴樓)·고루(鼓樓) 등이 있다. 또 관청으로는 남당(南堂)·조원전(朝元殿)·숭례전(崇禮殿)·평의전(平議殿)·좌사록관(左司祿館)·우사록관(右司祿館)·영각성(玲閣省)·월정당(月正堂) 등이 있다.

반월성 주변의 왕궁으로는 내성(內省)·임해전(臨海殿)·안압지(雁鴨池)·동궁(東宮)·동궁만수방(東宮萬壽房)·영창궁(永昌宮)·영명궁(永明宮)·월지궁(月池宮)·내황전(內黃殿)·내전(內殿)·내정(內庭) 등이 있다. 영명궁은 태후의 궁이었고 월지궁은 왕태자의 궁이었다. 천존고(天存庫)에는 삼국을 통일한 문무왕(文武王)의 전설과 관계가 있는 만파식적(萬波息笛 : 일종의 가로 피리로 리드 없이 입에 가로로 대고 부는 관악기)이 보관되어 있었다.

안압지는 30대 문무왕(文武王) 때 신라의 지도(地圖) 모양으로 임해전 앞에 판 못으로, 월성(月城)의 북동쪽에 인접해 있는 신라 왕궁의 별궁터이다. 다른 부속건물들과 함께 왕자가 거처하는 동궁으로 사용되면서, 나라의 경사가 있을 때나 귀한 손님을 맞을 때 이곳에서 연회를 베풀었다고 한다. 신라 경순왕이 견훤

그림 2-11 안압지

의 침입을 받은 뒤, 931년에 왕건을 초청하여 위급한 상황을 호소하며 잔치를 베풀었던 곳이기도 하다.

『삼국사기』의 기록에 의하면 궁성 안에 못을 파고 산을 만들어 화초(花草)를 기르고 진금이수(珍禽異獸)를 양육하였다고 하였는데, 안압지는 바로 그때 판 못이며 임해전(臨海殿)에 딸린 것으로 추정된다. 1974년 이래의 준설공사와 고고학적 조사에 의하여 주목할 만한 유구(遺構)와 유물이 발견되었다. 동서 200m, 남북 180m의 구형(鉤形)으로 조성되었는데, 크고 작은 3개의 섬이 배치되었다. 연못 기슭과 섬에 실시된 호안공사(護岸工事)는 정교하고 도수로(導水路)와 배수로의 시설도 또한 교묘하다. 연못 바닥에서 출토된 유물 가운데 와전류(瓦塼類)로서는 신라 특유의 우미(優美)한 무늬가 있는 것이 많은데, '儀鳳四年(679년)' 또는 '調露二年(680년)'

의 당나라 연호명(年號銘)이 있는 와전은 중요한 자료이다. 불교 예술품으로서 판상(板狀)의 금동여래삼존상(金銅如來三尊像)과 금동보살상(金銅菩薩像) 등의 우수한 작품이 있고, 유존(遺存)하는 예가 드문 목조의 배, 건축 부재, 목간(木簡) 등의 채취와 그 보존에 성공한 일은 귀중한 공적이다.

나. 왕릉

신라시대에는 천마총, 황남대총, 미추왕릉, 무열왕릉, 오릉, 삼릉 등 수많은 고분을 축조하였다. 이들 왕릉은 당시의 건축뿐만 아니라 공예 혹은 회화를 살피는 데도 보

그림 2-12 경주 대릉원 내에 있는 황남대총

고의 구실을 하고 있다. 고분에서 볼 수 있는 나무널[木棺] 등으로 미루어 볼 때 목조건축 기법이 매우 발달했으리라 여겨진다. 삼국통일 후에는 무덤의 봉토가 무너지는 것을 막기 위한 호석제도(護石制度)가 크게 발전하였다. 그밖에 무덤 둘레에 십이지신상을 비롯해 네 석사자, 방주석, 난간을 배치하며, 무덤 앞에 석상(石床)을 놓고, 거기서 조금 떨어진 곳에 양쪽으로 문무석인(文武石人)과 석주를 배치하는 복잡한 형식이 완성되었다.

다. 사찰

신라 시대에는 왕경 안에 흥륜사(興輪寺)·황룡사(皇龍寺)·영흥사(永興寺)·분황사(芬皇寺)·영묘사(靈廟寺)·사천왕사(四天王寺)·황복사(皇福寺)·망덕사(望德寺)·봉덕사(奉德寺)·창림사(昌林寺) 등 많은 거찰이 있었다. 현재에는 모두 남아 있지 않으며, 다만 그 유지를 살필 수 있을 뿐이다. 그런데 최근 황룡사터에 대한 발굴조사 결과 가람 배치 양식은 문·탑·금당·강당이 남북으로 일직선상에 배치된 것과 강당에서 회랑에 연결되는 것 등은 백제와 같으나, 금당만은 고구려 계통의 삼금당식에 속하는 것임이 밝혀졌다.

반월성과 안압지 동쪽에 있는 황룡사(皇龍寺)는 비록 남아있는 것이 건물과 탑 그리고 불상의 자리를 알려주는 초석뿐이지만 그 규모나 사세가 신라 제일이었음은 틀림이 없다. 1976년부터 7년에 걸쳐 발굴조사가 실시되어 담장 내 면적이 동서 288m, 남북 281m, 총면적 2만여 평으로 동양에서는 최대의 사찰이며, 당초 늪지를 매립하여 대지

그림 2-13 황룡사지

를 마련하였음이 밝혀졌다. 황룡사는 왕명으로 553년(신라 진흥왕 14년)에 창건하기 시작하여 566년에 주요 전당들이 완성되었다. 그러나 이때까지 모든 건물이 완공된 것은 아닌 듯하다.

금당(金堂)은 584년(진평왕 6년)에 비로소 완성되었고, 신라 삼보(三寶)의 하나인 9층목탑은 643년(선덕여왕 12년)에 착공되어 그 다음해에 완공된 사실이 『삼국사기』에 기록되어 있다. 이 절은 신라 왕성인 월성(月城) 동쪽에 있었는데, 그 창건 기록에는 진흥왕이 신궁을 월성 동쪽 낮은 지대에 건립하려 했으나 그곳에서 황룡이 승천하는 모습을 보고, 왕이 신궁 조영을 중지하고 절로 만들게 하여 황룡사라는 사명(寺名)을 내렸다고 한다. 국가적인 사찰이었기 때문에 역대 국왕의 거동이 잦았고 신라 국찰 중 제일의 자리를 끝까지 지켰다. 신라 멸망 후에도 황룡사는 고려 왕조에 이어져 깊은 숭상과 보호를 받았으며 9층목탑의 보수를 위해 목재까지 제공받았다. 그러나 1238년(고종 25년) 몽골군의 침입으로 탑은 물론 일체의 건물이 불타버렸다.

삼국통일 후의 사찰을 보면 불국사, 사천왕사, 망덕사, 감은사 등은 금당 앞 양편에 두 개의 탑을 세워두는 이른바 쌍탑식 가람배치 양식을 취하면서 중간과 강당을 연결하는 회랑이 금당을 중심으로 배열된 것이 특징이다.

불국사는 신라 경덕왕 10년(751년)에 재상 김대성(金大城)이 발원하여 개창되고, 혜공왕 10년(774년)에 완성되었다. 당시의 건물들은 대웅전 25칸, 다보탑·석가탑·청운교·백운교, 극락전 12칸, 무설전 32칸, 비로전 18칸 등을 비롯하여 무려 80여 종의 건물(약 2,000칸)이 있었던 장대한 가람의 모습이었다고 전한다.

조선 선조 26년(1593년) 임진왜란 때 의병의 주둔지로 이용된 탓에 일본군에 의해 목조 건물이 모두 불타 버렸다. 그 후 대웅전 등 일부를 다시 세웠고, 1969~1973년 처음 건립 당시의 건물터를 발굴조사하고 대대적으로 복원하여 현재의 모습을 갖추게 되었다. 동서 길이가

90여m나 되는 석축과 청운교(青雲橋), 백운교(白雲橋) 위에 자하문(紫霞門), 대웅전, 무설전이 남북으로 놓였고, 석가탑(釋迦塔), 다보탑(多寶塔)이 서 있다. 그 서쪽에 연화교(蓮華橋), 칠보교(七寶橋), 안양문과 여래좌상 금동아미타불을 모신 극락전이 있다. 무설전 뒤편에는 금동비

그림 2-14 불국사

로자나불좌상을 모신 비로전과 관음전이 있다. 불국사는 풍부한 상상력과 예술적인 기량이 어우러진 신라 불교 미술의 정수로, 1995년 석굴암(石窟庵)과 더불어 유네스코 세계문화유산 목록에 등재되었다.

다보탑(국보 제20호)과 석가탑(국보 제21호)은 우리나라의 가장 대표적인 석탑으로, 높이도 10.4m로 같다. 절 내의 대웅전과 자하문 사이의 뜰 동서쪽에 마주 보고 서 있는데, 동쪽 탑이 다보탑이다. 다보탑은 특수형 탑을, 석가탑은 우리나라 일반형 석탑을 대표한다고 할 수 있다. 두 탑을 같은 위치에 세운 이유는 '과거의 부처'인 다보불(多寶佛)이 '현재의 부처'인 석가

그림 2-15 석가탑(左)과 다보탑(右)

그림 2-16 석굴암

여래가 설법할 때 옆에서 옳다고 증명한다는 『법화경』의 내용을 눈으로 직접 볼 수 있게 탑으로 구현하고자 하기 위함이다.

석굴암은 국보 제24호로 신라 경덕왕 10년(751년)에 당시 재상이었던 김대성이 창건을 시작하여 혜공왕 10년(774년)에 완성하였으며, 건립 당시에는 석불사라고 불렀다. 토함산 중턱에 백색의 화강암을 이용하여 인위적으로 석굴을 만들고, 내부공간에 본존불인 석가여래불상을 중심으로 그 주위 벽면에 보살상 및 제자상과 역사상, 천왕상 등 총 40구의 불상을 조각했으나 지금은 38구만이 남아있다. 석굴암 석굴의 구조는 입구인 직사각형의 전실(前室)과 원형의 주실(主室)이 복도 역할을 하는 통로로 연결되어 있으며, 360여 개의 넓적한 돌로 원형 주실의 천장을 교묘하게 구축한 건축 기법은 세계에 유례가 없는 뛰어난 기술이다. 석굴암 석굴은 신라 불교예술의 전성기에 이룩된 최고 걸작으로 건축, 수리, 기하학, 종교, 예술 등이 유기적으로 결합되어 있어 더욱 돋보인다.

라. 탑파

탑파(사찰에 건립한 탑)는 신라시대 불교 건축에 있어 매우 중요한 위치를 차지하고 있다. 원래 통일 이전에는 목탑이 많이 만들어졌는데, 통일기에 들어와서는 석탑이 유행하게 되었다. 선덕여왕 때 백제사람 아비지(阿非知)가 2백여 명의 공장(工匠)

그림 2-17 황룡사 9층목탑 복원모형

을 지휘해 건축했다고 하는 황룡사의 구층목탑은 고려 때 몽고의 병란에 불타 없어졌다.

현재 통일 이전 탑파의 모습은 분황사석탑(국보 제30호)에서 찾을 수 있다. 이는 현재 남아 있는 신라 석탑 가운데 가장 오래된 걸작품으로, 돌을 벽돌모양으로 다듬어 쌓아올린 모전석탑(模塼石塔)이다. 원래 9층이었다는 기록이 있으나 지금은 3층만 남아있다. 탑은 넓직한 1층 기단(基壇) 위에 3층의 탑신(塔身)을 착실히 쌓아올린 모습이다. 기단은 벽돌이 아닌 자연석으로 이루어져 있고, 네 모퉁이마다 화강암으로 조각된 사자상이 한 마리씩 앉아있다. 회흑색 안산암을 작게 벽돌모양으로 잘라 쌓아올린 탑신은 거대한 1층 몸돌에 비해 2층부터는 현저하게 줄어드는 모습을 보이고 있다. 1층 몸돌에는 네 면마다 문

그림 2-18 분황사석탑

을 만들고, 그 양쪽에 불교의 법을 수호하는 인왕상(仁王像)을 힘찬 모습으로 조각해 놓았다. 지붕돌은 아래윗면 모두 계단모양의 층을 이루고 있는데, 3층 지붕돌만은 윗면이 네 모서리에서 위쪽으로 둥글게 솟은 모양이며, 그 위로 화강암으로 만든 솟은 꽃장식이 놓여 있다. 1915년 일본인에 의해 수리된 이후 지금까지 그 모습을 유지하고 있으며, 수리 당시 탑 안에서 사리함과 구슬 등의 많은 유물들이 발견되었다.

통일기에 들어오면 대체로 기단부가 넓고 높아지며 탑신은 각층이 일정한 체감률을 가지고 조성된 균형잡힌 방형 3층탑이 만들어졌다. 대표적인 것으로는 경덕왕 때에 건립된 불국

사 석가탑을 비롯해 감은사터 삼층석탑, 고선사(高仙寺)터 삼층석탑, 원원사(遠願寺)터 삼층석탑, 갈항사(葛項寺)터 삼층석탑 등이 있다.

② 조각

조각으로서는 불상과 각종 석조물(석등·석조·당간지주)이 있다.

가. 불상

535년(법흥왕 22년) 불교가 공인된 뒤 많은 불상이 만들어졌다. 574년(진흥왕 35년) 황룡사 금동장육삼존상(皇龍寺金銅丈六三尊像)이 완성되었는데, 그 형태와 양식이 확실하지는 않다. 6세기 후반기의 불상양식은 당시의 현실적 인물상을 사실적 기법으로 재현하고 있으며 석굴의 양식이 나타났다. 7세기 초부터 중국의 북제(北齊)·수나라의 양식이 들어와 초기양식과 결합한 경주 남산(南山)의 불곡(佛谷) 마애불좌상과 금동반가사유상 등이 있다. 삼국통일 직후인 7세기 말은 군위삼존석불(軍威三尊石佛)과 같은 보수적 전통과 함께 이를 융합하고 극복해 나가는 시기였다. 8세기는 진정한 의미의 신라조각 양식이 완성되어 근엄하면서도 우아한 얼굴과 신체 각 부분의 적절한 조화를 통해, 부처의 모습을 이상적 인체에 구현시키는 데 성공하였으며, 이러한 양식으로 만들어진 석굴암(石窟庵)은 불교미술의 절정을 이루었다. 8세기 말부터 9세기 중엽에 이르는 시기에는 형태적으로 장대해지고 현실성이 두드러지는데, 삼릉계(三陵溪) 선각마애불 등 대형마애불이 많이 만들어졌다. 9세기 중엽 이후는 신라의 쇠망기로 8세기 조각의 긴장과 탄력에서 멀어진 현실적이고 해이한 작품들이 주를 이룬다. 교종(敎宗)과 선종(禪宗)의 화합에 따라 비로자나불(毘盧舍那佛)이 만들어지고, 철조불상이 주조되었다.

나. 석등 · 석조 · 당간지주

통일기의 조각작품으로는 불상 외에 석등 · 석조(石槽) · 당간지주 · 비석 · 호석 등 다양한 편이다. 석등은 중흥산성(中興山城) 쌍사자석등과 법주사 쌍사자석등을 꼽을 만하며, 석조는 경주 보문리석조와 법주사 석연지(石蓮池), 당간지주로는 공주 갑사 · 망덕사터, 부석사터, 공주 반죽동(斑竹洞), 금산사(金山寺)의 것이 유명하다. 비석으로는 태종무열왕릉비의 귀부(龜趺)와 이수(賂首), 김인문묘비의 것으로 짐작되는 귀부가 남아 있다. 끝으로 원조(圓彫) 혹은 부조(浮彫)된 호석으로는 성덕왕릉과 괘릉(掛陵), 그리고 김유신묘가 대표적이다.

③ 공예

신라시대의 공예품은 고분에서 대량이 출토되었으며 금과 은으로 만들어진 장신구들을 통해서 그 맥을 찾아볼 수 있다. 신라의 공예품의 특징은 매우 호화롭게 제작되었고 미적인 우수함보다는 왕권의 상징물로서 더 큰 의의가 있는 것으로 보인다. 또한 불교가 공인된 후로는 불교의식에 사용되는 많은 공예품이 제작되면서 금속공예 기술은 절정에 이르게 된다.

신라 미술에서 발달한 공예는 토기와 기와, 토우 등으로 대표되는 토공예(土工藝), 고분 부장품과 범종 등의 금속공예, 안압지 발굴유물에서 그 일단을 짐작할 수 있는 목공예, 유리공예 등으로 구분할 수 있다. 통일 이전의 왕릉은 구조상 도굴의 위험이 적기 때문에 많은 공예품을 남겨주고 있다.

　신라의 금관을 위시한 금속공예는 대개가 매우 정교하고 호화로우며 또 간혹 현대적인 감각을 풍겨주기도 한다. 특히 금관의 입식(立飾)은 당시의 수목이나 사슴 숭배사상을 반영하고 있는 것으로 믿어져 당시 신라인들의 토속신앙이나 사상도 엿보게 한다. 대체로 5세기를 중심으로 경주지역 왕릉에서 출토된 공예품들은 장신구, 이기류, 마구류 및 토기로 나누어볼 수 있다. 장신구 중에는 금관을 비롯해 금귀걸이, 금띠, 금가락지, 금팔찌 등 순금제품과 유리잔, 숟가락, 구리항아리, 은제합 등이 있다.

　통일기에 들어오면서 공예 기술이 더욱 발달했는데, 대표적인 것이 사리구(舍利具)와 범종이다. 사리구를 통해 우리는 사리에 대한 대중의 깊은 신앙을 엿볼 수 있으며 그것은 곧 기술과 정성을 다한 사리장엄구에 반영되어 있다. 사리장엄구란 부처의 사리를 보호하고 장엄할 목적으로 만들어진 그릇을 가리키며, 탑 속에는 사리와 함께 사리기를 안치하는 것이 일반적이었다. 사리장엄구에는 고도의 주조술, 공예술, 인쇄술, 직조술 등의 여러 문화가 집약되어 있다. 우리나라의 사리기는 금, 은, 동, 수정, 유리, 곱돌 등 그 종류가 다양하며 세 겹, 네 겹, 다섯 겹에 이르기까지 포개어 봉안하는 형식이 널리 유행하였다. 또한 사리가 안치되는 내부로 들어갈수록 더 값비싼 재료를 사용하였으며, 사리를 직접 담는 용기로는 유리제사리병이 많이 사용되었다. 현재 남아 있는 사리장엄구로는 분황사 사리장엄구, 감은사 사리장엄구, 불국사 사리장엄구, 법광사 사리장엄구, 서동리 사리장엄구 등이 있다. 한편, 절에서 시간을 알릴 때나 대중을 집합시키고 의식을 행할 때 사용되는 범종으로는 오대산 상원사의 동종과 특히 성덕대왕신종(聖德大王神鐘, 속칭 奉德寺鐘)이 남아 있다. 이들 종은 큰 규모에 특이한 형식으로 되어 있어 우리나라종의 특색을 유감없이 발휘하고 있다.

그림 2-19 성덕대왕신종   그림 2-20 성덕대왕신종에 새겨진 명문 부분 확대

국보 제29호인 성덕대왕신종은 우리나라에 남아있는 가장 큰 종으로 높이 3.75m, 입지름 2.27m, 두께 11~25cm이며, 무게가 약 25톤에 달한다. 신라 경덕왕이 아버지인 성덕왕의 공덕을 널리 알리기 위해 종을 만들려 했으나 뜻을 이루지 못하고, 그 뒤를 이어 혜공왕이 771년에 완성하여 성덕대왕신종이라고 불렀다. 이 종은 처음에 봉덕사에 달았다고 해서 봉덕사 종이라고도 하며, 아기를 시주하여 넣었다는 전설로 아기의 울음소리를 본따 에밀레종이라고도 한다. 종의 맨 위에는 소리의 울림을 도와주는 음통(音筒)이 있는데, 이것은 우리나라 동종에서만 찾아볼 수 있는 독특한 구조이다. 종을 매다는 고리 역할을 하는 용뉴는 용머리 모양으로 조각되어 있다. 종 몸체에는 상하에 넓은 띠를 둘러 그 안에 꽃무늬를 새겨 넣었고, 종의 어깨 밑으로는 4곳에 연꽃 모양으로 돌출된 9개의 유두를 사각형의 유곽이 둘러싸고 있다. 유곽 아래로 2쌍의 비천상이 있고, 그 사이에는 종을 치는 부분인 당좌가 연꽃 모양으로 마련

되어 있으며, 몸체 2곳에는 종에 대한 내력이 새겨져 있다. 특히 종 입구 부분이 마름모의 모서리처럼 특이한 형태를 하고 있어 이 종의 특징이 되고 있다. 통일신라 예술이 각 분야에 걸쳐 전성기를 이룰 때 만들어진 종으로 화려한 문양과 조각수법은 시대를 대표할 만하다.

또한, 몸통에 남아있는 1,000여 자의 명문은 문장뿐 아니라 새긴 수법도 뛰어나, 1천 3백여 년이 지난 지금까지도 손상되지 않고 전해오고 있다. 다음은 성덕대왕신종에 새겨진 글과 해설의 내용이다(자료 : 국립경주박물관, 『성덕대왕신종 보고서』, 1999).

성덕대왕신종에 새겨진 원문과 해설

```
筆 識 一 願 岳 畫 夕 太 離 古 志 增 丕 易 之 勤 野 聖 轉 之 聞 夫 聖
   隨 慧 乘 茲 立 摸 於 后 乎 令 未 悲 業 長 窺 政 務 德 其 佛 其 至 德
   陸 海 之 妙 聲 歲 忠 恩 外 德 成 追 監 晏 燕 一 本 大 體 土 響 道 大
   佐 同 眞 因 若 次 臣 若 境 冠 奄 遠 撫 駕 秦 無 農 王 不 則 是 包 王
   之 波 境 奉 龍 大 之 地 非 於 爲 之 庶 已 用 干 市 德 襄 驗 故 含 神
   言 咸 乃 翊 吟 淵 輔 平 煙 常 就 情 機 來 人 戈 無 共 所 在 憑 於 鍾
   述 出 至    上 月 無 化 之 時 世 轉 早 于 齊 驚 濫 山 以 於 開 形 之
   其 塵 瓊    徹 惟 言 黔 色 六 今 悽 隔 今 晉 擾 物 河    闠 假 象 銘
      區 蕚    於 大 不 黎 煥 街    盈    三 替 百 時 而    膩 說 之
      並 之 尊 有 呂 擇 於 煥 龍    魂    十 覇 姓 嫌 並 王 尋 觀 外
   願 昇 叢 靈 頂 是 何 仁 乎 雲    之    四 豈 所 金 峻 者 之 三 視 朝
   旨 覺 共 聽 之 時 行 敎 京 陰 我 心 慈 也 可 以 玉 名 元 帝 眞 之 散
```

大夫兼太子詞議郎翰林郎金弼奚奉教撰
不能見其原大音震動於天地之間聽之不難
之奧載懸舉神鍾悟一乘之圓音夫其鍾也稽
鄉則始制於鼓延空而能鳴其響不竭重而難
功克銘其上群生離苦亦在其中也伏惟
齊日月而高懸舉忠而而撫俗崇禮樂而觀風
世尙文才不意子靈有心老誠四十餘年臨邦
四方隣國萬里歸賓惟有欽風之望未曾飛矢
並輪雙彎而言矣然雙樹之期難測千秋之夜
頃者孝嗣景德大王在世之日繼守
規對星霜而起戀重違嚴訓臨關殿以
更切敬捨銅一十二萬斤欲鑄一丈鍾一口立

聖君行合祖宗意符至理殊祥異於千
灑於玉階九天雷鼓震響於金闕菓米之林離
師此郎報茲誕生之日應其臨政之時也仰惟
心如天鏡奬父子之孝誠是知朝於元舅之賢
有愆乃顧遺言遂成宿意爾其有司辦事工匠
日月借暉陰陽調氣風化天靜神器化成狀如
巓潛通於無底之方見之者稱奇聞之者受福
普聞之清響登無說之法筵契三明之勝心居
金柯以永茂邦家之業將鐵圍而彌昌有情無
路臣弼之拙無才敢奉聖詔貸班超之
銘記于鍾也

翰林臺書生大奈麻金福晼書

其詞曰
紫極懸象
地居桃塈
妙妙淸化
愁雲忽脫
日思嚴訓
寶瑞頻出
乃顧遺命
震威暘谷
永是鴻福

檢校使兵部
修城府令監
校眞智大王
金邑
檢校使肅政
校感恩寺使
大曆六

黃興啓方
堁接扶桑
遝而克臻
慧日無春
常慕慈輝
靈符每生
于斯寫鍾
清韻朔峯
恒恒轉重

山河鎭列
爰有我國
將恩被遠
恭恭孝嗣
更以修福
主賢天祐
人神獎力
聞見俱信

區宇分張
合爲一鄕
與物霑均
繼業施機
天鍾爲祈
時泰國平
珍器成容
芳緣允種

東海之上
元元聖德
茂矣千葉
治俗仍古
偉哉我后
追遠惟勤
能伏魔鬼
圓空神體

衆仙所藏
曠代彌新
安乎萬倫
移風豈違
感德不輕
隨心願成
救之魚龍
方顯聖蹤

翰林郎 級飡 金弼奚 奉敎撰
待詔 大奈麻 姚湍 書

令兼殿中令司馭府令
四天王寺府令幷檢
寺使上相大角干臣

臺令兼修城府令檢
角干臣金良相

年歲次辛亥十二月十四日

副使 執事部侍郎 阿飡 金體信
判官 右司祿館使 級飡 金林得
判官 級飡 金忠封
判官 大奈麻 金□□
錄事 □□ □珍
錄事 大舍 張□
錄事 □□ □甫
鑄鍾大博士 大奈麻 朴從鎰
次博士 奈麻 朴賓奈
奈麻 朴韓味
大舍 朴負缶

聖德大王神鍾之銘(성덕대왕신종지명)

　朝散大夫(조산대부) 前太子(전태자) 通議郎(통의랑) 翰林郎(한림랑) 金弼奧(김필중)이 왕명을 받들어 짓다.

　궁극적인 묘한 도리는 형상의 바깥에까지를 포함하므로, 아무리 그 모습을 보려고 하여도 그 근원을 찾아볼 수 없으며, 대음(大音)은 하늘과 땅 사이의 모든 곳에 진동하고 있지만 이를 아무리 듣고자하여도 도저히 그 소리를 들을 수 없다. 그러므로 부처님께서 수기설법(隨機說法)인 방편가설(方便假說)을 열어 삼진(三眞)의 깊은 이치를 관찰하시고, 신종을 높이 달아 일승(一乘)의 원음(圓音)을 깨닫게 하였다. 범종에 대한 기원을 상고해 보니, 불토인 인도에서는 카니시카왕 때부터이고, 당향(唐鄕)인 중국에서는 고연(鼓延)이 시초였다. 속은 텅 비었으나 능히 울려 퍼져서 그 메아리는 다함이 없으며, 무거워서 굴리기 어려우나 그 몸체는 구겨지지 않는다. 그러므로 임금의 으뜸가는 공훈(功勳)을 표면에 새기니 중생들의 이고득락(離苦得樂) 또한 이 종소리에 달려 있다.

　엎드려 생각하건대 성덕대왕의 덕(德)은 산과 바다처럼 높고 깊으며 그 이름은 해와 달처럼 높이 빛났다. 왕께서는 항상 충성스럽고 어진 사람을 발탁하여 백성들을 편안히 살 수 있게 하였고, 예(禮)와 악(樂)을 숭상하여 미풍양속을 권장하였다. 들에서는 농부들이 천하의 대본(大本)인 농사에 힘썼으며, 시장에서 사고파는 물건에는 사치한 것은 전혀 없었다. 풍속과 민심은 금옥(金玉)을 중시하지 아니하고, 세상에서는 문학과 재주를 숭상하였다.

　태자로 책봉하였던 아들 중경(重慶)이 715년 뜻밖에 죽어 영가(靈駕)가 되었으므로 늙음에 대하여 특별히 관심을 갖게 되었다. 40여 년 간 왕위에 있는 동안 한 번도 병란(兵亂)으로 백성들을 놀라게 하거나 시끄럽게 한 적이 없는 태평성세였다. 그러므로 사방 이웃 나라들이 만리(萬里)의 이국(異國)으로부터 와서 주인으로 섬겼으며 오직 흠모하는 마음만 있을 뿐, 일찍이 화살을 겨누고 넘보는 자가 없었다. 어찌 연(燕)나라의 소왕(昭王)과 진(秦)나라의 목공(穆公)이 어진 선비를 등용하여 서융(西戎)을 제패히고, 제(齊)나라와 진(晋)나라가 무도(武道)로써 천하를 서로 탈취한 것과 나란히 비교하여 말할 수 있겠는가!

성덕대왕의 붕거(崩去)를 예측할 수 없었으며, 세월이 무상하여 천년이라는 세월도 어느덧 지나가는 지라 돌아가신지도 벌써 34년이라는 세월이 흘렀다. 근래에 효자이신 경덕대왕이 살아계실 때 왕업을 이어받아 모든 국정을 감독하고 백성을 어루만졌다. 일찍이 어머님이 돌아가셔서 해마다 그리운 마음이 간절하였는데, 얼마 되지 않아 이어 부왕인 성덕대왕이 승하하였으므로 궐전(闕殿)에 임할 때마다 슬픔이 더하여 추모의 정이 더욱 처량하고, 명복을 빌고자하는 생각은 다시 간절하였다. 그리하여 구리 12만 근을 희사하여 대종 일구(一口)를 주조코자 하였으나, 마침내 그 뜻을 이루지 못하고 문득 세상을 떠났다.

지금의 임금이신 혜공대왕께서는 행(行)은 조종에 명합하고, 뜻은 불교의 지극한 진리에 부합하였으며, 수승(殊勝)한 상서는 천고(千古)에 특이하며, 아름다운 덕망은 당시에 으뜸이었다. 경주의 육가(六街)에서는 용이 상서로운 비와 구름을 옥계(玉階)에 뿌리고 덮으며, 구천의 북소리는 금궐(金闕)에 진동하였다. 쌀알이 꽉꽉 찬 벼 이삭이 전국의 들판에 주렁주렁 드리웠고, 경사스러운 구름은 경사의 하늘을 훤하게 밝혔으니, 이는 혜공왕의 생일을 경하한 것이며, 또한 왕이 8세 때 즉위한 후, 어머니 만월부인(滿月夫人)의 섭정으로부터 벗어나 친정(親政)하게 된 서응(瑞應)인 것이다.

살펴보건대 소덕태후(炤德太后)의 은혜는 땅과 같이 평등하여 백성들을 인으로써 교화하고, 마음은 밝은 달과 같아서 부자의 효성을 권장하였다. 이는 곧 아침에는 외삼촌(元舅)의 현명함이 있고, 저녁에는 충신들의 보필이 있었기 때문임을 알 수 있다. 왕은 신하들이 제언하는 안을 선택하지 않는 것이 없었으니 무슨 일을 결행한들 잘못됨이 있었겠는가? 경덕왕의 유언에 따라 숙원을 이루고자 유사(有司)는 주선(周旋)을 맡고, 종의 기술자는 설계하여 본을 만들었으니 이 해가 바로 혜공왕 7년(771년) 12월이었다.

이와 때를 같이하여 해와 달이 밤과 낮에 서로 빛을 빌리며, 음과 양이 서로 그 기를 조화하여 바람은 온화하고 하늘을 맑았다. 마침내 신종이 완성되니 그 모양은 마치 산과 같이 우뚝하고, 소리는 용음(龍吟)과 같았다. 메아리가 위로는 유정천(有頂天)인 색구경천(色究竟天)에까지 들리고, 밑으로는 무저(無底)의 가장 아래인 금륜제(金輪際)에까지 통하였다. 모양을 보는 자는 모두 신기하다 칭찬하고, 소리를 듣는 이는 복을 받았다. 이 신종을 주조한 인연으로 존령(尊靈)의 명복을 도우며, 보문(普聞)의 맑은 메아리를 듣고 무설(無說)의 법정(法筵)에 올라, 삼명(三明)의 수승(殊勝)한 마음에 결합하고, 일승(一乘)의 진경(眞境)에 이르며, 내지 모든 경악(瓊萼)들이 금가(金柯)와 함께 길이 번창하고, 나라의 대업은 철위산(鐵圍山)보다 더욱 견고하며, 유정(有情)과 무정(無情)이 그 지혜가 같아서 모두 함께 진구(塵區)인 중생의 미혹한 세계로부터 벗어나, 아울러 각로(覺路)에 오르기를 원하옵나이다.

신 필중(弼衆)은 옹졸하며 재주가 없으나 감히 왕명을 받들어 반초(班超)의 붓을 빌리고, 육좌(陸佐)의 말을 따라 혜공왕께서 원하시는 성스러운 지시에 따라 종명(鐘銘)을 짓게 되었다.

한림대서생(翰林臺書生) 대마나(大奈麻) 김백환(金百晥)이 종명을 쓰다.

찬왈(讚曰)
음양기(陰陽氣)가 서린 공중 천문(天文)걸리고
땅덩어리 굳어져서 방위를 열다
산하대지(山河坌地) 나열(羅列)되어 만물을 실어
곳곳마다 제자리가 펼쳐졌도다.
해가 뜨는 넓고 푸른 동해바다엔
많은 선인(仙人) 함께 모여 계시옵는 곳
지대(地帶)로는 복숭나무 있는 곳이며
경계(境界)로는 부상(扶桑)과 연접하였네.
덕업일신(德業日新) 강나사방(綱羅四方) 우리나라가
삼국통일 이룩하여 하나가 되다
위대하신 그 성덕(聖德)을 상고해보니
혜공왕에 이르도록 날로 새롭다.
묘하고도 맑으시온 임금의 덕화(德化)

혁거세왕 이후부터 지금에까지
억조창생(億兆蒼生) 그 모두가 은혜를 입되
유정무정(有情無情) 빠짐없이 은총을 받다.
무성하온 왕족들은 갈수록 번창
모든 국민 태평성세 누려왔으니
대공란(大恭亂)도 평정되어 수운(愁雲)도 걷고
지혜광명 밝게 비춰 훨훨 춤추다.
공손하고 효성스런 혜공대왕이
이어받은 그 왕업을 충실히 이행
백성들을 다스림엔 고도(古道)를 지켜
미풍양속 추호라도 어김이 없네!
자나깨나 부왕유훈(父王遺訓) 생각하오며
십이시중(十二時中) 자모은혜(慈母恩惠) 잊지 않아서
돌아가신 부모님의 명복 빌고자
대신 종을 주조코자 기원하였다.
위대하고 신심 깊은 소덕태후는
현명하고 덕이 높아 비길 데 없네!
신비로운 기적서상(奇蹟瑞祥) 자주 나투며
신령스런 부험(符驗)들을 계속 보이다.
군신상하 하늘까지 함께 도와서
백성들은 편안하고 나라는 부강(富强)
지극하신 그 효심은 날로 깊어서
소덕후(昭德后)와 경덕대왕 소원을 성취.
경덕대왕 남긴 유언 깊이 새겨서

온갖 정성 기울여서 신종을 부어
천우신조 인력들이 함께 뭉쳐서
보배로운 종법기(鐘法器)가 이루어졌네!
일체마귀(一切魔鬼) 남김없이 항복을 받고
고통받는 모든 어룡(魚龍) 구제(救濟)하오니
그 종소리 웅장하여 양곡(暘谷)을 진동
맑고 맑은 메아리는 삭봉(朔峰)을 넘다.
보는 이와 듣는 이는 모두가 발심(發心)
선남선녀 빠짐없이 동참하였네!
내면에는 원공(圓空)이요 외체(外體)는 신비
성덕대업(聖德大業) 소상하게 나타냈도다.
위대하신 이 업적은 영원한 홍복(鴻福)
어디서나 어느 때나 더욱 빛나리!

한림랑(翰林郎) 급찬(級湌) 김필중은 왕명을 받들어 짓고,
대조(待詔)인 대나마(大奈麻) 한단(漢湍)은 쓰다.
검교사(檢校使) : 병부령(兵部令) 겸 전중령(殿中令) 사어부령(司馭府令)
수성부령(修城府令) 감사천왕사부령(監四天王寺府令) 겸
검교진지대왕사사(檢教眞智大王寺使) 상상(上相) 대각간(大角干)
신(臣) 김옹(金邕)
검교사(檢校使) : 숙정대령(肅政臺令) 겸 수성부령(修城府令) 검교감은사사(檢校感恩寺使) 각간(角
干) 신(臣) 김양상(金良相)
부사(副使) : 집사부시랑(執事部侍郎) 아찬(阿湌) 김체신(金體信)
판관(判官) : 우사록관사(右司祿館使) 급찬(級湌) 김림득(金林得)

판관(判官) : 급찬(級湌) 김충봉(金忠封)
판관(判官) : 대나마(大奈麻) 김□□보(金□□甫)
녹사(錄事) : 나마(奈麻) 김일진(金一珍)
녹사(錄事) : 나마(奈麻) 김장□(金張□)
녹사(錄事) : 대사(大舍) 김□□(金□□)
대력(大曆) 육년(六年) 세차(歲次) 신해(辛亥) 12월 14일
주종대박사(鑄鐘大博士) 대나마(大奈麻) 박종일(朴從鎰)
차박사(次博士) 나마(奈麻) 박빈나(朴賓奈)
나마(奈麻) 박한미(朴韓味)
대사(大舍) 박부악(朴負岳)

그림 2-21 얼굴무늬 수막새

토기에 있어서도 모양이 변화했는데, 특히 유약을 바르고 있는 것도 하나의 특색이다. 토기의 종류에는 다리가 긴 고배, 목이 긴 항아리 등이 있는데, 토기에다 사람, 거북 등의 동물 모양을 장식한 것이 많다. 한편, 금속 공예나 유리 공예와는 대조적으로 토기는 다소 거칠며 문양은 기하학적이거나 추상적이다. 그러나 기마 인물형 토기에서 볼 수 있듯이 조형성이 뛰어난 특성도 보여준다. 통일신라에는 다리가 짧은 고배, 뚜껑이 있는 합, 병이 나타나며 유약을 발라서 제작한

합과 수막새란?

합(盒)이란 음식을 담는 그릇을 말한다. 운두가 그리 높지 않고 둥글넓적하며 뚜껑이 있다. 재료는 보통 놋쇠를 사용하나 궁에서는 은으로 만든 은합을 사용하기도 하였다. **수막새**란 오늘날의 기와를 말하며, 지붕을 이는 재료 중 대표적인 것이다.

그림 2-22 황남대총 출토 유리잔

그림 2-23 천마총 청색 유리잔

토기가 특색이다. 끝으로 와당은 종래의 수막새와당(지붕을 이는 도기제품의 건축재료) 일변도에서 암막새와당, 서까래기와, 귀면와(鬼面瓦) 등 종류가 다양해졌고, 무늬도 연화문 일변도에서 보상화(寶相華), 인동(忍冬), 포도, 봉황, 앵무, 원앙 등 다채로워졌다. 특히 임해전지에서 발견된 보상화문전, 흥륜사지에서 발견된 수렵문전, 사천왕사지에서 발견된 사천왕문전이 뛰어난 작품이다.

삼국시대의 신라 고분에서는 금·은·금동 및 청동으로 된 각종 그릇과 많은 칠기(漆器)와 유리그릇이 출토된다. 칠기는 나무그릇에 옻칠을 입힌 것으로 신라의 목공예 수준을 가늠할 수 있다. 우리나라에서 자생하는 단풍나무, 박달나무, 피나무, 들메나무, 회화나무, 느티나무 등을 깎고 다듬어서 말갖춤(마구), 굽다리그릇, 술잔, 쟁반 등을 제작하였다. 1975년 발굴 조사된 안압지에서 다수의 목공예작품들이 출토되었다.

한편, 신라 고분에서는 유리제품들이 출토되고 있다. 금관총에서 나온 유리잔, 금령총에서 나온 유리주

발, 천마총에서 나온 유리그릇 등은 지금까지 동양에서 발견된 일련의 유리 기물들에서는 볼 수 없었던 아주 독특한 형태를 지니고 있다. 이렇게 우리나라의 유리기술은 오래 전부터 사용해왔던 걸로 봐서 본격적인 유리문화가 시작된 것은 신라시대부터였던 것으로 추정된다.

④ 회화

신라시대 가운데 이른 시기의 회화적 상황을 알 수 있는 작품이나 기록은 전무한 상태이고, 5~6세기에 들어서야 비로소 간접적으로 추정할 수 있는 고분 출토품이 나온다. 경주 98호분에서 출토된 칠기에 그려진 그림, 천마총에서 출토된 장니에 그려진 그림, 토기 위에 새겨진 선각 등이 그러한 예라고 할 수 있지만 본격적인 감상용의 회화는 아니다.

신라의 미술은 대부분 호국사상이 그 바탕이 되고 있으며, 장엄하고 건강하며, 시원한 아름다움을 지니고 있다. 신라 미술은 조각과 불상, 토기 특히 금속공예가 발달하였다. 신라 시대에는 황룡사의 『노송도(老松圖)』와 분황사의 『관음보살상』 등을 그렸다고 하는 솔거(率居) 등 여러 화가의 이름이 전해지고 있으나 남아있는 작품은 없다. 솔거는 황룡사에 창송을 그렸는데, 새들이 날아와서 앉으려다 떨어졌다는 일화는 솔거가 그린 벽화가 얼마나 사실적이었는가를 추측할 수 있게 하여 준다.

통일 이전 신라의 왕릉은 내부구조상 현실(玄室)을 가지고 있지 않았으므로 고구려나 백제처럼 벽화를 남길 수 없었으나, 천마총(天馬塚)에서 말의 다래에 그려진 천마도와 관모(冠帽)의 일부라고 생각되는 환형(環形)의 화면에 그려진 기마인물도(騎馬人物圖)와 서조도(瑞鳥圖 : 행운을 가져다주는 상서로운 새 그림)가 발견되어 옛 신라의 그림이 패기에 찬 수준 높은 것

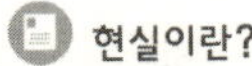
현실이란?
현실(玄室)은 굴식돌방 형태의 무덤에서 관을 안치하는 네모진 방으로 널방이라고도 한다. 대개는 유해와 껴묻거리를 넣어두며, 활석(滑石)·석괴(石塊)·절석(切石) 등으로 삼방(三方)에 벽을 쌓고 큰 돌로 덮어둔 뒤 바닥에 잔 돌을 깔아 둔다. 널길을 거쳐 외부와 연결된다.

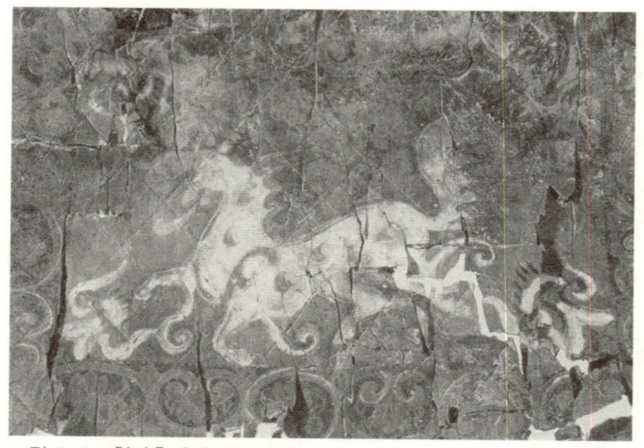

그림 2-24 천마총에서 발견된 천마도

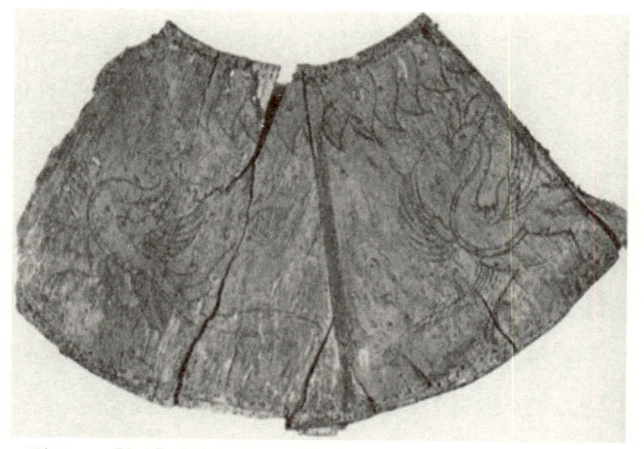

그림 2-25 천마총에서 발견된 서조도

이었음을 보여주고 있다. 천마도는 제155호 고분인 천마총 출토품 가운데 세상을 가장 놀라게 한 유품이다. 자작나무 껍데기를 여러 겹으로 겹쳐서 누빈 위에 하늘을 나는 천마를 능숙한 솜씨로 그렸는데, 지금까지 회화 자료가 전혀 발견되지 않았던 고신라의 유일한 미술품이라는 데 큰 뜻이 있다. 이 고분의 명칭을 천마총이라고 한 것도 여기에 연유한 것이며, 지금은 이러한 것들을 볼 수 있도록 무덤 내부를 복원하여 공개하고 있다. 기마인물도는 부채꼴의 자작나무 껍질 8장을 잇대어 둥글게 만든 모자의 챙에 그려져 있는데, 8장의 부채꼴 자작나무 껍질에 질주하는 기마인물을 그렸다.

그림은 윤곽을 먹선으로 그리고 말은 흰색과 갈색을 교대로 사용하여 그렸다. 말꼬리와 말굽의 표현은 고구려 무용총의 수렵도(狩獵圖)에 보이는 것과 아주 흡사하며 말에 탄 인물은 말의 달리는 모양과는 달리 곧게 앉아 있다. 서조도는 부채꼴의 자작나무 껍질 6장을 잇대어 만든 모자 챙에 그렸는데, 안쪽 둘레에는 단엽연화판(單葉蓮華瓣)을 돌렸고 각부채꼴 만에는 주작형(朱雀形)의 서조(瑞鳥)를 한 수(首)씩 그렸다. 서조의 몸은 모양이 모두 같으나 머리는 쥐 또는 새 모양을 하여 서로 다르다. 그림은 먹선으로 윤곽을 그렸고, 몸체는 주색과 황색으로 채색하였다.

불교 미술은 삼국 중에서 신라가 가장 늦게 시작하였으나, 이미 6세기 후반에는 특유의 전통을 확립하였다. 거창군에서 출토되어 간송미술관에 소장되어 있는 금동보살입상은 6세기경에 이르러 신라화된 불상의 좋은 예이다. 몸의 좌우에 삐쭉삐쭉 돋아난 도식화된 옷자락과 X자형으로 교차된 주대(珠帶)와 다리 위로 늘어진 천의(天衣) 자락은 중국이나 고구려, 백제에서도 볼 수 있지만, 보살의 특징적인 얼굴과 경직된 몸매 등은 다른 나라와 다르다.

통일기에는 불교회화 이외에도 당나라의 영향을 받아 산수화나 인물화가 유행했을 것으로 짐작된다. 현재 전해지는 것으로는 755년에 완성된 『화엄경』 사경(寫經)의 불보살상도가 있을 뿐이다.

⑤ 서예

삼국통일 이전의 금석유물(금석물이란 쇠붙이나 돌에 새긴 글자를 의미함)로는 진흥왕이 세운 창녕척경비(昌寧拓境碑)와 순수비(巡狩碑) 및 남산신성비(南山新城碑), 단양의 적성비(赤城碑) 등이 있다. 이들 비에 새겨져 있는 금석문은 진흥왕순수비를 제외하고는 글씨나 문장

순수비(巡狩碑)란 왕의 순수를 기념하여 세운 비를 말한다. 순수는 원래 천자(天子)가 천하를 돌아다니며 천지산천에 제사하고, 그 지방의 정치와 민심의 동향을 살피던 고대 중국의 풍습이다. 현재까지 발견된 순수비로는 신라 진흥왕의 창녕비, 북한산비, 황초령비, 마운령비, 적성비 등이 있으며 이들은 대개 당시 신라의 확장된 국경을 표시한다는 점에서 순경비(巡竟碑) 또는 척경비(拓境碑)의 의미도 가지고 있다.

그림 2-26 북한산진흥왕순수비

그리고 각법이 모두 치졸하여 낮은 수준의 것들이다. 다만 진흥왕순수비는 문장이 부드럽고 우아한 서법을 사용하고 있다.

북한산신라진흥왕순수비(北漢山新羅眞興王巡狩碑)는 국보 제3호로 신라 진흥왕(재위 540~576년)이 세운 순수척경비(巡狩拓境碑) 가운데 하나이다. 이는 한강유역을 신라 영토로 편입한 뒤 왕이 이 지역을 방문한 것을 기념하기 위하여 세운 것이다. 원래는 북한산 비봉에 자리하고 있었으나 비(碑)를 보존하기 위하여 경복궁에 옮겨 놓았다가 현재는 국립중앙박물관에 보관되어 있다. 비의 형태는 직사각형의 다듬어진 돌을 사용하였으며, 자연암반 위에 2단의 층을 만들고 세웠다. 윗부분이 일부 없어졌는데, 현재 남아 있는 비의 몸 크기는 높이 1.54m, 너비 69cm이며, 비에 새겨져 있는 글은 모두 12행으로 행마다 32자가 해서체로 새겨져 있다. 내용으로는 왕이 지방을 방문하는 목적과 비를 세우게 된 까닭 등이 기록되어 있는데, 대부분이 진흥왕의 영토 확장을 찬양하는 내용으로 이루어져 있다. 비의 건립연대는 비문에 새겨진 연호가 닳아 없어져 확실하지 않으나, 창녕비가 건립된 진흥왕 22년(561년)과 황초령비가 세워진 진흥왕 29년(568년) 사이에 세워졌거나 그 이후로 짐작하고 있다.

통일신라시대에 이르면 무덤 앞에 세워지는 능비(陵碑)를 중심으로 우리나라에서 가장 우수한 금석문이 만들어진다. 이 시대에는 중국에서 왕희지체가 전해지면서 한결 수준이 높아졌으며, 당(唐)나라 중엽 이후 해서의 전형적인 규범이 정립됨으로써 그 영향이 통일신라에도 크게 미쳐 말기부터 해서가 유행하였다.

신라시대 최고의 명필은 8세기에 활약한 김생(金生)으로 왕희지체에 따르면서도 틀에 얽매이지 않는 서예를 구가하였는데, 그의 서법은 낭공대사비(朗空大師碑)와 서첩(書帖)인 전유암첩(田遊巖帖)을 통해서 엿볼 수 있다. 이 밖에도 왕희지체의 대가로는 영업(靈業)이 유명한데, 그가 쓴 신행선사비명(神行禪師碑銘)은 왕희지의 집자비로 오인될 정도였다고 한다. 그러나 신라 말기에 들어오면 구양순체(歐陽詢體)가 유행해, 황룡사구층목탑『찰주본기(刹柱本記)』등을 쓴 요극일(姚克一)과『쌍계사진감선사비문(眞鑒禪師碑文)』을 쓴 최치원이 대표적인 명필로 손꼽히고 있다.

쌍계사진감선사비(眞鑒禪師碑)는 국보 제47호로 통일신라 후기의 유명한 승려인 진감선사의 탑비이다. 진감선사(774~850년)는 불교 음악인 범패를 도입하여 널리 대중화시킨 인물로, 애장왕 5년(804년)에 당나라에 유학하여 승려가 되었으며, 흥덕왕 5년(830년)에 귀국하여 높은 도덕과 법력으로 당시 왕들의 우러름을 받다가 77세의 나이로 이곳 쌍계사에서 입적하였다. 비는 몸돌에 손상을 입긴 하였으나, 아래로는 거북받침돌을, 위로는 머릿돌을 고루 갖추고 있는 모습이다. 통일신라 후기의 탑비양식에 따라 거북받침돌은 머리가 용머리로 꾸며져 있으며, 등에는 6각의 무늬가 가득 채워져 있다. 등 중앙에는 비몸돌을 끼우도록 만든 비좌(碑座)가 큼지막하게 자리하고 있는데, 옆의 4면마다 구름무늬가 새겨져 있다. 직사각형의 몸돌

은 여러 군데가 갈라져 있는 등 많이 손상된 상태이다. 머릿
돌에는 구슬을 두고 다투는 용의 모습이 힘차게 표현되어 있
고, 앞면 중앙에는 '해동고진감선사비'라는 비의 명칭이 새
겨져 있다. 꼭대기에는 솟은 연꽃무늬위로 구슬모양의 머리
장식이 놓여 있다. 진성여왕 원년(887년)에 세워진 것으로,
그가 도를 닦던 옥천사를 '쌍계사'로 이름을 고친 후에 이
비를 세웠다 한다. 당시의 대표적인 문인이었던 최치원이 비
문을 짓고 글씨를 쓴 것으로 유명한데, 특히 붓의 자연스런
흐름을 살려 생동감 있게 표현한 글씨는 최치원의 명성을 다
시금 되새기게 할 만큼 뛰어나다. 거의 온전한 모습을 간직
하고 있으나, 탑 전체가 많이 갈라지고 깨어져 있어 소중히
보존해야함을 절실히 느끼게 하는 귀중한 유물이다.

그림 2-27 쌍계사진감선사비

3. 신라의 주요 유물과 유적지는 어떤 것들이 있을까

신라는 천년역사 동안 무수히 많은 유물을 남겼으며, 경주지역을 둘러싼 동서남북에는 다양한 유적지들이 산재하고 있다. 본 장에서는 국립경주박물관이 소장하고 있는 국보와 보물을 중심으로 신라의 주요 유물을 소개하고, 오늘날까지 널리 알려져 있는 신라문화 유적지를 간략하게 살펴보기로 한다.

표 3-1 국립경주박물관소장 지정문화재(국보) (2007. 3. 14 현재)

연번	지정번호	유물명	수량	현보관장소	현위치
1	28	백률사금동약사여래입상	1구	국립경주박물관	미술관 조각실
2	29	성덕대왕신종	1구	국립경주박물관	옥외정원전시
3	38	고선사지삼층석탑	1기	국립경주박물관	옥외정원전시
4	87	금관총 금관	1식	국립경주박물관	미술관 전시
5	88	금관총 과대 및 요패	1식	국립경주박물관	미술관 전시
6	188	천마총 금관	1식	국립경주박물관	고고관 신라1실
7	189	천마총 금모	1점	국립경주박물관	고고관 신라1실
8	190	천마총 금제과대 및 요패	1식	국립경주박물관	고고관 신라1실
9	191	금관 및 수하식(황남대총북분)	1식	국립중앙박물관(1988. 5. 2. 임시이관)	중앙박물관
10	192	금제과대 및 요패(황남대총북분)	1식	국립중앙박물관(1988. 5. 2. 임시이관)	중앙박물관
11	193	유리제병 및 배(황남대총북분)	일괄 (5점)	국립중앙박물관(1988. 5. 23. 임시이관)	중앙박물관
12	194	금제경식(황남대총북분)	1식	국립중앙박물관(1988. 5. 23. 임시이관)	중앙박물관
13	195	토우장식장경호	2점	1점 국립경주박물관, 1점 국립중앙박물관 (1990. 12. 2. 이관)	고고관 신라2실 중앙박물관(1점)
14	207	천마도장니(천마총)	2점	국립중앙박물관	중앙박물관
15	275	기마인물형토기	1점	국립경주박물관	고고관 국은실
	계	국보 : 15건	17점		

(1) 신라의 유물

❶ 지정문화재(국보)

① 백률사금동약사여래입상

경주시 북쪽 소금강산의 백률사에 있던 것을 1930년에 국립경주박물관으로 옮겨 놓은 것이며, 전체 높이 1.77m의 서 있는 불상으로 모든 중생의 질병을 고쳐준다는 약사불을 형상화한 것이다.

머리는 신체에 비해 크지 않은 편이며, 둥근 얼굴·긴 눈썹·가는 눈·오똑한 코·작은 입 등에서는 우아한 인상을 풍기고 있지만, 8세기 중엽의 이상적인 부처의 얼굴에 비해 긴장과 탄력이 줄어든 모습이다. 커다란 체구에 비해 어깨는 약간 빈약하게 처리된 느낌이지만 어깨의 굴곡은 신체에 밀착된 옷을 통해 잘 드러나고 있다. 양 어깨를 감싸고 입은 옷은 두 팔에 걸쳐 흘러내리고 있으며 앞가슴에는 치마의 매듭이 보인다. 앞면에는 U자형의 주름을 연속적인 선으로 그리고 있는데 조금은 도식적으로 표현되어 있다. 신체는 아래로 내려갈수록 중후해지며 옷자락들도 무거워 보이는데, 이것은 불쑥 나온 아랫배와 뒤로 젖혀진 상체와 더불어 불상의 특징을 잘 보여주고 있다. 두 손은 없어졌으나 손목의 위치와 방향으로 보아 오른손은 위로 들어 손바닥을 보이고, 왼손에는 약그릇이나 구슬을 들고 있었던 것으로 보인다.

다소 평면적인 느낌을 주지만 신체의 적절한 비례와 조형기법이 우수하여 불국사 금동비로자나불좌상(국보 제26호), 불국사 금동아미타여래좌상(국보 제27호)과 함께 통일신라시대의 3대 금동불상으로 불린다.

그림 3-1 백률사금동약사여래입상
- 종　목 : 국보 제28호
- 분　류 : 유물 / 불교조각 /
　　　　금속조 / 불상
- 수　량 : 1구
- 지정일 : 1962. 12. 20.
- 소재지 : 경북 경주시 인왕동 76
　　　　국립경주박물관 보관
- 시　대 : 통일신라
- 소유자 : 백률사
- 관리자 : 국립경주박물관

② 성덕대왕신종

우리나라에 남아있는 가장 큰 종으로 높이 3.75m, 입지름 2.27m, 두께 11~25cm이며, 무게는 1997년 국립경주박물관에서 정밀 실측한 결과 18.9톤으로 확인되었다.

신라 경덕왕이 아버지인 성덕왕의 공덕을 널리 알리기 위해 종을 만들려 했으나 뜻을 이루지 못하고, 그 뒤를 이어 혜공왕이 771년에 완성하여 성덕대왕신종이라고 불렀다. 이 종은 처음에 봉덕사에 달았다고 해서 봉덕사종이라고도 하며, 아기를 시주하여 넣었다는 전설로 아기의 울음소리를 본떠서 에밀레종이라고도 한다.

종의 맨 위에는 소리의 울림을 도와주는 음통(音筒)이 있는데, 이것은 우리나라 동종에서만 찾아볼 수 있는 독특한 구조이다. 종을 매다는 고리 역할을 하는 용뉴는 용머리 모양으로 조각되어 있다. 종 몸체에는 상하에 넓은 띠를 둘러 그 안에 꽃무늬를 새겨 넣었고, 종의 어깨 밑으로는 4곳에 연꽃 모양으로 돌출된 9개의 유두를 사각형의 유곽이 둘러싸고 있다. 유곽 아래로 2쌍의 비천상이 있고, 그 사이에는 종을 치는 부분인 당좌가 연꽃 모양으로 마련되어 있으며, 몸체 2곳에는 종에 대한 내력이 새겨져 있다. 특히 종 입구 부분이 마름모의 모서리처럼 특이한 형태를 하고 있어 이 종의 특징이 되고 있다.

통일신라 예술이 각 분야에 걸쳐 전성기를 이룰 때 만들어진 종으로 화려한 문양과 조각수법은 시대를 대표할 만하다. 또한, 몸통에 남아있는 1,000여 자의 명문은 문장뿐 아니라 새긴 수법도 뛰어나, 1천 3백여 년이 지난 지금까지도 손상되지 않고 전해오고 있는 문화재로 앞으로도 잘 보존해야 할 것이다.

그림 3-2 성덕대왕신종

- 종　목 : 국보 제29호
- 명　칭 : 성덕대왕신종(聖德大王神鐘)
- 분　류 : 유물 / 불교공예 /
　　　　　 의식법구 / 의식법구
- 수량 / 면적 : 1구
- 지정일 : 1962. 12. 20.
- 소재지 : 경북 경주시 인왕동 76
　　　　　 국립경주박물관
- 시　대 : 통일신라
- 소유자 : 국립경주박물관
- 관리자 : 국립경주박물관

③ 고선사지삼층석탑

그림 3-3 고선사지삼층석탑

- 종　　목 : 국보 제38호
- 명　　칭 : 고선사지삼층석탑(高仙寺址三層石塔)
- 분　　류 : 유적건조물 / 종교신앙 / 불교 / 탑
- 수량 / 면적 : 1기
- 지정일 : 1962. 12. 20.
- 소재지 : 경북 경주시 인왕동 76 국립경주박물관
- 시　　대 : 통일신라
- 소유자 : 국유
- 관리자 : 경주시

원효대사가 주지로 있었던 고선사의 옛 터에 세워져 있던 탑으로, 덕동댐 건설로 인해 절터가 물에 잠기게 되자 1975년에 지금의 자리인 국립경주박물관으로 옮겨 세워 놓았다. 탑은 2단의 기단(基壇) 위에 3층의 탑신(塔身)을 쌓아 놓은 모습인데, 통일신라시대 석탑양식의 전형적인 형태이다.

기단은 여러 개의 돌로 구성하였으며, 각 면에는 기둥 모양을 새겨 놓았다. 탑신도 여러 개의 돌을 조립식으로 짜 맞추었으나, 3층 몸돌만은 하나의 돌로 이루어져 있다. 이는 사리장치를 넣어둘 공간을 마련하기 위한 배려로, 석탑을 해체하여 복원하면서 밝혀졌다. 지붕돌은 윗면에 완만한 경사가 흐르는데, 아래로 미끄러지는 네 귀퉁이에서 또렷이 들려있어 경쾌함을 더해주고 있다. 밑면에는 계단 모양으로 5단의 받침을 새겨 놓았다.

통일신라시대 전기인 7세기 후반에 세워졌을 것으로 추측되며, 전형적인 석탑양식으로 옮겨지는 초기과정을 잘 보여주고 있다. 이러한 양식은 이 탑과 함께 감은사지삼층석탑(국보 제112호)에서 시작되어 이후 불국사삼층석탑(국보 제21호)에서 그 절정을 이루게 된다.

④ 금관총 금관

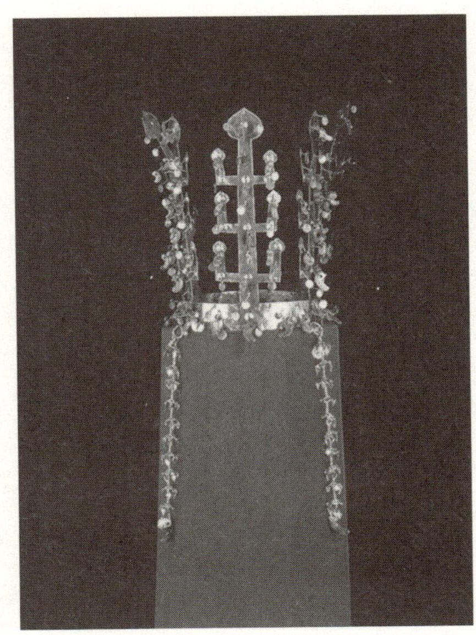

그림 3-4 금관총 금관
- 종 목 : 국보 제87호
- 명 칭 : 금관총 금관(金冠塚 金冠)
- 분 류 : 유물 / 생활공예 / 금속공예 / 장신구
- 수량 / 면적 : 1구
- 지정일 : 1962.12.20
- 소재지 : 경북 경주시 인왕동 76 국립경주박물관
- 시 대 : 신라
- 소유자 : 국립경주박물관
- 관리자 : 국립경주박물관

경주시 노서동에 있는 금관총에서 발견된 신라의 금관으로, 높이 44.4cm, 머리띠 지름 19cm이다.

금관은 내관(內冠)과 외관(外冠)으로 구성되어 있는데, 이 금관은 외관으로 신라금관의 전형을 보여주고 있다. 즉, 원형의 머리띠 정면에 3단으로 '출(出)'자 모양의 장식 3개를 두고, 뒤쪽 좌우에 2개의 사슴뿔모양 장식이 세워져 있다. 머리띠와 '출(出)'자 장식 주위에는 점이 찍혀 있고, 많은 비취색 옥과 구슬모양의 장식들이 규칙적으로 금실에 매달려 있다. 양 끝에는 가는 고리에 금으로 된 사슬이 늘어진 두 줄의 장식이 달려 있는데, 일정한 간격으로 나뭇잎 모양의 장식을 달았으며, 줄 끝에는 비취색 옥이 달려 있다.

이같은 외관(外冠)에 대하여 내관으로 생각되는 관모(冠帽)가 관(棺) 밖에서 발견되었다. 관모는 얇은 금판을 오려서 만든 세모꼴 모자로 위에 두 갈래로 된 긴 새날개 모양 장식을 꽂아 놓았다. 새날개 모양을 관모의 장식으로 꽂은 것은 삼국시대 사람들의 신앙을 반영한 것으로 샤머니즘과 관계가 있을 것으로 생각된다.

이 금관은 기본 형태나 기술적인 면에서 볼 때 신라 금관 양식을 대표할 만한 걸작품이라 할 수 있다.

⑤ 금관총 과대 및 요패

그림 3-5 금관총 과대 및 요패
- 종　　목 : 국보 제88호
- 명　　칭 : 금관총 과대 및 요패(金冠塚 銙帶 및 腰佩)
- 분　　류 : 유물 / 생활공예 / 금속공예 / 장신구
- 수량 / 면적 : 1식
- 지정일 : 1962. 12. 20.
- 소재지 : 경북 경주시 인왕동 76 국립경주박물관
- 시　　대 : 신라
- 소유자 : 국립경주박물관
- 관리자 : 국립경주박물관

　　과대는 직물로 된 띠의 표면에 사각형의 금속판을 붙여 만든 허리띠를 말하며, 요패는 허리띠에 늘어뜨린 장식품을 말한다. 옛날 사람들은 허리띠에 옥(玉)같은 장식품과 작은칼, 약상자, 숫돌, 부싯돌, 족집게 등 일상도구를 매달았는데, 이를 관복에 적용한 것으로 보인다. 백제나 신라에서는 관직이나 신분에 따라 재료, 색, 수를 달리하여 그 등급을 상징하였다.

　　경북 경주시 노서동 소재 금관총에서 출토된 신라시대 금제 과대 및 요패는 과대길이 109cm, 요패길이 54.4cm이다. 과대는 39개의 순금제 판으로 이루어져 있고, 양끝에 허리띠을 연결시켜 주는 고리인 교구를 달았으며, 과판에는 금실을 이용하여 원형장식을 달았다. 과대에 늘어뜨린 장식인 요패는 17줄로 길게 늘어뜨리고 끝에 여러 가지 장식물을 달았다. 장식물의 길이가 일정하지 않지만, 크고 긴 것을 가장자리에 달았다.

　　금관총 과대 및 요패는 무늬를 뚫어서 조각한 수법이 매우 정교한 우수한 작품으로 평가된다.

⑥ 천마총 금관

그림 3-6 천마총 금관
- 종　목 : 국보 제188호
- 명　칭 : 천마총 금관(天馬塚 金冠)
- 분　류 : 유물 / 생활공예 / 금속공예 / 장신구
- 수량 / 면적 : 1구
- 지정일 : 1978. 12. 7.
- 소재지 : 경북 경주시 인왕동 76 국립경주박물관
- 시　대 : 신라
- 소유자 : 국립경주박물관
- 관리자 : 국립경주박물관

　천마총에서 발견된 신라 때 금관이다. 천마총은 경주 고분 제155호 무덤으로 불리던 것을 1973년 발굴을 통해 금관, 팔찌 등 많은 유물과 함께 천마도가 발견되어 천마총이라 부르게 되었다.

　이 금관은 천마총에서 출토된 높이 32.5cm의 전형적인 신라 금관으로 묻힌 사람이 쓴 채로 발견되었다.

　머리 위에 두르는 넓은 띠 앞면 위에는 山자형 모양이 3줄, 뒷면에는 사슴뿔 모양이 2줄로 있는 형태이다. 山자형은 4단을 이루며 끝은 모두 꽃봉오리 모양으로 되어있다. 금관 전체에는 원형 금판과 굽은 옥을 달아 장식하였고, 금실을 꼬아 늘어뜨리고 금판 장식을 촘촘히 연결하기도 하였다. 밑으로는 나뭇잎 모양의 늘어진 드리개(수식) 2가닥이 달려있다.

　금관 안에 쓰는 내관이나 관을 쓰는데 필요한 물건들이 모두 널(관) 밖에서 다른 껴묻거리(부장품)들과 함께 발견되었다.

⑦ 천마총 금모

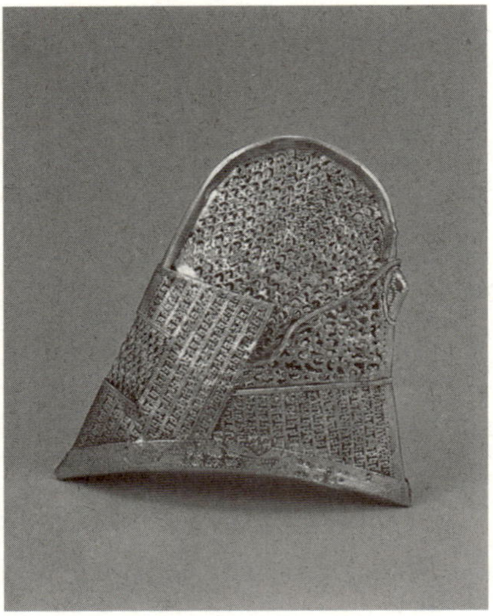

그림 3-7 천마총 금모
- 종　　목 : 국보 제189호
- 명　　칭 : 천마총 금모(天馬塚 金帽)
- 분　　류 : 유물 / 생활공예 / 금속공예 / 장신구
- 수량 / 면적 : 1구
- 지정일 : 1978. 12. 7.
- 소재지 : 경북 경주시 인왕동 76 국립경주박물관
- 시　　대 : 신라
- 소유자 : 국립경주박물관
- 관리자 : 국립경주박물관

　　천마총에서 발견된 신라 때 모자이다. 금모(金帽)란 금으로 만든 관(冠) 안에 쓰는 모자의 일종으로 높이 16cm, 너비 19cm인 이 금모는 널<관(棺)> 바깥 머리쪽에 있던 껴묻거리(부장품) 구덩이와 널 사이에서 발견 되었다.

　　각각 모양이 다른 금판 4매를 연결하여 만들었는데, 위에는 반원형이며 밑으로 내려갈수록 넓어진다. 아 랫단은 활처럼 휘어진 모양으로 양끝이 쳐진 상태이다. 윗단에 눈썹 모양의 곡선을 촘촘히 뚫어 장식하고 사이사이 작고 둥근 구멍을 뚫었으며, 남은 부분에 점을 찍어 금관 2장을 맞붙인 다음 굵은 테를 돌렸다. 그 밑에는 구름 무늬를 뚫어 장식하였고 또 다른 판에는 T자형과 작은 구멍이 나 있는 모양의 금판이 있다.

　　머리에 쓴 천에 꿰매어 고정시킨 후 썼던 것으로 보인다.

⑧ 천마총 금제과대 요패

그림 3-8 천마총 금제과대 및 요패
- 종　목 : 국보 제190호
- 명　칭 : 천마총 금제과대 및 요패(天馬塚 金製銙帶 및 腰佩)
- 분　류 : 유물 / 생활공예 / 금속공예 / 장신구
- 수량 / 면적 : 1식
- 지정일 : 1978. 12. 7.
- 소재지 : 경북 경주시 인왕동 76 국립경주박물관
- 시　대 : 신라
- 소유자 : 국립경주박물관
- 관리자 : 국립경주박물관

　천마총에서 발견된 신라 때 허리띠(과대)이다. 과대란 직물로 된 띠의 표면에 사각형의 금속판을 붙인 허리띠로 길이 125cm, 띠드리개(요패)의 길이는 73.5cm이다.

　과대는 뚫은 장식이 있는 44개의 판을 연결하였고, 주변에 9개의 구멍이 있어 가죽에 고정시키게 되어있으며 양끝에 허리띠고리(교구)를 달았다. 과대에서 늘어뜨린 장식은 13줄로 타원형 금판과 사각형 금판으로 연결하였다. 이 허리띠와 띠드리개는 널 안에서 허리에 착용한 상태로 발견되었다.

⑨ 금관 및 수하식(황남대총북분)

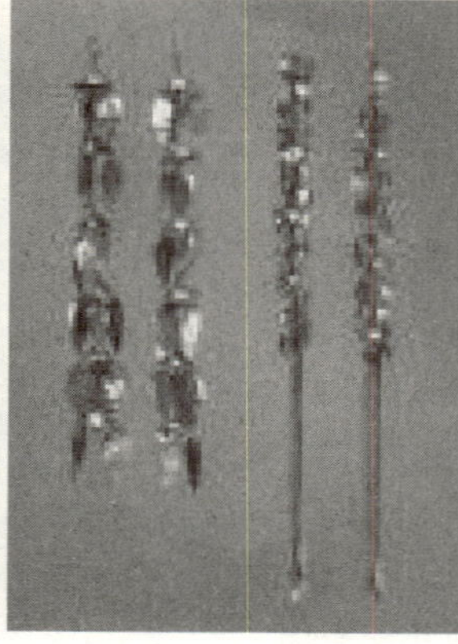

그림 3-9 황남대총북분 금관(左) 및 수하식(右)
- 종　목 : 국보 제191호
- 명　칭 : 황남대총북분 금관 및 수하식
　　　　　(九十八號北墳 金冠 및 垂下飾)
- 분　류 : 유물 / 생활공예 / 금속공예 / 장신구
- 수량 / 면적 : 일괄
- 지정일 : 1978. 12. 7.
- 소재지 : 경북 경주시 인왕동 76 국립경주박물관
- 시　대 : 신라
- 소유자 : 국립경주박물관
- 관리자 : 국립경주박물관

　경주시 황남동 미추왕릉 지구에 있는 삼국시대 신라 무덤인 황남대총에서 발견된 금관이다. 신라 금관을 대표하는 것으로 높이 27.5cm, 아래로 늘어뜨린 드리개(수식) 길이는 13~30.3cm이다.

　이마에 닿는 머리띠 앞쪽에는 山자형을 연속해서 3단으로 쌓아올린 장식을 3곳에 두었고, 뒤쪽 양끝에는 사슴뿔 모양의 장식을 2곳에 세웠다. 푸른 빛을 내는 굽은 옥을 山자형에는 16개, 사슴뿔 모양에는 9개, 머리띠 부분에 11개를 달았다. 또한 원형의 금장식을 균형있게 배치시켜 금관의 화려함을 돋보이게 하였다.

　아래로 내려뜨린 드리개는 좌·우 각각 3개씩 대칭으로 굵은 고리에 매달아 길게 늘어뜨렸다. 바깥의 것이 가장 길고, 안쪽으로 가면서 짧아진다. 장식 끝부분 안쪽에는 머리띠 부분과 같은 푸른색 굽은 옥을 달았고, 바깥쪽에는 나뭇잎 모양의 금판을 매달았다. 발견 당시 금관과 아래로 내려뜨린 드리개들이 분리되어 있었다.

　이 금관은 신라 금관의 전형적인 형태를 갖추고 있으며, 어느 것보다도 굽은 옥을 많이 달아 화려함이 돋보이고 있다.

　관(冠)은 3개의 연속산자형(連續山字形)과 2개의 녹각형(鹿角形)의 입식(立飾)이 있는 전형적인 형태를 갖추

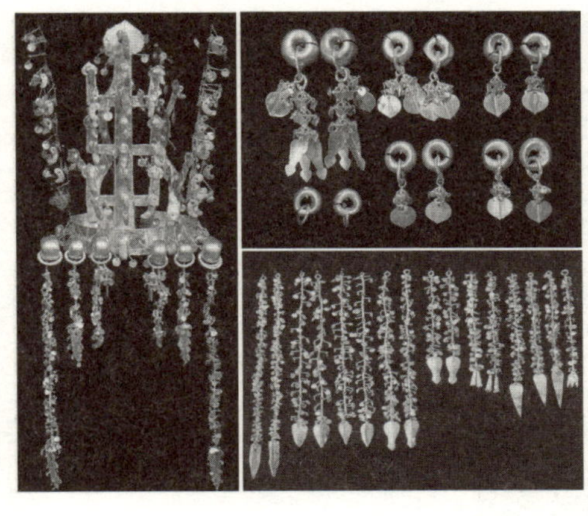

그림 3-10 북분 출토 금동관과 북분 출토 금제수식

었다. 연속산자형(連續山字形) 입식은 3단이며 관(冠)의 전 표면에 무수한 원형 영락을 달았고 연속산자형 입식에는 16개씩, 녹각형 입식에는 9개씩, 대륜(臺輪)에는 11개, 합계 77개의 비취곡옥(翡翠曲玉)을 달았다. 수식(垂飾)은 긴 것을 밖으로 하여 차례로 장단(長短) 3줄씩이 좌우에 붙어 있다.

　　모두 태환(太環)이 달려 있으나 어떠한 방법으로 연결하였는지는 분명하지 않다. 가장 긴 ①은 세환(細環) 2개를 태환(太環) 중간고리에 걸고 그 중 하나에 많은 작은 영락이 달린 금사슬을 길게 연결하였으며 끝에는 반구형(半球形) 뚜껑이 덮이고 영락이 달린 삼엽형(三葉形) 금판(金板)을 달았다.

　　중간의 ②는 ①과 동형(同形)이다. 중간고리가 하나이고 길이가 짧다.

　　③은 태환(太環)에 2가닥 수하(垂下)를 달았는데 하나는 앞의 것과 같은 금사슬 끝에 반구형(半球形) 뚜껑을 씌운 경옥제(硬玉製) 곡옥을 달았고 다른 1가닥에는 화문형(花文形) 중간부 끝에 심엽형(心葉形) 수식을 달았다.

　　이 3줄의 수식이 모두 금관 아래에서 발견되어 금관에 붙었던 수식이 아니었던가 추정되는 것이다.

⑩ 금제과대 및 요패(황남대총북분)

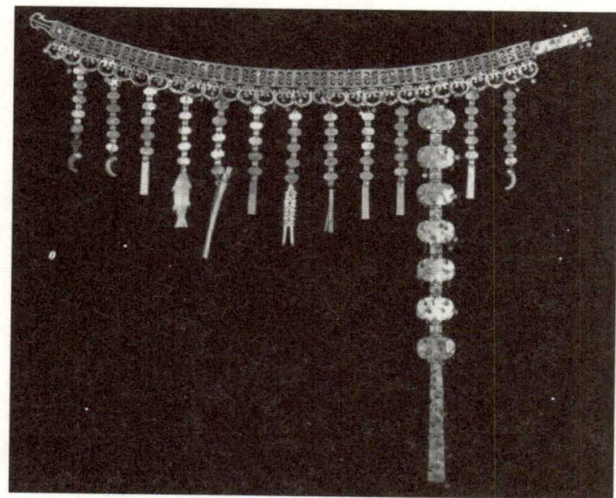

그림 3-11 황남대총북분 금제과대 및 요패
- 종　목 : 국보 제192호
- 명　칭 : 황남대총북분 금제과대 및 요패
　　　　　(九十八號北墳 金製銙帶 및 腰佩)
- 분　류 : 유물 / 생활공예 / 금속공예 / 장신구
- 수량 / 면적 : 1식
- 지정일 : 1978. 12. 7.
- 소재지 : 경북 경주시 인왕동 76 국립경주박물관
- 시　대 : 신라
- 소유자 : 국립경주박물관
- 관리자 : 국립경주박물관

　　경주시 황남동 미추왕릉 지구에 있는 삼국시대 신라 무덤인 황남대총의 북쪽 무덤에서 발견된 금 허리띠(과대)와 띠드리개(요패)이다. 황남대총은 남·북으로 2개의 봉분이 표주박 모양으로 붙어있다.

　　과대는 직물로 된 띠의 표면에 사각형의 금속판을 붙인 허리띠로서 길이 120㎝, 띠드리개 길이 22.5～77.5㎝이다. 28장의 판(板)으로 만들어진 이 허리띠는 주위에 있는 작은 구멍들로 미루어 가죽같은 것에 꿰매었던 것으로 짐작된다. 허리띠 아래에 매달려 있는 13개의 띠드리개는 경첩으로 허리띠와 연결하였다.

　　이 허리띠와 띠드리개는 출토될 당시 상태가 아주 좋아서, 착용법과 띠드리개의 배치순서를 아는데 중요한 자료가 되고 있다.

⑪ 유리제병 및 배(황남대총남분)

그림 3-12 황남대총남분 유리제병 및 배
- 종　목 : 국보 제193호
- 명　칭 : 황남대총남분 유리제병 및 배
　　　　　(九十八號南墳 琉璃製瓶 및 杯)
- 수량 / 면적 : 일괄
- 지정일 : 1978. 12. 7.
- 소재지 : 경북 경주시 인왕동 76 국립경주박물관
- 시　대 : 신라
- 소유자 : 국립경주박물관
- 관리자 : 국립경주박물관

경주시 황남동 미추왕릉 지구에 있는 삼국시대 신라 무덤인 황남대총에서 발견된 병 1점과 잔 3점의 유리제품이다.

병은 높이 25㎝, 배지름 9.5㎝이고, 잔① 높이 12.5㎝, 아가리 지름 10㎝, 잔② 높이 8㎝, 아가리 지름 10.5㎝, 잔③ 높이 10.5㎝, 아가리 지름 9.5㎝의 크기를 하고 있다.

병은 연녹색을 띤 얇은 유리제품으로 타원형의 계란 모양이다. 물을 따르기 편하게 끝을 새 주둥이 모양으로 좁게 오므렸다. 가느다란 목과 얇고 넓게 퍼진 나팔형 반침은 페르시아 계통의 용기에서 볼 수 있는 것이다. 목에는 10개의 가는 청색 줄이 있고, 아가리에는 약간 굵은 선을 돌렸고, 손잡이에는 굵은 청색 유리를 ㄱ자로 붙였다. 손잡이에는 금실이 감겨져 있었는데 이는 무덤에 넣기 전에 이미 손상되어 수리를 한 듯 보인다.

잔①은 병과 같이 연녹색 유리를 사용했고, 위는 넓고 밑은 좁아진 컵 모양을 하고 있다. 아가리 주위는 속이 빈 관(管)모양으로 돌리고, 그 위에 청색 유리띠를 한 줄 둘렀다. 몸체의 윗쪽에는 청색 유리로 물결무늬를 두르고, 밑쪽에는 격자무늬를 도드라지게 새겼다.

잔②는 색은 연녹색이고 아가리가 넓다. 아가리 주위는 약간 도톰하게 돌기가 있으며, 밑면 가운데 부분이 약간 들어가 있다.

잔③ 역시 연녹색이고 아가리가 넓은 원통형이다. 아가리 주위는 관 모양이고 위와 아래에는 약간 청색을 띠고 있다.

모두 파손이 심한 상태로 발굴되었으나 다행히 원형을 알아 볼 수 있게 복원되었다. 병과 잔①은 매우 가까운 거리에서 출토되어 아마 세트를 이루었던 것으로 짐작된다. 유리의 질과 그릇의 형태 색깔로 미루어 서역에서 수입된 것으로 보이며, 그 당시 서역과의 문화 교류를 알게 해 주는 자료가 된다.

⑫ 금제경식(황남대총남분)

경주시 황남동 미추왕릉 지구에 있는 삼국시대 신라 무덤인 황남대총에서 발견된 길이 33.2cm의 금 목걸이이다.

황남대총은 남북으로 2개의 봉분이 표주박 형태로 붙어 있는데, 남쪽 무덤에서 사람의 목에 걸린 채로 널(관) 안에서 발견되었다.

금실을 꼬아서 만든 금 사슬 4줄과 속이 빈 금 구슬 3개를 교대로 연결하고, 늘어지는 곳에는 금으로 만든 굽은 옥을 달았다. 경주지역 신라의 무덤에서 발견되는 대부분의 목걸이가 푸른빛의 옥을 사용한데 반하여 전체를 금으로 만든 특이한 목걸이이다.

금 사슬, 금 구슬, 굽은 옥의 비례와 전체적인 크기가 조화를 이루고 있어, 우아하고 세련된 멋을 풍기고 있다.

경주 황남동 제98호 표형분(瓢形墳) 남분(南墳)에서 피장자(被葬者)가 착장(着裝)한 상태로 관 안에서 발견되었다.

사슬모양으로 꼰 금사(金絲) 4줄과 금제공옥(金製空玉) 3개를 교대로 연결하고 앞으로 넓어진 끝에는 금제곡옥(金製曲玉)을 달았다.

아직까지 경주의 고신라시대 고분에서 발견된 목걸이가 대가 청옥(靑玉)을 연결한 것이었는데 반해 전체가 금제이고 외형은 간단해 보이지만 화사하고 세련된 맛을 풍기는 특이한 형식이다.

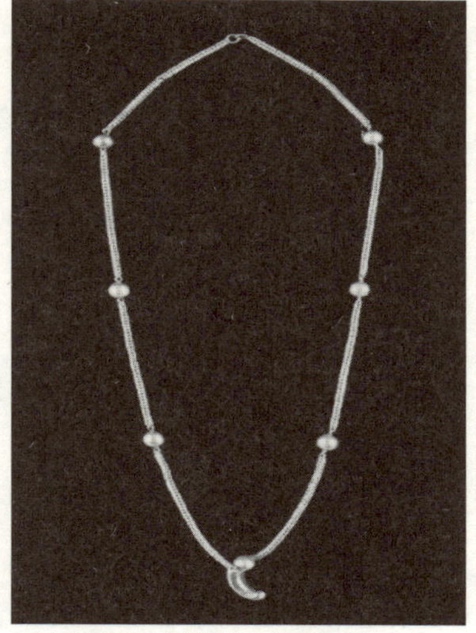

그림 3-13 황남대총남분 금제경식

- 종　목 : 국보 제194호
- 명　칭 : 황남대총남분 금제경식
  　　　　(九十八號南墳 金製頸飾)
- 분　류 : 유물 / 생활공예 / 금속공예 / 장신구
- 수량 / 면적 : 1식
- 지정일 : 1978. 12. 7.
- 소재지 : 경북 경주시 인왕동 76
  　　　　국립경주박물관
- 시　대 : 신라
- 소유자 : 국립경주박물관
- 관리자 : 국립경주박물관

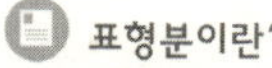 **표형분이란?**

표형분(瓢形墳)이란 고신라시대 묘제인 적석목곽분(積石木槨墳)의 한 형식이다. 그 형태는 두 개의 봉토(封土)가 이어붙어 있는 표주박 모양으로, 고신라에만 유행한 독특한 묘제양식이다.

⑬ 토우장식장경호

그림 3-14 토우장식장경호

- 종　목 : 국보 제195호
- 명　칭 : 토우장식장경호
　　　　　(土偶裝飾長頸壺)
- 분　류 : 유물 / 생활공예 /
　　　　　토도자공예 / 토기
- 수량 / 면적 : 2점
- 지정일 : 1978. 12. 7.
- 소재지 : 경북 경주시 인왕동 76
　　　　　국립경주박물관
- 시　대 : 신라
- 소유자 : 국립경주박물관
- 관리자 : 국립경주박물관

토우란 흙으로 만든 인형이라는 뜻으로 어떤 형태나 동물을 본떠서 만든 토기를 말한다. 이는 장난감이나 애완용으로 만들거나 주술적 의미, 무덤에 넣기 위한 목적으로 만들어진다. 흙뿐 아니라 동물의 뼈나 뿔, 나무들로 만든 것도 있고, 짚이나 풀로도 만들기도 하지만, 많은 수가 흙으로 만들어졌기 때문에 일반적으로 토우라는 말로 표현한다.

2점의 토우장식 목항아리(장경호)로 계림로 30호 무덤 출토 목항아리는 높이 34cm, 아가리 지름 22.4cm이고, 노동동 11호 무덤 출토 목항아리는 높이 40.5cm, 아가리 지름 25.5cm이다.

미추왕릉지구 계림로 30호 무덤 출토 목항아리는 밑이 둥글고 아가리는 밖으로 약간 벌어진 채 직립(直立) 되어 있고, 4개의 돌출선을 목 부분에 돌렸다. 위에서 아래로 한번에 5개의 선을 그었고, 그 선 사이에 동심원을 새기고 개구리·새·거북이·사람 등의 토우를 장식했다. 몸체 부분은 2등분하였고, 윗부분은 목 부분과 같이 한 번에 5개의 선을 긋고, 그 사이에 동심원을 새겼다. 어깨와 목이 만나는 곳에 남녀가 성교하는 모양과 토끼와 뱀 및 배부른 임산부가 가야금을 타는 모양의 토우를 장식했다.

노동동 11호 북쪽 무덤 출토 목항아리의 아가리는 밖으로 약간 벌어진 채 직립이 되다가 끝부분에서 안으로 꺾어졌다. 목 부분은 돌출선에 의해 2부분으로 나누어지는데, 각각 한번에 5개의 선을 이용한 물결무늬를 겹치게 새겼고, 그 사이사이에 원을 찍었다. 몸체에도 역시 5선을 이용한 돌결무늬를 새겼다. 토우는 계림로 30호 토우와 같은 형태이나 목 부분에만 있고 그 수도 적은 편이다.

이러한 토우들은 생산, 풍요, 귀신을 물리치는 의미를 담고 있다. 토우들은 소박함 속에 뛰어난 예술성을 인정받고 있고, 시대적인 신앙과 풍부한 감정 표현을 보여준다.

⑭ 천마도장니(천마총)

그림 3-15 천마총 천마도장니
- 종 목 : 국보 제207호
- 명 칭 : 천마도장니(天馬圖障泥)
- 분 류 : 유물 / 일반회화 / 영모화조화 / 동물화
- 수량 / 면적 : 2점
- 지정일 : 1982. 11. 16.
- 소재지 : 서울 종로구 세종로 1-57 (구)국립중앙박물관
- 시 대 : 신라
- 소유자 : 국립중앙박물관
- 관리자 : 국립중앙박물관

천마도장니는 말의 안장 양쪽에 달아 늘어뜨리는 장니에 그려진 말 그림이다. 가로 75cm, 세로 53cm, 두께는 약 6mm로 1973년 경주 황남동고분 155호분(천마총)에서 발견되었다.

천마도가 그려져 있는 채화판은 자작나무껍질을 여러 겹 겹치고 맨 위에 고운 껍질로 누빈 후, 가장자리에 가죽을 대어 만든 것이다. 중앙에는 흰색으로 천마가 그려져 있으며, 테두리는 흰색·붉은색·갈색·검정색의 덩굴무늬로 장식되어 있다. 천마는 꼬리를 세우고 하늘을 달리는 모습으로, 다리 앞뒤에 고리모양의 돌기가 나와 있고 혀를 내민듯한 입의 모습은 신의 기운을 보여준다. 이는 흰색의 천마가 동물의 신으로, 죽은 사람을 하늘 세계로 실어 나르는 역할이었음을 짐작해 볼 수 있게 한다.

5~6세기의 신라시대에 그려진 천마도의 천마의 모습 및 테두리의 덩굴무늬는 고구려 무용총이나 고분벽화의 무늬와 같은 양식으로, 신라회화가 고구려의 영향을 받았음을 알 수 있는 그림이다. 또한 신라회화로서 현재까지 남아있는 거의 유일한 작품으로 그 가치가 크다.

천마도(天馬圖)는 경주 황남동 155호분인 천마총(天馬塚)을 1973년에 발굴할 때 출토된 신라시대의 회화이다. 직사각형 자작나무껍질로 만든 장니(障泥) 겉면에 채색(彩色)을 써서 그린 것으로 천마(天馬)를 가운데 두고 사방에 인동당초문(忍冬唐草文)으로 테를 둘렀는데 세련된 조화미를 보여주고 있다.

가운데 백색(白色)으로 그려진 천마(天馬)는 공중에 떠서 달리는 자세를 보여주는데 갈기와 꼬리의 털이 수평으로 날카롭게 갈라져서 날리고 이와는 대조적으로 네발은 터덜터덜 걷는 듯한 모습을 보여 주고 있어서 모순된 느낌을 준다. 천마의 몸에는 군데군데 반달모양의 무늬가 나 있고 앞 가슴과 뒷발 사이에는 각각 갈쿠리 모양의 것이 달려 있는데 이 반달형무늬는 고대 스키타이족의 문화에서 연유된 것으로 본다. 다리의 앞 뒤에 고리모양의 돌기가 나와 있는 것과 혀를 내민 듯한 입에서 신기(神氣)를 내뿜는듯한 형상들로 보아 이 백마(白馬)가 신수(神獸)인 듯하고 사자(死者)의 영혼을 천계(天界)로 실어 나르는 기능을 지녔던 것으로 추측된다.

천마도 네 귀퉁이에 하나씩 그려진 식물문양(植物文樣)이 고구려 무용총(無踊塚)의 천정받침 등에 보이는 연화문(蓮華文)의 변모된 모습으로 볼 수 있어 고구려 고분벽화와의 밀접한 관계를 보여주고 있다. 그러나 달리는 말의 모습이 고구려 고분벽화에서 보여주는 말들에 비해서 힘찬 생동감이 결여되어 있다.

천마총은 5~6세기 경의 고분(古墳)으로 이 고분에서 출토된 「천마도(天馬圖)」를 비롯하여 「기마인물도(騎馬人物圖)」, 「서조도(瑞鳥圖)」 등 채화판은 신라의 화적(畫蹟)이 전혀 없다시피 한 상황에서 신라회화의 중요한 사료(史料)가 된다.

⑮ 기마인물형토기

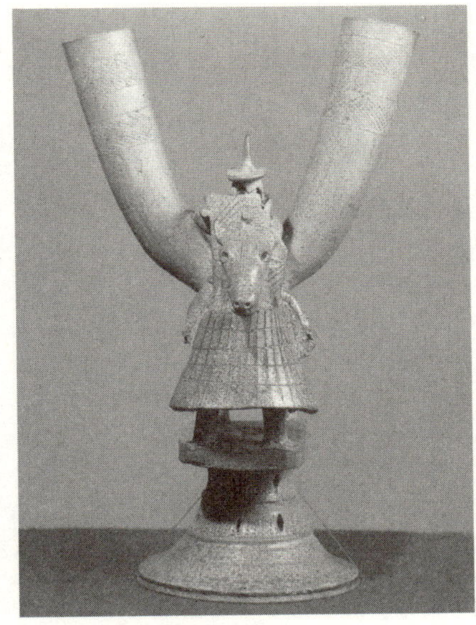

그림 3-16 기마인물형토기
- 종　목 : 국보 제275호
- 명　칭 : 기마인물형토기(騎馬人物形土器)
- 분　류 : 유물 / 생활공예 / 토도자공예 / 토기
- 수량 / 면적 : 1점
- 지정일 : 1993. 1. 15.
- 소재지 : 경북 경주시 인왕동 76 국립경주박물관
- 시　대 : 삼국시대
- 소유자 : 국립경주박물관
- 관리자 : 국립경주박물관

삼국시대 만들어진 것으로 생각되는 말을 타고 있는 사람의 모습을 한 높이 23.2cm, 폭 14.7cm, 밑 지름 9.2cm의 인물형토기이다.

나팔모양의 받침 위에 직사각형의 편평한 판을 설치하고, 그 위에 말을 탄 무사를 올려 놓았다. 받침은 가야의 굽다리접시(고배)와 동일한 형태로, 두 줄로 구멍이 뚫려 있다. 받침의 4모서리에는 손으로 빚어 깎아낸 말 다리가 있다.

말 몸에는 갑옷을 매우 사실적으로 묘사하였고, 말갈기는 직선으로 다듬어져 있다. 말 등에는 갑옷을 입고 무기를 잡고 있는 무사를 앉혀 놓았다. 무사는 머리에 투구를 쓰고 오른손에는 창을, 왼손에는 방패를 들고 있는데 표면에 무늬가 채워져 있다. 특히 아직까지 실물이 전하지 않는 방패를 사실적으로 표현하고 있어 주목된다. 무사의 등 뒤쪽에는 쌍뿔모양의 잔을 세워놓았다.

이 기마인물형토기는 가야의 말갖춤(마구)과 무기의 연구에 귀중한 자료로 평가된다.

❷ 지정문화재(보물)

표 3-2 국립경주박물관소장 지정문화재(보물) (2006. 10. 1 현재)

연번	지정번호	유물명	수량	현보관장소	현위치
1	202	의성관덕동석사자	2구	국립대구박물관 (1994. 9. 8. 이관)	대구박물관
2	314	취지금니묘법연화경	2책	국립경주박물관	수장고
3	315	백지묵서묘법연화경	2책	국립경주박물관	수장고
4	366	감은사지서탑내유물	일괄	국립경주박물관 (2005. 7. 6. 이관)	미술관 금속공예실
5	617	금제접형관식(천마총)	1점	국립경주박물관	고고관 신라1실
6	618	금제조익형관식(천마총)	1식	국립경주박물관	고고관 신라1실
7	619	경식(천마총)	1식	국립경주박물관	고고관 신라1실
8	620	유리배(천마총)	1점	국립경주박물관	고고관 신라1실
9	621	금동장봉황환두대도(천마총)	1병	국립경주박물관	고고관 선원사실
10	622	청동제초두(천마총)	1병	국립경주박물관	수장고
11	623	금제천 및 지환(황남대총북분)	일괄 (21)	국립중앙박물관 (1988. 5. 2. 이관)	중앙박물관
12	624	유리제대부배(황남대총북분)	1점	국립중앙박물관 (1988. 5. 2. 이관)	중앙박물관
13	625	은제관식(황남대총북분)	1식	국립중앙박물관 (1988. 5. 2. 이관)	중앙박물관
14	626	금제고배(황남대총북분)	1점	국립경주박물관	고고관 신라1실
15	627	은제잔(황남대총북분)	1점	국립중앙박물관 (1988. 5. 2. 이관)	중앙박물관
16	628	은제합 은제완 금제완(황남대총북분)	일괄	국립경주박물관	중앙박물관(2점) 수장고(14점)

연번	지정번호	유물명	수량	현보관장소	현위치
17	629	금제과대 및 요패(황남대총남분)	1식	국립중앙박물관 (1986. 5. 23. 이관)	중앙박물관
18	630	금제조익형관식(황남대총남분)	1점	국립중앙박물관 (1986. 5. 23. 이관)	중앙박물관
19	631	은관(황남대총남분)	1점	국립중앙박물관 (1986. 5. 23. 이관)	중앙박물관
20	632	은제경갑(황남대총남분)	1쌍	국립경주박물관	고고관 신라2실
21	633	금제수식(미추왕릉지구)	1쌍	국립경주박물관	고고관 신라1실
22	634	상감유리옥부경식(미추왕릉지구)	1련	국립경주박물관	고고관 신라2실
23	635	금제감장보검(미추왕릉지구)	1병	국립중앙박물관 (2005. 7. 7. 이관)	중앙박물관
24	636	서수형토기(미추왕릉지구)	1점	국립경주박물관	고고관 신라1실
25	884	삼안총	1점	국립경주박물관	수장고
26	1110	인조기사모본정몽주영정	1폭	국립경주박물관	수장고
27	1151	청동흑칠호동	1쌍	국립경주박물관	국은실
28	1152	죽동리출토 청동기 일괄	일괄 (33)	국립경주박물관	국은실
29	1410	금동용형당간두	1점	국립대구박물관 (1994. 9. 8. 이관)	대구박물관
30	1411	임신서기석	1점	국립경주박물관	미술관 역사자료실
31	1475	금동판불상	10점	국립경주박물관	안압지관(3점) 수장고(6점) 중앙박물관(1점)
		계	보물 31건		

① 의성관덕동석사자

그림 3-17 의성관덕동석사자

- 종　목 : 보물 제202호
- 명　칭 : 의성관덕동석사자(義城觀德洞石獅子)
- 분　류 : 유적건조물 / 종교신앙 / 불교 / 기타
- 수량 / 면적 : 2구
- 지정일 : 1963. 1. 21.
- 소재지 : 경북 경주시 인왕동 76 국립경주박물관
- 시　대 : 통일신라
- 소유자 : 국유
- 관리자 : 국립경주박물관

의성관덕동삼층석탑(보물 제188호)의 기단(基壇) 윗면에 배치되어 있던 네 마리의 사자상 가운데 남아있는 사자상 2구이다. 한 쌍은 1940년에 분실되었고 나머지 한 쌍만 국립경주박물관에 보관되어 있다.

2구 모두 조각수법을 알아볼 수 없을 정도로 심하게 닳아 있다. 암사자는 앞발을 곧게 세우고 뒷발은 구부린 자세로 앉아있다. 얼굴은 오른쪽을 향하고 있으며 굵은 목에는 구슬 목걸이가 남아 있어 불국사 다보탑의 돌사자 장식을 연상하게 한다. 여기서 눈길을 끄는 것은 배 밑에 세 마리의 새끼 사자가 있고 그 중 한 마리는 어미젖을 빨고 있는 희귀한 모습이다. 수사자는 암사자와 같은 자세로 앉아 있으며, 고개를 약간 왼쪽으로 향하고 있어 암수가 서로 마주보는 배치였던 것으로 추측된다.

조성연대는 의성관덕동삼층석탑과 같은 시기인 9세기 초반의 작품으로 추정된다. 세부의 수법을 파악하기 어려우나 전체적으로 균형이 잘 잡혀있고, 양쪽 발과 앞가슴의 근육 등에서 힘찬 조각의 일면을 엿볼 수 있다.

② 취지금니묘법연화경

묘법연화경은 줄여서 '법화경'이라고 부르기도 하며, 부처가 되는 길이 누구에게나 열려 있다는 것을 기본사상으로 하고 있다. 묘법연화경은 천태종의 근본경전으로 화엄종과 함께 우리나라 불교사상 확립에 크게 영향을 끼쳤다.

이 책은 법화경의 내용을 청색 종이에 금색 글씨로 옮겨 쓴 것으로 권3과 권4 2책이 전해진다. 병풍처럼 펼쳐서 볼 수 있는 형태로 되어있으며, 접었을 때의 크기는 세로 31cm, 가로 11cm이다.

책 겉표지는 권3·4의 문양이 약간 다르지만 공통적으로 책 제목이 있고, 그 주위에 화려한 꽃무늬가 장식되어 있다. 다른 권은 없어지고 이 책만 남아서 책을 펴내게 된 경위와 만들어진 정확한 연대를 알 수 없으며, 다만 권3 끝에 '施主權圖南(시주권도남)'이라고만 씌여 있다.

글자를 매우 유려하게 정성들여 썼고 금색도 선명히 남아 있는 고려 후기에 펴낸 책으로 추정된다.

표제(表題)는 권삼(卷三) 권사(卷四)의 문양이 약간 다

그림 3-18 취지금니묘법연화경
- 종 목 : 보물 제314호
- 명 칭 : 취지금니묘법연화경(翠紙金泥妙法蓮華經)
- 분 류 : 기록유산 / 전적류 / 필사본 / 사경
- 수량 / 면적 : 2책
- 지정일 : 1963. 1. 21.
- 소재지 : 경북 안동시 서후면 자품리 590
          (국립경주박물관 보관)
- 시 대 : 고려시대
- 소유자 : 광흥사
- 관리자 : 국립경주박물관

르나 모두 일반 사경(寫經)의 양식과 같이 보상화문(寶相華文)의 문양(文樣)안 상부에 개법장진언(開法藏眞言)의 부호(符號)가 있고 「묘법연화경권삼(妙法蓮華經卷三)」 등의 서명·권차(卷次)가 있다.

권말(卷末)에 「시주권도남(施主權圖南)」이라고만 있어서 연대를 확인할 수 없으나 삼(三)과 사(四)의 필치가 비슷하여 거의 한 사람으로 된 듯하며 글씨도 매우 거침없이 자유로이 표현되어 있다.

지정명칭에 있어서 요지(料紙)를 취지(翠紙)라 하였으나 감지(紺紙)의 퇴색으로 보는 것이 옳은 것이다. 감지에 쓴 금자(金字)로 비교적 선명하고 보상화문도 금니(金泥)로 장엄하게 장식되어 있다.

③ 백지묵서묘법연화경

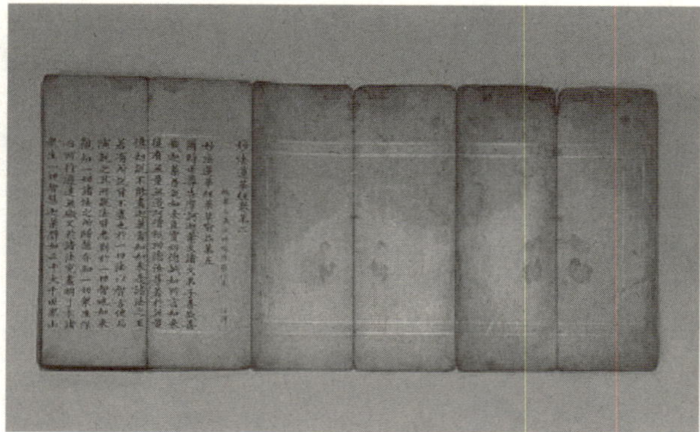

그림 3-19 백지묵서묘법연화경
- 종　　목 : 보물 제315호
- 명　　칭 : 백지묵서묘법연화경(白紙墨書妙法蓮華經)
- 분　　류 : 기록유산 / 전적류 / 필사본 / 사경
- 수량 / 면적 : 2책
- 지정일 : 1963. 1. 21.
- 소재지 : 경북 안동시 서후면 자품리 590
　　　　　(국립경주박물관 보관)
- 시　　대 : 고려시대
- 소유자 : 광흥사
- 관리자 : 국립경주박물관

　　묘법연화경은 줄여서 '법화경'이라고 부르기도 하며, 부처가 되는 길이 누구에게나 열려 있다는 것을 중요사상으로 하고 있다. 묘법연화경은 천태종의 근본경전으로 화엄종과 함께 우리나라 불교사상 확립에 크게 영향을 끼쳤다.

　　이 책은 흰 종이에 먹으로 직접 글씨를 쓴 것으로, 전체 권1~7중에서 권1과 권3이 남아있다. 각 권은 병풍처럼 펼쳐서 볼 수 있는 형태로 되어있으며, 접었을 때의 크기는 권1이 세로 37.5cm, 가로 13.5cm 이고 권3이 세로 34.7cm, 가로 12.5cm이다. 각 권의 크기와 글씨체가 다른 점으로 보아 오랜 시간동안 여러 사람을 거치면서 만들어진 것으로 보인다.

　　각 권의 겉표지에는 금색으로 된 화려한 꽃무늬와 제목이 적혀 있고, 권3의 앞부분에는 불경의 내용을 요약하여 묘사한 변상도(變相圖)가 금색으로 그려져 있다. 권3의 끝부분에는 이 책을 만들게 된 경위를 적은 기록이 있는데, 고려 창왕 1년(1389년) 장씨부인 묘우(妙愚)가 돌아가신 부모와 모든 중생들을 위해 책을 만들었다고 적혀 있다. 이를 통해서 개인공덕을 기리기 위해 불경을 간행하였음을 알 수 있다.

④ 감은사지 서탑내 유물

그림 3-20 감은사지 서탑내 유물
- 종　목 : 보물 제366호
- 명　칭 : 감은사지 서삼층석탑내 유물
　　　　　　(感恩寺址 西三層石塔內 遺物)
- 분　류 : 유물 / 불교공예 / 사리장치 / 사리장치
- 수량 / 면적 : 일괄
- 지정일 : 1963. 1. 21.
- 소재지 : 서울 용산구 용산동 6가 국립중앙박물관
- 시　대 : 통일신라
- 소유자 : 국립중앙박물관
- 관리자 : 국립중앙박물관

　경상북도 월성군 감은사 터에 있는 감은사지삼층석탑(국보 제112호) 가운데 서쪽에 있는 석탑을 해체·
수리하면서 3층 탑신에서 발견된 사리장치이다.
　사리를 모시기 위한 청동제사각감과 그 안에 있던 사리기이다. 사리기를 넣었던 사리감은 청동으로 만들
었는데, 발견 당시 몹시 부식된 상태였다.

사각형의 깊숙한 상자에 완만한 원뿔모양의 뚜껑이 있는 형태로, 전체 높이가 약 31cm정도 된다. 사리감의 네 옆면에는 각각 사천왕상이 1구씩 새겨져 있고, 그 양 옆에는 각각 동그란 고리가 달려 있다. 주위는 꽃무늬로 장식하였는데 이는 모두 동판에 따로 새겨 작은 못으로 고정시키고 있다. 가장자리에는 꽃과 잎 무늬로 가득 메운 가는 장식판을 이용해 단을 돌렸는데, 뚜껑의 둘레에도 마찬가지로 단을 돌렸다.

네 문을 지키고 있는 사천왕상은 그 자세나 옷의 무늬가 중국 당나라의 조각상에서 많이 볼 수 있는 것이지만, 그 표현기법에 있어서는 오히려 중앙아시아의 조각상과 비슷한 점을 발견할 수 있다.

청동으로 만든 사리기는 정사각형의 기단과 사리병을 모셔 둔 몸체, 그리고 수정으로 만들어진 보주의 3부분으로 이루어졌는데, 마치 목조 건축물을 연상케 한다. 사리기의 기단과 몸체 부분은 비교적 보존 상태가 양호하나, 그 윗부분인 보개는 원형을 알 수 없을 정도로 부식되었다.

사리기의 기단은 안상을 새기고 신장상을 배치하였으며, 기둥을 세운 것 같은 느낌이 든다. 기단의 맨 위에는 난간을 돌리고, 그 안에 4개의 주악상과 4개 동자상을 따로 만들어 놓았다. 사리병은 고리가 달린 그릇 모양의 외피 속에 넣고, 그 위에는 수정으로 만든 보주를 올려놓았다.

감은사터의 사리장치는 오랜 세월에 많이 부식되어 원형 그대로는 아니지만 각 부분에 나타난 섬세하고 조각이 아름다운 중요한 문화재이다.

1959년 12월 경북 월성군 양북면 용당리 감은사(感恩寺) 터 동서(東西) 2기(基)의 3층 석탑 중 서쪽에 있는 3층 석탑 해체수리 때 3층 탑신(塔身)에서 발견된 일련의 사리장엄구(舍利莊嚴具)이다. 원래 감(龕) 안에 사리기(舍利器)가 장치되었던 것이나 감은 발견 당시 이미 부식(腐蝕)되어 크게 파손되어 있었다.

- 청동사각감(靑銅四角龕) : 감(龕)은 깊숙한 장방형 상자에 방추형(方錐形)뚜껑을 덮고 4귀에 발을 단 형태이다. 측면에는 각각 사천왕상(四天王像) 1구와 그 좌우 8능형의 바탕에 새겨진 수환(獸環) 상하, 즉 측면 가장자리에 초화형(草花形)이 장식되었다. 이들 장식은 모두 별도로 동판(銅板)에 새겨서 잔못으로 고정시키고 있다. 가장자리에는 꽃과 잎을 교대로 배치하고 그 사이로 어자문(魚子文)으로 메운 가는 장식판으로 단을 돌렸다. 밑에는 ㄱ자형의 받침이 4귀에 붙어 있다.

뚜껑 둘레에는 몸뚱이 부분 가장자리를 장식한 것과 같은 문양의 장식판으로 단을 돌리고 다시 초화형을 연속시킨 장식판이 대각선으로 十자형을 이루고 있다. 꼭대기에는 여의두문(如意頭文)과 같은 정4각형 장식판을 덮고 중앙에 4능형 고리를 달았다. 여러 조각 가운데 사천왕상들은 모두 주상(鑄象)이며 제작 당시부터 일부 손상을 입은 흔적이 있다. 모두 몸에 화려한 갑주(甲)를 입었고 그 중 2구는 복부에 사자형이 있다. 머리에는 원형 두광(頭光)이 있고 한 손은 허리에 대고 한 손에는 탑(塔)·보주(寶珠)·극(戟)·금강저(金剛杵)를 들었으며 발에는 소(牛)·주유(侏儒)가 있다. 이 사천왕상들의 자세·옷의 무늬 등은 중국 당대(當代)의 조상(彫像)에서 볼 수 있는 바이지만 표현 기법은 오히려 중앙아시아의 조상과 상통하여 매우 주목된다(사천왕상(四天王像) 높이 21.6cm내외). 이 감(龕) 안에 사리기를 넣었는데 신개(身蓋)를 고정시키기 위하여 신부(身部) 두면(頭面) 상부에 소형 자물쇠를 붙이고 비녀못을 꽂았다.

- 청동제사리탑(靑銅製舍利塔) : 기단(基壇)·신부(身部)·보개(寶蓋)의 3부분으로 구성된 보좌형(寶座形)의 사리기이다. 기단(基壇)은 정사각형으로 복련형(伏蓮形)의 복판연화(複瓣蓮華)와 당초문(唐草文)으로 장식된 하대(下臺) 위의 1면에 2좌(座)씩의 고식 면상(眠象)을 투각(透刻)한 정사각형 외벽을 세우고 그 안에 하단 정사각형, 상당 8각형의 중대를 얹었다. 외벽과 중대(中臺) 사이에는 각 면 2구씩의 신장(神將)을 별주하여 배치하고 있다. 상대 상면 주위에는 앙연(仰蓮)을 새기고 그 안에 2단의 정사각형 난간을 돌린 중앙에 사리병을 안치하였다. 이 주위에는 4귀에 진악상(秦樂像)과 그 사이에 동자상(童子像) 1구씩을 배치하여 장엄을 다하였다.

사리병(舍利瓶)은 복발형(覆鉢形)과 연판(蓮瓣)·보주(寶珠)로 된 청동 외피 속에 넣었는데 복발형(覆鉢形)의 4면에는 고리가 달리고 그 위의 연판은 풍만 장대해 보인다. 수정제(水晶製) 보주는 2중의 작은 연판 위에 얹었고 청동을 오려 만든 화염(火焰)을 씌웠다. 이 안의 사리병은 수정제(水晶製)로(높이 3.8cm) 금선(金線)과 금입(金粒)으로 뚜껑이 덮여 있었다.

⑤ 금제접형관식(천마총)

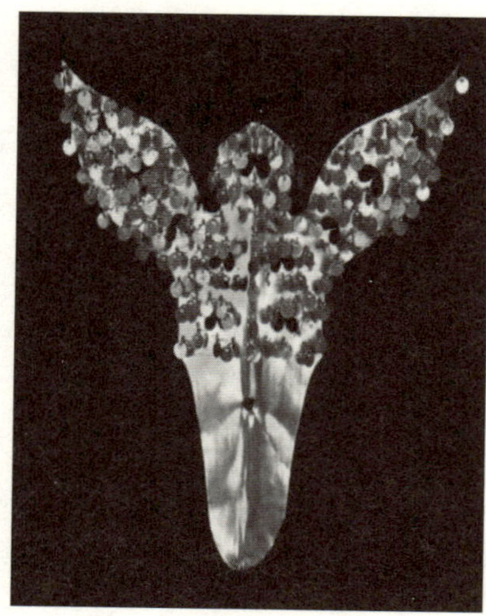

그림 3-21 천마총 금제접형관식
- 종　목 : 보물 제617호
- 명　칭 : 천마총 금제접형관식(天馬塚 金製蝶形冠飾)
- 분　류 : 유물 / 생활공예 / 금속공예 / 장신구
- 수량 / 면적 : 1식
- 지정일 : 1978. 12. 7.
- 소재지 : 경북 경주시 인왕동 76 국립경주박물관
- 시　대 : 신라
- 소유자 : 국립경주박물관
- 관리자 : 국립경주박물관

　천마총에서 나온 관식은 널<관(棺)> 밖 머리 쪽에 껴묻거리(부장품)가 들어있는 상자 뚜껑 위에서 발견되었다. 높이 23cm, 너비 23cm인 이 관식은 중앙에 새머리같이 생긴 둥근 부분이 있고, 그 밑 좌우 어깨 위치에는 위로 솟는 날개 모양의 한 쌍이 있다.

　몸체는 수직으로 내려오다 조금씩 좁아지면서 끝을 둥글게 처리하였다. 머리 부분에는 나뭇잎 모양으로 2개의 구멍을 뚫었고, 좌우 날개에서 몸통부분까지 5개의 구멍을 나뭇잎 모양으로 뚫었다. 아래의 방패형으로 된 부분에는 장식이 없지만, 그 윗부분에는 약 150개의 원형 장식을 한 줄에 연결해서 달았다.

　전체를 세로로 반으로 접었던 흔적이 있으며, 밑에는 못 구멍이 하나 나있어 어떠한 형태로 쓰였던 것인지 분명하지 않다.

⑥ 금제 조익형 관식(천마총)

그림 3-22 천마총 금제조익형 관식
- 종 목 : 보물 제618호
- 명 칭 : 천마총 금제조익형 관식
     (天馬塚 金製鳥翼形冠飾)
- 분 류 : 유물 / 생활공예 / 금속공예 / 장신구
- 수량 / 면적 : 1식
- 지정일 : 1978. 12. 7.
- 소재지 : 경북 경주시 인왕동 76
     국립경주박물관
- 시 대 : 신라
- 소유자 : 국립경주박물관
- 관리자 : 국립경주박물관

천마총 안의 널<관(棺)> 머리 쪽에 있던 유물 보관함에서 발견된 것으로 큰 새의 날개가 펼쳐 있는 모양이고, 밑은 방패 모양으로 된 장식이 달려있다. 몸체와 좌우의 날개에는 덩굴무늬를 파 놓았는데, 가장자리의 테두리와 줄기부분에는 세밀하게 점선을 찍어, 얇고 긴 금판이 힘을 받도록 했다.

표면 전면에는 지름 0.7cm정도의 원판을 400여 개 정도 금실로 연결하여 매우 화려해 보인다. 밑에는 장식이 전혀 없고 밑이 둥근 돌기부가 있고, 못 구멍이 하나 있으나 어떠한 방법으로 무엇에 고정시켰던 것인지는 확실하지 않다.

관 밖 머리 쪽의 유물을 수장하였던 궤위에서 발견하였다. 거의 정4각형에 가까운 금판(金板) 좌우에는 대칭으로 큰 새의 날개모양이 뻗쳐 있고, 밑은 방패 모양이 된 장식이다. 몸체와 좌우의 날개 모두 가장자리에 테를 돌리고 방패형 부분을 제외하고는 전면에 문양이 투각되었는데, 가장자리의 테에는 이면에 2줄의 점선을 찍었고 2줄 사이에도 점선의 다선(多線) 파상문(波狀文)을 찍었다. 또 전면에 지름 0.7cm 정도의 원형 영락 약 400개를 금사(金絲)로 연결 장식하였다. 이 관식(冠飾)에는 무엇엔가 고착시켰던 듯 못 구멍이 있으나, 어떠한 방법으로 무엇에 고착시켰던 것인지는 확실하지 않다. 또한 관 밖에 있었던 점으로 보아 평시에 착용하던 것인지도 분명하지 않다.

⑦ 경식(천마총)

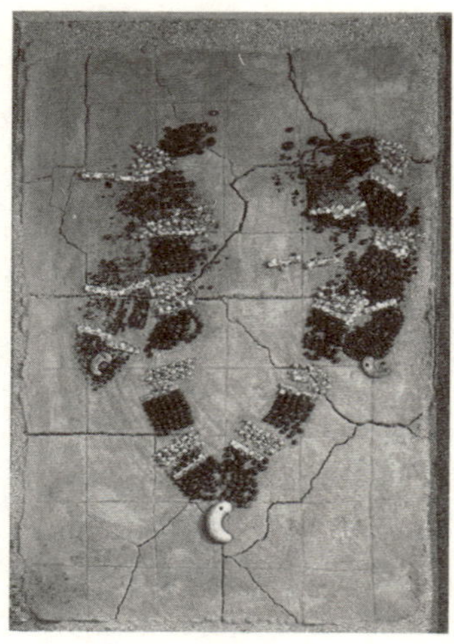

그림 3-23 천마총 경식
- 종　목 : 보물 제619호
- 명　칭 : 천마총 경식(天馬塚 頸飾)
- 분　류 : 유물 / 생활공예 / 금속공예 / 장신구
- 수량 / 면적 : 1련
- 지정일 : 1978. 12. 7.
- 소재지 : 경북 경주시 인왕동 76 국립경주박물관
- 시　대 : 신라
- 소유자 : 국립경주박물관
- 관리자 : 국립경주박물관

　천마총 안의 널<관(棺)>에서 발견된 것으로, 가슴 윗 부분에서 있던 것으로 보아 목걸이로 쓰였던 장신구이다.

　금, 은, 비취, 유리 등의 재료를 사용했는데, 원래의 줄 외에 가슴 부근에서 좌우로 늘어지는 짧은 가닥이 달려있다. 청색 유리옥과 금·은 제품이 여섯줄로 이어져 일정한 간격으로 연결되어 있는데, 좌우에는 큰 굽은 옥이 매달려 있다. 이 경식은 목에 걸었을 때 전체가 V자형이 된다.

　다른 무덤에서 출토된 목걸이에 비해 매우 화려한 작품이다. 경주 금령총에서도 이와 비슷한 목걸이가 출토된 일이 있는데, 천마총에서 출토된 목걸이는 이것보다는 훨씬 작다.

⑧ 유리배(천마총)

그림 3-24 천마총 유리배
- 종　　목 : 보물 제620호
- 명　　칭 : 천마총 유리배(天馬塚 琉璃杯)
- 분　　류 : 유물 / 생활공예 / 옥석공예 / 석공예
- 수량 / 면적 : 1개
- 지정일 : 1978. 12. 7.
- 소재지 : 경북 경주시 인왕동 76 국립경주박물관
- 시　　대 : 신라
- 소유자 : 국립경주박물관
- 관리자 : 국립경주박물관

　이 유리잔은 천마총 무덤 내에서 발견되었는데, 높이 7.4cm, 아가리 지름 7.8cm의 크기이다. 원래 2개가 발견되었으나 다른 하나는 복원이 불가능할 정도로 파손되었다. 청색의 투명한 유리제로서 기포가 보이지 않고 아가리 부분 등에서 약간 은화(銀化)된 부분이 있을 뿐 높은 제작기술을 보여주고 있다.

　잔의 두께는 일정하지 않고, 아가리는 약간 밖으로 벌어져 있다. 전체 형태는 U자형을 이루며, 바닥은 원에 가까우나 닿는 자리만 안으로 불규칙하게 눌러서 세울 수 있도록 하였다. 표면에는 일정하지 않은 길이로 굵은 세로선을 그어 돌리고, 그 밑으로는 바닥만 제외하고 부정형의 원형 무늬가 연속적으로 장식되어 있다. 이 원형 무늬는 깎아낸 것이 아니고 만들 때 굳어지기 전에 눌러서 만든 것이다.

⑨ 금동장 봉황환두대도(천마총)

고리자루큰칼은 칼자루에 손상이 있을 뿐 양호한 상태를 유지하고 있으며, 유골의 왼쪽부분에서 발견되었다. 칼집과 칼자루는 나무로 만들어 그 위에 얇은 금동을 입혔다. 칼자루 끝 둥근 모양 안에 봉황으로 보이는 새의 머리가 붙어있다. 칼집의 표면에는 특별한 장식이 없고, 한쪽에 따로 칼집을 만들어 큰칼과 같은 것을 붙여 놓았다.

칼집 옆에는 구멍이 난 네모형태의 꼭지가 있어 끈을 매어 달았던 것으로 보인다. 칼집 끝은 금판으로 된 작은 돌기가 두 개 달려있다.

칼자루만 손상이 있을 뿐 양호한 상태를 유지하고 있다. 칼집과 자루는 나무에

그림 3-25 천마총 금동장 봉황환두대도

- 종   목 : 보물 제621호
- 명   칭 : 천마총 금동장 봉황환두대도(天馬塚 金銅裝 鳳凰環頭大刀)
- 분   류 : 유물 / 생활공예 / 금속공예 / 장신구
- 수량 / 면적 : 1점
- 지정일 : 1978. 12. 7.
- 소재지 : 경북 경주시 인왕동 76 국립경주박물관
- 시   대 : 신라
- 소유자 : 국립경주박물관
- 관리자 : 국립경주박물관

금을 입혔고 자루 끝은 환형(環形)이며, 속에 봉황으로 보이는 새의 머리를 조각하였다. 칼집 표면에는 특별한 장식이 없고 한쪽에 따로 칼집을 만들어 큰 칼과 같은 형식의 측도(側刀)를 붙였다. 측도 칼집 중간에는 긴 방패형의 금동판(金銅板) 장식이 달렸고, 이 장식에 연결된 지름 0.4cm 가량의 긴 원통형 침봉(針棒)과 칼집 측면에 구멍 있는 네모난 꼭지가 붙어 있는 것으로 보아 끈을 꿰었던 것이 아닌가 여겨진다. 칼집 하단(下端)은 타원형 금판으로 막았으며 작은 돌기가 2개 붙어 있다.

 **고리자루칼(환두대도)이란?**

고리자루칼(환두대도)이란 칼 중에서 손잡이 끝부분에 둥그런 고리가 붙어있고 그 고리 안에 용이나 봉황, 나뭇잎들을 조각하여 그 소장자의 신분이나 지위를 나타내 주는 칼이다.

⑩ 청동제 초두(천마총)

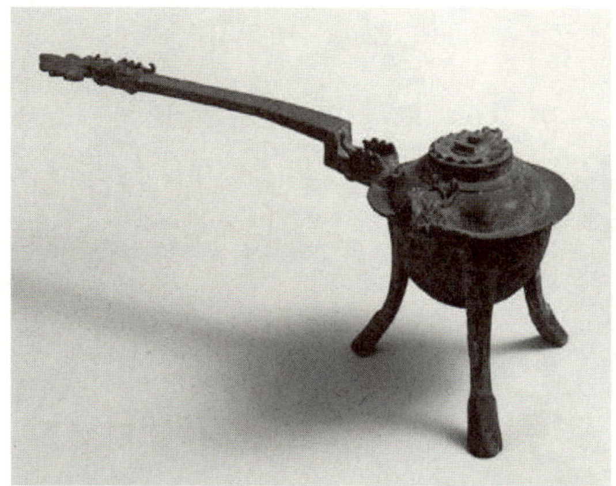

그림 3-26 천마총 청동제 초두
- 종   목 : 보물 제622호
- 명   칭 : 천마총 청동제 초두(天馬塚 靑銅製 鐎斗)
- 분   류 : 유물 / 생활공예 / 금속공예 / 청동용구
- 수량 / 면적 : 1개
- 지정일 : 1978. 12. 7.
- 소재지 : 경북 경주시 인왕동 76 국립경주박물관
- 시   대 : 신라
- 소유자 : 국립경주박물관
- 관리자 : 국립경주박물관

초두는 술, 음식, 약들을 끓이거나 데우는데 사용하던 그릇으로, 대부분 왕릉을 비롯한 큰 무덤에서만 출토된다.

이 청동 초두는 높이 20.5cm, 몸통 지름 18cm, 손잡이 길이 13cm의 크기이다. 전체 형태는 납작한 구형의 몸통에 뚜껑을 덮은 형식으로, 밑에는 3개의 동물 모양 다리가 달렸다.

몸통에는 가로로 한 줄이 돌려 있고 이 위에 휘어진 뿔이 달린 양머리 모양의 액체를 따르는 주구가 달려 있다. 이와 직각되는 위치에 손잡이가 달렸는데, 모가 나 있고 속이 비어 있을 뿐 아니라, 끝에 못 구멍이 있는 점으로 보아 필요에 따라 나무 손잡이를 더 꽂아 사용했던 것 같다. 뚜껑 위에는 꽃봉오리 모양의 꼭지가 있고, 손잡이 위에서 경첩으로 몸통에 연결하여 여닫게 만들었다.

⑪ 금제천 및 지환(황남대총북분)

그림 3-27 황남대총북분 금제천 및 지환
- 종　목 : 보물 제623호
- 명　칭 : 황남대총북분 금제천 및 지환
　　　　　(九十八號北墳 金製釧 및 指環)
- 분　류 : 유물 / 생활공예 / 금속공예 / 장신구
- 수량 / 면적 : 일괄
- 지정일 : 1978. 12. 7.
- 소재지 : 경북 경주시 인왕동 76 국립경주박물관
- 시　대 : 신라
- 소유자 : 국립경주박물관
- 관리자 : 국립경주박물관

　　경주시 황남동 미추왕릉 지구에 있는 신라 무덤인 황남대총은 2개의 봉분이 남·북으로 표주박 모양으로 붙어 있다. 그 중 북쪽 무덤에서 발견된 금팔찌와 반지이다.

　　팔찌는 지름 7.5cm 내외로, 북쪽 무덤 덧널(목곽) 안에서 몸에 착용한 채 오른쪽에 5개 왼쪽에 6개가 발견되었다. 좌·우 5개는 금막대기를 구부려서 만들어 장식이 없는 간단한 모양이다. 왼쪽 팔에 있던 1개는 길다란 금판을 동그랗게 말고, 그 위에 금판을 덧대어 세공하여 남색과 청색의 옥으로 화사하게 꾸몄다.

　　반지의 지름 1.8cm로 모두 19개가 널(관) 안에서 발견되었는데, 그 가운데 오른쪽에 5개 왼쪽에 6개는 손에 낀 채로 발견되었다. 두 가지 문양이 보이는데 하나는 가운데가 마름모꼴로 된 것이고, 다른 것은 중앙에 격자문을 새겨 넣은 것으로, 그 당시의 장식품의 문양을 짐작할 수 있다.

⑫ 유리제대부배(황남대총북분)

그림 3-28 황남대총북분 유리제대부배
- 종　목 : 보물 제624호
- 명　칭 : 황남대총북분 유리제대부배
　　　　　　(九十八號北墳 璃製臺附杯)
- 분　류 : 유물 / 생활공예 / 옥석공예 / 석공예
- 수량 / 면적 : 1개
- 지정일 : 1978. 12. 7.
- 소재지 : 경북 경주시 인왕동 76 국립경주박물관
- 시　대 : 신라
- 소유자 : 국립경주박물관
- 관리자 : 국립경주박물관

　이 잔은 높이 7cm, 아가리 지름 10.5cm로 북쪽 무덤에서 출토되었다. 아가리 부분은 수평이 되도록 넓게 바깥쪽으로 벌어졌고, 몸통 부분은 밥 그릇 모양으로 밑이 약간 넓어진다. 아랫부분에는 우뚝한 받침이 있는데, 짧은 목을 거쳐서 나팔형의 굽이 달렸다. 유리는 투명한 양질이고 갈색으로 전체에 걸쳐 나무결 무늬가 있다. 받침 바닥에 약간의 손상이 있는 외에는 완전한 형태로 보존되었다.

　경주의 신라 무덤에서는 여러 가지 종류의 유리제 용기가 발견되었지만, 이러한 작품은 처음 보는 독특한 예이다. 잔의 모양이나 무늬로 보아 신라 제품이 아니고 서방에서 전래된 것으로 보인다.

⑬ 은제관식(황남대총북분)

은제관식은 부장품수장부 북쪽에서 1개가 출토되었다. 새가 날개를 확짝펴고 나는 모습을 도안화한 관식(冠飾)으로 관모(冠帽) 앞에 꽂기 위한 것이다. 양쪽 날개와 가운데 꽂이 부분이 각기 다른 은판을 오려서 붙인 것으로 날개는 좌우가 같은 모양이나 오른쪽은 반가량 부식되어 떨어졌다.

날개와 꽂이 상단부분은 은제 잔못으로 박아 결합시켰고 꼬리부분 즉 부채꼴 가운데 꽂이를 제외하고 가장자리에는 두 줄의 타출점열문을 돌렸다. 꽂이의 상단은 사다리꼴이고 하단은 부채꼴로 부채꼴의 중심선을 약간 꺾어 접은 수직 돌출선이 뚜렷하여 이 선을 중심으로 대칭되게 옆으로 하나씩 붙인 것 같은 모양이 타출되었는데 마치 사람의 눈과 같다. 꽂이의 부채꼴 모양 오른쪽 뒷면 상단에 '夫'자, 왼쪽 뒷면 상단에 '×' 기호, 오른쪽 날개 뒷면에 '百'자가 날카로운 도구로 각자(刻字)되었다. 높이 36cm, 복원 날개 폭 40cm이다.

접형관식(蝶形冠飾)은 수장부내 서남쪽에서 두 개가 겹쳐 출토되었다. 나비 모양에 가까운데 한 장의 은판(銀板)을 오려서 만들었고, 조익형 보다 날개가 짧고 날카롭게 솟아올랐으며 중심선을 안으로 꺾어 접어 수직 돌출선(垂直 突出線)을 나타냈다. 이 선의 좌우로 곡옥 모양의 눈이 대칭되게 돌출되어 매우 매섭게 보

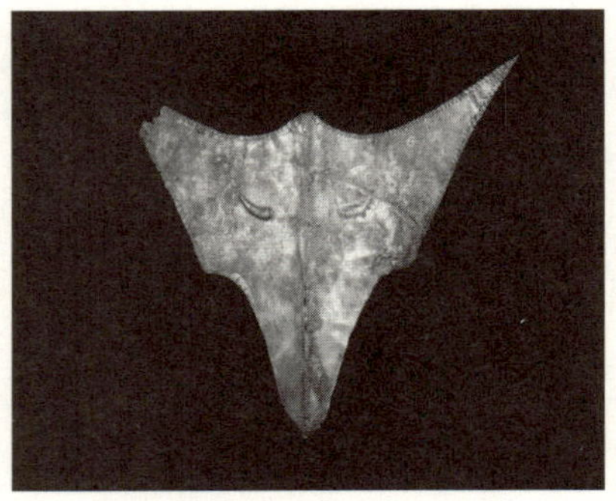

그림 3-29 황남대총북분 은제관식

• 종　목 : 보물 제625호
• 명　칭 : 황남대총북분 은제관식
　　　　　(九十八號北墳 銀製冠飾)
• 분　류 : 유물 / 생활공예 / 금속공예 / 장신구
• 수량 / 면적 : 1식
• 지정일 : 1978. 12. 7.
• 소재지 : 경북 경주시 인왕동 76
　　　　　국립경주박물관
• 시　대 : 신라
• 소유자 : 국립경주박물관
• 관리자 : 국립경주박물관

인다. 가운데 꽂이 부분을 제외하고는 두 줄의 타출점열문(打出點列文)을 가장자리에 돌렸다. 오른쪽 날개 끝부분이 부식되었고 군데군데 부식되었다. 전체적으로 뚜렷한 눈매와 짧고 날카로운 날개로 두려운 느낌을 준다.

다른 하나는 꽂이부분과 몸통의 일부만 남아 있고 날개는 양쪽 모두 부식되어 있다. 전자와 거의 같은 수법으로 만들어졌으나 일부 남아 있는 발개 부분으로 보아 더욱 짧게 솟은 것 같다.

⑭ 금제고배(황남대총북분)

그림 3-30 황남대총북분 금제고배
▪ 종　목 : 보물 제626호
▪ 명　칭 : 황남대총북분 금제고배(九十八號北墳 金製高杯)
▪ 분　류 : 유물 / 생활공예 / 금속공예 / 생활용구
▪ 수량 / 면적 : 1개
▪ 지정일 : 1978. 12. 7.
▪ 소재지 : 경북 경주시 인왕동 76 국립경주박물관
▪ 시　대 : 신라
▪ 소유자 : 국립경주박물관
▪ 관리자 : 국립경주박물관

　높이 10cm, 주둥이 지름 10cm, 무게 169g의 금제 굽다리 접시는 황남대총 북쪽 무덤에서 발견되었다. 토기 굽다리 접시의 형식을 따라 반구형 몸통 밑에 나팔형 굽다리를 붙인 전형적인 양식이지만, 장식이 가해지고, 금으로 만들었다는 점에서 실용품이라기보다는 껴묻거리(부장품)로 제작된 듯하다.

　아가리 부분은 밖으로 말아 붙였고, 나뭇잎 모양 장식 7개를 2개의 구멍을 통하여 금실로 꿰어 달았다. 굽다리는 작은 편으로 상·하 2단으로 되어 있는데, 각각 사각형 모양의 창을 어긋나게 뚫어서 장식하는 신라 굽다리 접시의 형식을 하고 있다.

　찌그러진 부분이 많으나 발견된 경우가 드문 금제 굽다리 접시이다.

　금제고배는 대소 8개가 발견된 것 중의 하나이다. 토기(土器) 고배의 형식을 따라 반구형(半球形) 몸체 구연(口緣)은 금판을 밖으로 말았고, 7개의 심엽형(心葉形) 영락(瓔珞)을 금실로 꼬아서 달았다. 받침은 상하 2단에 각각 방형 투공(透孔)을 어긋매겨서 뚫었다.

⑮ 은제잔(황남대총북분)

그림 3-31 황남대총북분 은제잔
- 종   목 : 보물 제627호
- 명   칭 : 황남대총북분 은제잔(九十八號北墳 銀製盞)
- 분   류 : 유물 / 생활공예 / 금속공예 / 생활용구
- 수량 / 면적 : 1개
- 지정일 : 1978. 12. 7.
- 소재지 : 경북 경주시 인왕동 76 국립경주박물관
- 시   대 : 신라
- 소유자 : 국립경주박물관
- 관리자 : 국립경주박물관

이 은제잔은 황남대총 북쪽 무덤에서 발견된 신라 잔 모양의 그릇으로 높이 3.5㎝, 아가리 지름 7㎝의 크기이다. 밑이 평평한 잔으로 표면의 장식 무늬가 매우 특이하다. 아가리에 좁은 띠를 두른 뒤, 연꽃을 겹으로 촘촘하게 돌려 무늬를 장식하고, 그 밑으로는 쌍선으로 거북등 무늬를 연속시켰다. 거북등 안에는 각종 상상속의 동물 형상을 새겼다.

바닥 안쪽 중앙에도 꽃무늬 안에 봉황을 배치하였다. 이러한 무늬의 표현 형식과 동물의 형상은 경주 식리총에서 출토된 장식용 신발에서만 찾아볼 수 있을 뿐이다. 무늬 자체는 중국 한나라 시대의 구리거울과 연관이 있으나, 그 분명한 내용은 밝혀지지 않았다.

⑯ 은제합 / 은제완 / 금제완(황남대총북분)

그림 3-32 황남대총북분 은제합, 은제완, 금제완
- 종　목 : 보물 제628호
- 명　칭 : 황남대총북분 은제합, 은제완, 금제완
　　　　　(銀製盒, 銀製盌, 金製盌)
- 분　류 : 유물 / 생활공예 / 금속공예 / 생활용구
- 수량 / 면적 : 일괄
- 지정일 : 1978. 12. 7.
- 소재지 : 경북 경주시 인왕동 76 국립경주박물관
- 시　대 : 신라
- 소유자 : 국립경주박물관
- 관리자 : 국립경주박물관

　종류의 용기류로서 황남대총 북쪽 무덤에서 발견된 것으로 은제합은 높이 8㎝, 아가리 지름 10㎝이고, 은제완은 높이 5.5㎝, 아가리 지름 10.5㎝이고, 금제완은 높이 4.5㎝, 아가리 지름 11㎝이다.

　은제합은 8개로 몸체는 반원형이며, 아래에 낮은 굽이 붙어있고 아가리는 밖으로 말려있다. 뚜껑도 반원형으로 중앙에 3장의 나뭇잎 받침이 있고, 그 위에 고리 모양의 꼭지가 있다. 은제완은 4개로 아래에 낮은 굽이 있고, 반원형을 이룬다. 아가리는 밖으로 말려있다. 금제완은 4개로 은제완과 같은 모양을 하고 있다.

⑰ 금제과대 및 요패(황남대총남분)

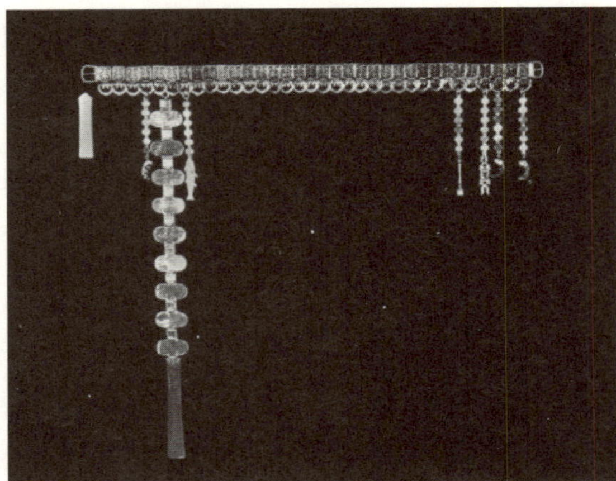

그림 3-33 황남대총남분 금제과대 및 요패
- 종 목 : 보물 제629호
- 명 칭 : 황남대총남분 금제과대 및 요패
  (九十八號南墳 金製銙帶 및 腰佩)
- 분 류 : 유물 / 생활공예 / 금속공예 / 장신구
- 수량 / 면적 : 1식
- 지정일 : 1978. 12. 7.
- 소재지 : 경북 경주시 인왕동 76 국립경주박물관
- 시 대 : 신라
- 소유자 : 국립경주박물관
- 관리자 : 국립경주박물관

허리띠 길이(과대)는 99cm이며, 소형 띠드리개(요패) 길이 18~22cm, 대형 띠드리개 길이 79.5cm의 크기이다. 이 허리띠는 문양이 뚫린 사각형의 판과 나뭇잎 장식 34매를 연결하였다. 나뭇잎 장식 아래에는 7줄의 띠드리개가 있는데, 1줄은 길고 6줄은 짧다.

이 허리띠의 좌우 끝에는 서로 연결할 수 있는 띠고리(교구)가 달려 있다.

⑱ 금제조익형관식(황남대총남분)

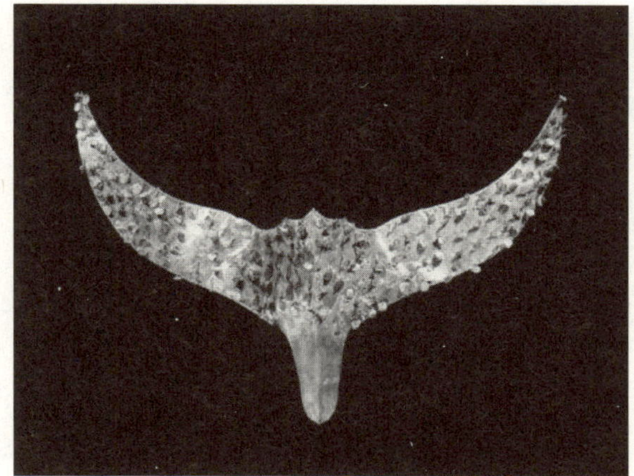

그림 3-34 황남대총남분 금제조익형관식
- 종　목 : 보물 제630호
- 명　칭 : 황남대총남분 금제조익형관식
  (九十八號南墳 金製鳥翼形冠飾)
- 분　류 : 유물 / 생활공예 / 금속공예 / 장신구
- 수량 / 면적 : 1식
- 지정일 : 1978. 12. 7.
- 소재지 : 경북 경주시 인왕동 76 국립경주박물관
- 시　대 : 신라
- 소유자 : 국립경주박물관
- 관리자 : 국립경주박물관

　이 관식은 황남대총 남쪽 무덤에서 발견되었으며, 높이 45cm, 날개 끝 너비 59cm의 크기이다. 3매의 금판으로 구성되어 있는데, 가운데 금판은 위에 3개의 돌출된 부분이 있어서 전체가 山자 모양을 하고 있다. 아랫부분은 차츰 좁아져서 V자 형태를 이루고 있으며, 이 가운데 금판 좌우에 새 날개 모양의 금판을 작은 못으로 연결하였다.

　전면에 작은 원형 장식을 달았으나 가운데 금판 밑의 관(冠)에 꽂게 된 부분에는 장식이 없다. 관장식의 가장자리에는 작은 점을 찍어 처리하였다. 가운데 금판은 세로 중심선에서 안으로 약간 접은 상태여서, 밑의 뾰족한 부분을 무엇인가에 꽂았으리라 생각되지만, 평소에 썼던 관의 일부인지는 확실하지 않다.

⑲ 은관(황남대총남분)

그림 3-35 황남대총남분 은관

- 종　목 : 보물 제631호
- 명　칭 : 황남대총남분 은관(九十八號南墳 銀冠)
- 분　류 : 유물 / 생활공예 / 금속공예 / 장신구
- 수량 / 면적 : 1구
- 지정일 : 1978. 12. 7.
- 소재지 : 경북 경주시 인왕동 76 국립경주박물관
- 시　대 : 신라
- 소유자 : 국립경주박물관
- 관리자 : 국립경주박물관

이 은관은 남쪽 무덤 널(관) 밖 머리쪽 껴묻거리 구덩이(부장갱) 안에서 발견된 것으로 높이 17.2cm, 머리띠(대륜) 너비 3.2cm, 지름 16.6cm이다.

머리띠 위의 장식은 3개의 가지가 있는 형식으로 신라시대 관모(冠帽)에서는 보지 못하던 특이한 양식이다. 중앙가지는 위에 돌기가 있고, 활 모양으로 휘어지며 위가 넓고 아래가 좁은 마름모 형태의 은판을 붙였다. 좌우에는 반달형 은판을 붙이고, 바깥쪽을 일정한 폭으로 오려낸 다음 하나하나 꼬아서 새털 모양을 만들었다. 새털 모양의 가지는 신라 금관 형식에는 없었던 것으로, 의성 탑리 무덤에서 이와 유사한 관모가 발견되나 경주지역에서는 처음 발견된다.

대륜(臺輪) 좌우 끝을 연결하여 머리에 쓰게 된 점은 신라금관의 일반형과 같으나, 중앙에 돌기가 있고 좌우로 호형(弧形)을 그리면서 위가 넓고 밑이 좁은 마름모형 은판을 붙이고 좌우에는 반달모양의 은판을 붙였다. 특히 반달모양의 은판 바깥쪽은 일정한 길이로 가늘게 오리고 하나하나를 꼬아서 새털같이 만들고 표면에는 작은 원형 영락을 달았으며, 모든 은판의 가장자리에는 작은 타점문(打點文)이 있다. 이 관은 관 밖 부장품 수장부에서 발견되었는데, 형태나 수법이 경북 의성 탑리 고분에서 출토된 금동관과 유사하나 경주지구에서는 처음 발견된 양식이다.

⑳ 은제경갑(황남대총남분)

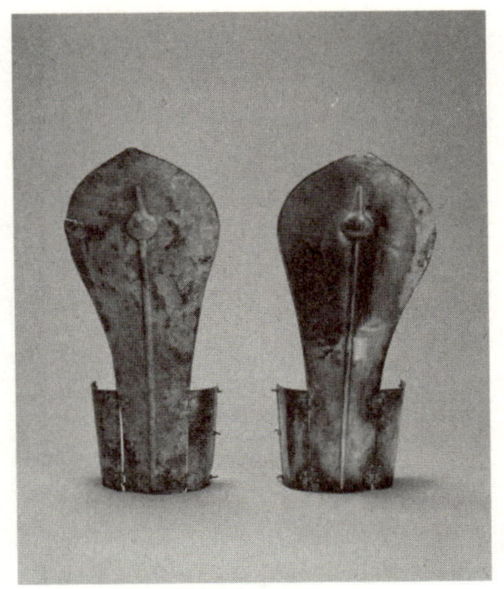

그림 3-36 황남대총남분 은제경갑

- 종 목 : 보물 제632호
- 명 칭 : 황남대총남분 은제경갑
      (九十八號南墳 銀製脛甲)
- 분 류 : 유물 / 생활공예 / 금속공예 / 장신구
- 수량 / 면적 : 1쌍
- 지정일 : 1978. 12. 7.
- 소재지 : 경북 경주시 인왕동 76
      국립경주박물관
- 시 대 : 신라
- 소유자 : 국립경주박물관
- 관리자 : 국립경주박물관

이 정강이 가리개(경갑)는 남쪽 무덤 널(관) 밖 머리쪽의 껴묻거리 구덩이(부장갱) 안에서 발견된 것으로, 길이 35cm의 무릎과 정강이를 보호하기 위한 갑옷의 일부이다.

무릎에 닿는 부분은 넓고 둥근 판 형태로, 중간쯤부터 좁아져 아래로 내려오며, 중앙에 시계추(錘)같은 돌출된 선이 있다. 전체적으로 안으로 휘어지게 만들었다. 하단부는 안으로 휘어진 은판을 경첩으로 연결하여 닫으면, 정강이를 보호하게 되고 끝에 3개의 고리가 있어 고정시키도록 되어 있다.

천마총 출토 금동제 정강이 가리개가 출토된 적은 있으나, 은제 정강이 가리개로는 처음 발견된 것으로 중요한 유물이다.

갑주(甲冑)의 일부로서 정강이와 무릎을 보호하기 위한 것이다. 상반부는 모를 죽인 마름모형을 세워 놓은 형상이고 하반부는 마름모형의 끝에서 직선으로 연장되면서 전체를 약간 안으로 우그러뜨렸으며, 중앙에는 세로 마름모 부분 중앙의 원형을 포함하여 융기선을 내었다. 하반부에는 원통을 세로로 4분한 부품을 2개씩의 경첩으로 좌우에서 하나씩 연결하여 정강이를 뒤에서 감싸게 만들고, 끝에는 3개씩의 갈고리가 있어서 고정시키게 되었다. 경갑(脛甲)은 대구 비산동 제24호분, 또는 경주 천마총에서도 같은 형의 금동제가 발견된 일이 있으나 은제로는 이것이 처음이다.

㉑ 금제수식(미추왕릉지구)

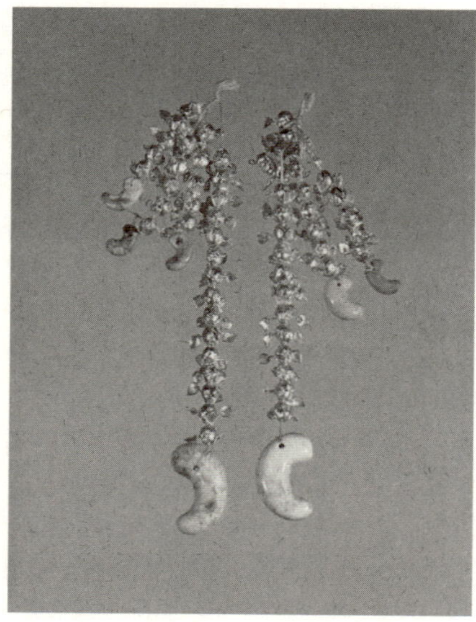

그림 3-37 미추왕릉지구 금제수식

- 종　목 : 보물 제633호
- 명　칭 : 미추왕릉지구 금제수식(味鄒王陵 金製垂飾)
- 분　류 : 유물 / 생활공예 / 금속공예 / 장신구
- 수량 / 면적 : 1식
- 지정일 : 1978. 12. 7.
- 소재지 : 경북 경주시 인왕동 76 국립경주박물관
- 시　대 : 신라
- 소유자 : 국립경주박물관
- 관리자 : 국립경주박물관

　경주 황남동에 있는 신라 미추왕릉에서 발견된 길이 15.5cm의 한 줄은 길고 세 줄은 짧은 금제 드리개(수식)이다.

　긴 줄은 속이 빈 금 구슬에 꽃잎장식을 금실로 꼬아 연결하였고, 끝에 비취색 옥을 달았다. 작은 줄 역시 긴 줄과 같은 모양을 하고 있다. 현재의 상태가 원형인지 분명하지 않지만 신라 무덤에서 출토되는 드리개 가운데 가장 호화스러운 작품이다.

㉒ 상감유리옥부경식(미추왕릉지구)

경주 황남동에 있는 신라 미추왕릉에서 발견된 길이 24cm, 상감유리옥 지름 1.8cm의 옥 목걸이이다. 대체로 8가지 옥을 연결하여 만든 목걸이로, 대부분의 옥이 삼국시대 신라 무덤에서 자주 출토되는 편이지만 상감유리환옥은 처음 출토되었다.

작고 둥그런 유리 옥에는 녹색 물풀이 떠 있는 물 속에서 헤엄치고 있는, 오리 16마리와 두 사람의 얼굴이 지름 1.8cm의 작은 표면에 여러 가지 색을 써서, 세밀하게 상감 되어 있다. 유리 옥의 제작지가 어디인지 분명하지 않지만 얼굴 모습이 우리나라 사람과 차이가 난다. 수공 기술이 놀랍고 색조의 조화가 아름다운 걸작이다.

대체로 8가지 옥(玉)을 연결하여 만든 경식(頸飾)인데 원상에서 많이 흐트러졌던 것을 발굴 당시의 상태를 근거로 복원하였다. 옥의 종류는 밑에서부터 적색(赤色)마노(瑪瑙) 1개, 수정(水晶)대추옥 1개, 코발트 색 바탕에 백(白)·적(赤)·청(靑)·녹색(綠色)을 써서 물체를 상감한 유리 환옥(丸玉) 1개, 담홍색마노(淡紅色瑪瑙)의 다면옥(多面玉) 대·중·소 6개, 유백색(乳白色) 담청점(淡靑點) 석제관옥(石製管玉) 1개, 담홍색(淡紅色) 마노환옥(瑪瑙丸玉) 10개, 코발트색 유리 환옥 25개, 녹색 유리소옥(小玉) 3개 등으로 구성되었다. 이들 대부분은 고신라시대 고분에서 자주 출토되는 옥들이지만, 상감유리환옥(象嵌琉璃丸玉)은 처음 출토된 것이다. 작은 구형(求形)의 유리옥에는 녹색수초(綠色水草)가 떠 있는 물 속에서 헤엄치고 있는 오리 16마리와 두 사람의 얼굴이 2cm 미만의 작은 표면에 여러 가지 색을 써서 세밀하게 상감되었다. 세공 기술이 놀랍고 색조의 조화가 아름다운 걸작이다.

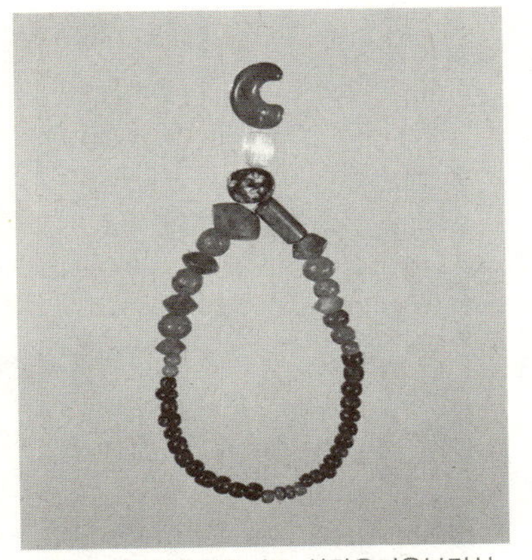

그림 3-38 미추왕릉지구 상감유리옥부경식

- 종　목 : 보물 제634호
- 명　칭 : 미추왕릉지구 상감유리옥부경식
  (味鄒王陵 象嵌琉璃玉附頸飾)
- 분　류 : 유물 / 생활공예 / 금속공예 / 장신구
- 수량 / 면적 : 1식
- 지정일 : 1978. 12. 7.
- 소재지 : 경북 경주시 인왕동 76
  국립경주박물관
- 시　대 : 신라
- 소유자 : 국립경주박물관
- 관리자 : 국립경주박물관

㉓ 금제감장보검(미추왕릉지구)

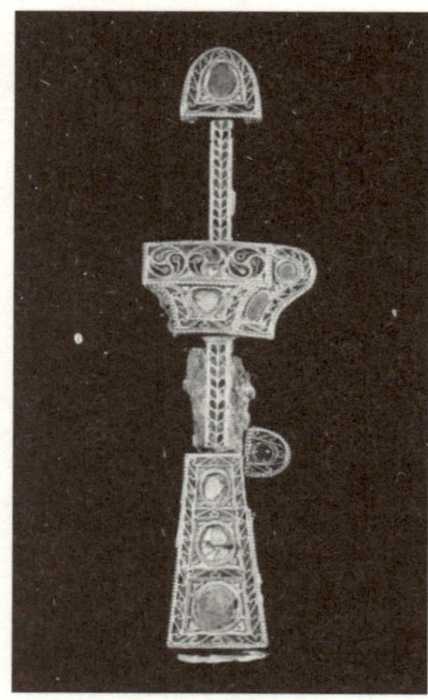

그림 3-39 미추왕릉지구 금제감장보검

- 종　목 : 보물 제635호
- 명　칭 : 미추왕릉지구 금제감장보검
　　　　　(味鄒王陵 金製嵌裝寶劍)
- 분　류 : 유물 / 생활공예 / 금속공예 / 장신구
- 수량 / 면적 : 1병
- 지정일 : 1978. 12. 7.
- 소재지 : 경북 경주시 인왕동 76 국립경주박물관
- 시　대 : 신라
- 소유자 : 국립경주박물관
- 관리자 : 국립경주박물관

　　경주 황남동에 있는 미추왕릉 지구에서 발견된 길이 36cm의 칼이다. 1973년 계림로 공사 때 노출된 유물의 하나로, 철제 칼집과 칼은 썩어 없어져 버리고 금으로 된 장식만이 남아 있다. 시신의 허리 부분에서 발견되었는데, 자루의 끝부분이 골무형으로 되어 있고 가운데 붉은 마노를 박았다. 칼집에 해당되는 부분 위쪽에 납작한 판에는 태극무늬 같은 둥근무늬를 넣었다.

　　삼국시대의 무덤에서 출토되는 고리자루칼(환두대도)과 그 형태와 문양이 다른데, 이러한 형태의 단검은 유럽에서 중동지방에 걸쳐 발견될 뿐 동양에서는 발견되는 일이 없어, 동·서양 문화교류의 한 단면을 알 수 있는 중요한 자료이다.

㉔ 서수형토기(미추왕릉지구)

그림 3-40 미추왕릉지구 서수형토기
• 종 목 : 보물 제636호
• 명 칭 : 미추왕릉지구 서수형토기
          (味鄒王陵 瑞獸形土器)
• 분 류 : 유물 / 생활공예 /
          토도자공예 / 토기
• 수량 / 면적 : 1개
• 지정일 : 1978. 12. 7.
• 소재지 : 경북 경주시 인왕동 76
          국립경주박물관
• 시 대 : 신라
• 소유자 : 국립경주박물관
• 관리자 : 국립경주박물관

경주 미추왕릉 앞에 있는 무덤들 중 C지구 제3호 무덤에서 출토된, 거북 모양의 몸을 하고 있는 높이 15.1cm, 길이 17.5cm, 밑지름 5.5cm의 토기이다.

머리와 꼬리는 용 모양이고, 토기의 받침대 부분은 나팔형인데, 사각형으로 구멍을 뚫어 놓았다. 등뼈에는 2개의 뾰족한 뿔이 달려 있고, 몸체 부분에는 전후에 하나씩과 좌우에 2개씩의 장식을 길게 늘어뜨렸다. 머리는 S자형으로 높이 들고 있고 목덜미에는 등에서와 같은 뿔이 5개 붙어 있다.

눈은 크게 뜨고 아래·위의 입술이 밖으로 말려 있으며, 혀를 길게 내밀고 있다. 꼬리는 물결모양을 이루면서 T자로 꺾여 끝을 향하여 거의 수평으로 뻗었는데, 여기에도 뿔이 붙어 있다. 가슴에는 물을 따르는 주구(注口)가 길게 붙어 있고, 엉덩이에는 밥그릇 모양의 완이 붙어 있다.

그릇 표면은 진한 흑회색을 띠었고, 받침·주구에서 신라의 다양한 동·식물 모양을 본떠서 만든 상형토기에서 흔히 볼 수 있는 양식을 갖추고 있으나, 기본적인 착상은 아주 새롭다.

경주 미추왕릉(味鄒王陵) 앞 고분군 중 C지구 제3호 고분에서 출토된 이형토기(異形土器)이다. 몸은 거북모양이고 머리와 꼬리는 용(龍)모양에 변배(變杯)에서 흔히 볼 수 있는 형태로 된 받침이 달린 형식이다. 등에 귀갑문(龜甲文)이 없을 뿐 모양은 흡사 거북같이 생겼다. 등뼈 위치에는 2개의 뾰족한 뿔이 달렸고, 귀갑(龜甲) 언저리에는 3개의 고리를 연결하고 끝에 심엽형(心葉形) 수식이 달린 6개의 영락이 달려 있다. 머리는 S자형으로 높이 들었고, 목덜미에는 등에서와 같은 뿔이 5개 붙어 있다. 눈은 크게 뜨고, 크게 벌려 입술이 아래 위로 말린 입으로부터 혀가 나와 있다. 꼬리는 파상형(波狀形)을 이루면서 T자로 꺾여서 끝을 향하여 거의 수평으로 뻗었는데, 여기도 뿔이 붙어 있다. 가슴에는 긴 주구가 붙었고 엉덩이에는 완(碗)이 붙어 있다. 받침은 나팔형이고 상하로 구분한 다음 정사각형 투창(透窓)이 어긋나게 뚫려 있다. 태토(胎土)는 견치하고 표면은 흑회색을 띠었다. 받침 주구 등 고신라시대 상형토기(象形土器)에서 흔히 볼 수 있는 양식을 겸했으며, 기본적인 착상이 아주 새롭다.

㉕ 삼안총

그림 3-41 삼안총
- 종　목 : 보물 제884호
- 명　칭 : 삼안총(三眼銃)
- 분　류 : 유물 / 과학기술 / 무기병기류 / 병장기류
- 수량 / 면적 : 1점
- 지정일 : 1986. 11. 29.
- 소재지 : 경북 경주시 인왕동 76 국립경주박물관
- 시　대 : 조선시대
- 소유자 : 국유
- 관리자 : 국립경주박물관

　삼안총은 개인이 휴대할 수 있게 만든 작은 규모의 총이다. 한손잡이에 3개의 총신을 연결시켜 한번에 3발을 쏠 수 있는 것으로, '삼혈총(三穴銃)'이라 부르기도 한다.

　총길이 38.2cm, 총신 26cm, 손잡이 12.2cm, 구경 1.3cm로, 주로 살상용이지만 신호용으로도 사용하였다. 손잡이 부분에 선조 6년(1594년)이란 제작연대와 화약과 실탄 용량, 제작자를 알 수 있는 기록이 남아 있으며, 채용신이 그린 '대한제국동가도'에서도 가장 앞줄에 말탄 기병이 삼안총을 높이 들고 행진하는 모습을 볼 수 있다.

　이와 비슷한 삼안총은 몇 점 남아 있지만, 이것은 제작 연대가 확실하고 보존 상태도 좋아 화포사 연구는 물론 국방과학기술문화재로도 매우 소중한 유물이다.

㉖ 인조기사모본정몽주영정

그림 3-42 인조기사모본정몽주영정

- 종 목 : 보물 제1110호
- 명 칭 : 인조기사모본정몽주영정
  (仁祖己巳摹本鄭夢周影幀)
- 분 류 : 유물 / 일반회화 / 인물화 / 초상화
- 수량 / 면적 : 1폭
- 지정일 : 1991. 12. 16.
- 소재지 : 경북 영천시(국립경주박물관 보관)
- 소유자 : 임고서원
- 관리자 : 임고서원

고려시대 충신 정몽주(1337~1392)의 초상화로 크기는 가로 98cm, 세로 169.5cm이다. 정몽주의 호는 포은으로 고려 말 혼란기에 정승에 올랐으며, 이성계 추대에 반대하다 이방원에 의해 죽음을 당하였다. 그의 '단심가'는 고려에 대한 그의 충절이 담겨져 있다.

이 초상화는 임고서원(臨皐書院)에 있는 3점의 정몽주 초상화 가운데 하나로 그림의 오른쪽 아래에 '숭정기사모본'이라 쓰여 있는 것이다. 관리들이 쓰는 모자와 엷은 청색의 관복을 입고 오른쪽을 바라보며 의자에 앉아있는 전신상이다. 옷주름 표현은 청색선을 이용하여 묘사하였으며 돗자리나 배경을 표현하지는 않았다.

이 초상화는 인조 7년(1629년)에 김육이 비단 위에 새로 옮겨 그린 것으로, 비단이 많이 헐어 훼손이 심한 상태이나 옛 그림화풍이 잘 나타나 있으며 3점의 포은 초상화 중 연대가 가장 오래된 것으로 중요한 작품이다.

경북 영천의 임고서원에 소장되어 있는 포은(圃隱) 정몽주선생(鄭夢周先生)의 영정은 3본(本)으로 그 전체적인 모습은 매우 비슷하나 제작년대, 필자, 세부의 묘사 등은 각기 다르다.

동일본(同一本)에서 중모(重模)되어 내려온 모본(模本)으로 모두 오사모(烏紗帽), 청포단령(靑袍團領), 각대(角帶)를 착용한 모습을 보여주며 포석(鋪席)과 배경은 묘사하지 않았다.

숭정기사모본(崇禎己巳摹本)은 견본채색(絹本彩色)에 169.5×98cm의 크기이며 김육(金堉)의 작품으로 전해지는데 그림의 오른쪽 아래편에"숭정기사모본(崇禎己巳摹本)"이라고 묵서(墨書)되어 있어 1629년에 중모된 것임을 알 수 있으며 현재 전해지고 있는 포은정몽주 상(像)으로는 가장 연대가 올라가는 작품(作品)으로 믿어진다.

오사모(烏紗帽)에 담청색의 단령포(團領袍)를 입고 있는 전신교의상(全身交椅像)으로 좌안팔분(左顔八分)의 안모(顔貌)를 하고 있고 연폭의 비단에 그려져 있는데 의습(衣褶)도 먹선이 아닌 청색선으로 묘사되어 있다.

전면(全面)에 걸쳐서 비단이 떨어져 나오고 훼손이 심한 편이나 고격(古格)을 지니고 있다. 현존 작중(作中)에서 가장 연대가 오래된 작품이다.

㉗ 청동흑칠호동

그림 3-43 청동흑칠호등
• 종   목 : 보물 제1151호
• 명   칭 : 청동흑칠호등(靑銅黑漆壺燈)
• 분   류 : 유물 / 생활공예 / 금속공예 / 청동용구
• 수량 / 면적 : 1쌍
• 지정일 : 1993. 1. 15.
• 소재지 : 경북 경주시 인왕동 76 국립경주박물관
• 소유자 : 국유
• 관리자 : 국립경주박물관

말을 올라타거나 달릴 때 발로 디디는 부분을 등자라고 한다. 그 중에서 호등이란 발 딛는 부분을 넓게 하여 쉽게 발을 넣거나 뺄 수 있게 한 것으로, 둥근 테만 있었던 삼국시대의 윤등이 발전된 것이다.

이 호등은 높이 14.7cm, 폭 12.1cm, 길이 14.9cm로 말안장과 쉽게 연결할 수 있도록 사각형모양으로 튀어 올라오게 하였고, 아랫부분에는 작은 구멍을 뚫었다. 등자 표면에는 꽃과 사선·불꽃무늬·물고기 뼈을 정교하게 새기고, 그 위에 검정색 옻칠을 하였다.

삼국시대의 등자가 출토되기도 했으나 통일신라 것으로는 유일한 것으로, 일본 정창원에 이것과 유사한 1쌍이 있을 뿐이다. 따라서 그 희귀성으로 보아 학술적 가치가 매우 높은 작품이다.

㉘ 죽동리출토 청동기 일괄

경주 죽동리에서 출토된 초기철기시대에 만들어진 이 일괄유물은 출토 유물이 입실리유적 출토 일괄유물과 매우 유사한데, 이는 중국 한나라 문화의 영향을 받은 것으로 철기가 함께 출토되는 청동기 유적으로는 거의 마지막 단계인 기원전 1세기 초로 추정된다.

가. 간두령(높이 15.4cm, 15.5cm)

같은 틀로 만들어진 한 쌍의 청동기 유물이다. 가운데가 빈 포탄형으로 아래 부분에 테두리가 돌아가 있다. 내부는 중앙에 구멍이 뚫린 칸막이를 설치, 방울을 넣어 소리가 나게 만들었다. 윗부분은 4개의 긴 틈을 만들고, 그 사이에 짧은 선으로 이루어진 삿갓 모양의 문양대 2열과 짧은 선으로 이루어진 삼각형무늬 2개가 서로 마주보게 해, 여백이 마름모꼴이 되게 한 문양대 2열이 배치되어 있다. 아랫부분 테두리는 4단으로 되어 있다.

그림 3-44 경주죽동리출토 청동기 일괄

- 종　목 : 보물 제1152호
- 명　칭 : 경주죽동리출토 청동기 일괄
　　　　　(慶州竹東里出土 靑銅器 一括)
- 분　류 : 유물 / 생활공예 / 금속공예 / 청동용구
- 수량 / 면적 : 일괄(34점)
- 지정일 : 1993. 1. 15.
- 소재지 : 경북 경주시 인왕동 76 국립경주박물관
- 소유자 : 국유

나. 혁금구(지름 4.3~4.6cm)

모두 25점으로 형태로 보아 3종류로 나누어진다.

①류 : 대형인 것 1점이 있다. 표면이 볼록하고 3단을 형성하고 있다. 뒷면 한 가운데에는 매달기 위한 소형의 고리가 1개 달렸다.

②류 : 전·후 평면이 원형인 것으로 23점이 있다. 표면이 볼록하게 되어 있는데, 테두리쪽에서 단이 있어 높아지며 한가운데는 돌기가 튀어나와 있다.

③류 : ①류·②류와 다른 점은 표면 중에 돌기가 없고, 두께가 얇은 편이다.

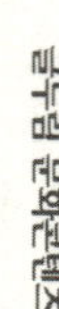

다. 투겁창〈동모(현 길이 28.2cm)〉

끝부분은 일부가 파손되었고, 6.5cm 정도의 길이었던 것으로 추정된다. 날부분에는 각각 3줄의 홈(혈구)을 새겼다. 자루가 끼워지는 부분 바로 위에 돌대를 돌렸고, 한쪽에 둥근 고리가 달려 있다.

라. 꺽창〈동과(길이 23.4cm)〉

전체적으로 두께가 얇고 어깨부분도 얇으며, 폭이 좁은 전형적인 후기 꺽창이다. 등날부분의 홈인 혈구 밑부분에는 물고기 뼈모양의 무늬를 새겼다.

마. 세형동검(길이 30.2cm)

동검으로는 매우 긴 편으로 검의 끝부분이 9cm 정도로 길며, 등날은 어깨부분까지 갈았다. 다른 동검과 달리 등날부분의 홈인 혈구가 약간 오목하게 들어갔다. 어깨부분은 검신(劍身)에 비해 짧으며, 단면은 타원형에 가깝다.

바. 소동탁(높이 5.2cm)

위에서 보면 마름모꼴로 말에 장식한 방울이다. 방울 아래의 중앙부분이 안으로 꺾여 들어갔으며, 윗부분은 반원형의 추가 달려 있다.

사. 동대(높이 4.8cm)

한쪽이 막힌 타원형 통(筒)처럼 생긴 유물이다. 상·중·하 3곳에 돌대를 돌리고, 그 사이에 많은 삼각형을 새기고 그 삼각형 속에 선을 그어 채웠다.

아. 칼자루끝 장식〈검파두식(높이 3.6cm, 4.4cm)〉

2개가 있는데 하나는 아랫부분 땅콩껍질을 세로로 자른 모양에, 네모난 돌기를 양 측면에 붙여 +자형을 이루게 하였다. 윗부분은 곧게 세워진 직육면체이다. 아랫부분은 속이 비어있고 한가운데 소형돌기가 붙어 있으며, 윗부분은 속이 차 있다.

㉙ 금동용형당간두

그림 3-45 금동용형당간두

- 종　목 : 보물 제1410호
- 명　칭 : 금동용형당간두(金銅龍形幢竿頭)
- 분　류 : 유물 / 생활공예 / 금속공예 / 생활용구
- 수량 / 면적 : 1점
- 지정일 : 2004. 6. 26.
- 소재지 : 경북 경주시 인왕동 76 국립경주박물관
- 시　대 : 통일신라
- 소유자 : 국립경주박물관
- 관리자 : 국립대구박물관

　금동용형당간두는 금방이라도 튀어나올 듯 두 눈을 크게 부릅뜬 채 윗입술이 S자형을 이루며 위로 길게 뻗친 입을 벌려 여의주를 물었으며 아래 위의 송곳니가 모두 위쪽을 향해 날카롭게 휘어져 있는 것이 특징적이다.

　목을 앞으로 쑥 내밀어서 휘어진 역동적인 몸통에는 두 가닥의 선으로 비늘을 촘촘히 음각하였는데, 각 비늘마다 안쪽에 꽃무늬와도 같은 문양을 새겨 넣었다.

　한편 목과 만나는 입 안쪽으로 도르래가 장착된 구조로 되어 있어, 턱 밑을 뚫고 어금니 부분의 못(리벳)으로 고정시켜 놓아 실제로 사용할 수 있도록 고안한 것으로 보이나 지금은 도르래 부분의 부식이 심하여 본래의 기능을 상실한 상태이다.

　통일신라 간두로는 매우 희귀한 예로 통일신라의 조각사, 공예사 및 건축사적으로도 중요하며 또한 도르래의 사용에서 과학사적으로도 참고가 되는 중요한 유물이다.

㉚ 임신서기석

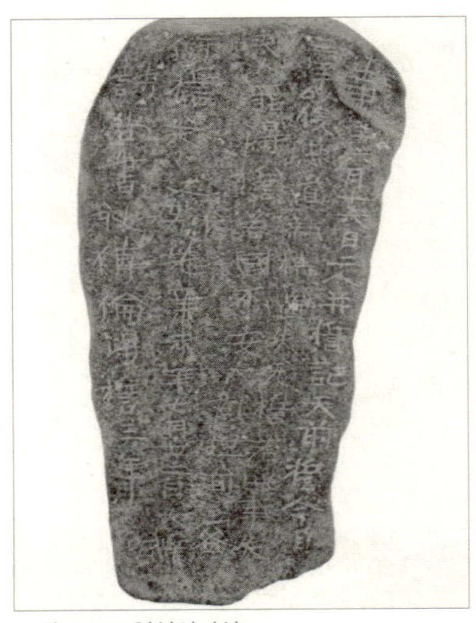

그림 3-46 임신서기석
- 종　목 : 보물 제1411호
- 명　칭 : 임신서기명석(壬申誓記銘石)
- 분　류 : 기록유산 / 서각류 /
　　　　　금석각류 / 명문류
- 수량 / 면적 : 1점
- 지정일 : 2004. 6. 26.
- 소재지 : 경북 경주시 인왕동 76
　　　　　국립경주박물관
- 시　대 : 신라
- 소유자 : 국립경주박물관
- 관리자 : 국립경주박물관

　　임신서기석(혹은 임신서기명석)은 위가 넓고 아래가 좁은 길쭉한 형태의 점판암제(粘板巖製)로, 한 면에 5줄 74글자의 글씨가 새겨져 있다. 비석의 첫머리에 '임신(壬申)'이라는 간지(干支)가 새겨져 있고, 또한 그 내용 중에 충성을 서약하는 글귀가 자주 보이고 있어 '임신서기명석(壬申誓記銘石)'이라 호칭하고 있다.

　　비문의 내용은 다음과 같다. "임신년 6월 16일에 두 사람이 함께 맹세하여 기록한다. 하느님 앞에 맹세한다. 지금으로부터 3년 이후에 충도(忠道)를 지키고 허물이 없기를 맹세한다. 만일 이 서약을 어기면 하느님께 큰 죄를 지는 것이라고 맹세한다. 만일 나라가 편안하지 않고 세상이 크게 어지러우면 '충도'를 행할 것을 맹세한다. 또한 따로 앞서 신미년 7월 22일에 크게 맹세하였다. 곧 시경(詩經)·상서(尙書)·예기(禮記)·춘추전(春秋傳)을 차례로 3년 동안 습득하기로 맹세하였다."

　　한자·한문을 받아들여 우리의 표기수단으로 삼을 때 향찰식(鄕札式) 표기, 한문식(漢文式) 표기 외에 훈석식(訓釋式) 표기가 실제로 있었다는 것을 증거 해주는 유일한 금석문 유물로 세속 5계 중의 '교우이신(交友以信)', 즉 신라 젊은이들의 신서(信誓) 관념의 표상물(表象物)이고, 우리 민족의 고대 신앙 중 '천(天)'의 성격의 일단을 시사해 주는 자료이다.

　　명문의 임신년(壬申年)은 552년(진흥왕 13년) 또는 612년(진평왕 34년)의 어느 한 해일 것으로 보이며 서예사적 측면에서도 자형과 획법, 그리고 명문의 새김방식에서 6세기 신라시대 금석문(金石文)의 일반적 특징을 보여주는 자료이다.

㉛ 금동판불상

그림 3-47 안압지출토 금동판불상 일괄
- 종   목 : 보물 제1475호
- 명   칭 : 안압지출토 금동판불상 일괄
  (雁鴨池出土 金銅板佛像 一括)
- 분   류 : 유물 / 불교조각 / 금속조 / 불상
- 수량 / 면적 : 10점
- 지정일 : 2006. 9. 1.
- 소재지 : 경북 경주시 인왕동 76
- 시   대 : 통일신라
- 소유자 : 국유
- 관리자 : 국립경주박물관

　　안압지 출토의 삼존불상 등 판불상 10점은 조각수법이 우수하고 상들의 표현이 사실적이며 입체감이 두드러진다. 양식적으로는 7세기 말 통일신라와 중국, 일본을 포함한 국제적인 조각양식의 특징을 잘 보여준다. 특히, 도상이나 양식 면에서 일본 법륭사 헌납보물에 있는 판불들이나 법륭사 금당 서벽 아미타정토의 본존불상과도 비교된다. 둥글고 통통한 얼굴과 자연스러운 옷주름 처리에 보이는 조각의 사실적인 표현은 중국 당(唐)시대 전성기 불상양식을 반영하면서도 7세기 후반 통일신라 불교조각의 뛰어난 표현력을 잘 대변해준다. 이 10점의 상들은 하나의 삼존불상과 4보살상이 한 세트로 두 종류의 소형목제 불감과 같은 구조물에 부착되어 예배된 것으로 추정된다.

　　주조기법 및 기량이 뛰어난 10점의 안압지 출토 판불상들은 7세기 말 통일신라 초기에 새로이 유입되는 국제적인 조각양식을 반영하는 중요한 예들로서 문화재적 가치가 높으며, 당시 한·중·일 불교조각의 양식비교 및 전파과정과 영향관계를 파악하는 데 있어 중요한 자료이다.

(2) 신라의 유적과 유적지

유네스코가 선정한 우리나라의 세계문화유산(World Heritage)은 ① 석굴암과 불국사(Seok-guram Grotto and Bulguksa Temple, 1995), ② 종묘, ③ 해인사 장경판전, ④ 창덕궁, ⑤ 수원 화성(Hwaseong Fortress, 1997), ⑥ 경주역사유적지구(Gyeongju Historic Areas, 2000), ⑦ 고창·화순·강화 고인돌유적 등 7개가 있다. 이 중에서 신라문화와 관련이 있는 문화유산으로는 석굴암과 불국사, 경주역사유적지구가 있다. 이외에도 신라의 유적과 유적지로는 무수한 유적들이 출토된 많은 고분들(대릉원, 오릉, 삼릉, 무열왕릉, 괘릉, 대왕암, 김유신장군묘 등)이 있으며, 사찰(불국사, 분황사, 백률사, 기림사, 석굴암 등)과 사지(황룡사지, 감은사지, 사천왕사지 등), 불상(배리 삼존불, 칠불암, 선도산 마애불 등), 기타(안압지, 포석정, 월성, 첨성대 등) 등이 있다.

지금부터는 신라문화를 대표할 수 있는 몇 가지 유적과 유적지들을 소개하기로 한다.

❶ 경주역사유적지구

세계유산으로 등록된 경주역사유적지구(Gyeongju Historic Areas)는 신라의 역사와 문화를 한눈에 파악할 수 있을 만큼 다양한 유산이 산재해 있는 종합역사지구로서 유적의 성격에 따라 모두 5개 지구로 나누어져 있는데 ① 불교미술의 보고인 남산지구, ② 천년왕조의 궁궐터인 월성지구, ③ 신라의 왕을 비롯한 고분군 분포지역인 대릉원지구, ④ 신라불교의 정수인 황룡사지구, ⑤ 왕경 방어시설의 핵심인 산성지구로 구분되어 있으며 52개의 지정문화재가 세계유산지역에 포함되어 있다.

경주 남산은 신라 건국설화에 나타나는 나정(蘿井), 신라왕조의 종말을 맞게 했던 포석정(鮑石亭)과 미륵곡 석불좌상, 배리 석불입상, 칠불암 마애석불 등 수많은 불교유적이 산재해 있다.

월성지구에는 신라왕궁이 자리하고 있던 월성, 신라 김씨왕조의 시조인 김알지가 태어난 계림(鷄林), 신라통일기에 조영한 임해전지, 그리고 동양 최고(最古)의 천문시설로 알려진 첨성대(瞻星臺) 등이 있다.

대능원지구에는 신라 왕, 왕비, 귀족 등 높은 신분계층의 무덤들이 있고 구획에 따라 황남리 고분군, 노동리 고분군, 노서리 고분군 등으로 부르고 있다. 무덤의 발굴조사에서 신라문화의 정수를 보여주는 금관, 천마도, 유리잔, 각종 토기 등 당시의 생활상을 파악할 수 있는 귀중한 유물들이 출토되었다.

황룡사지구에는 황룡사지와 분황사가 있으며, 황룡사는 몽고의 침입으로 소실되었으나 발굴을 통해 당시의 웅장했던 대사찰의 규모를 짐작할 수 있으며 40,000여 점의 출토유물은 신라시대사 연구의 귀중한 자료가 되고 있다.

산성지구에는 A.D. 400년 이전에 쌓은 것으로 추정되는 명활산성이 있는데 신라의 축성술은 일본에까지 전해져 영향을 끼쳤다.

표 3-3 경주역사유적지구에 포함되어 있는 지정문화재

유적지구	지정문화재
남산지구	보리사 마애석불(시도유형문화재 제193호), 경주남산 미륵곡 석불좌상(보물 제136호), 경주남산용장사곡 삼층석탑(보물 제186호), 경주남산용장사곡 석불좌상(보물 제187호), 용장사지 마애여래좌상(보물 제913호), 천룡사지 삼층석탑(보물 제1188호), 남간사지 당간지주(보물 제909호), 남간사지 석정(문화재자료 제13호), 경주남산리 삼층석탑(보물 제124호), 경주배리 석불입상(보물 제63호), 경주남산 불곡 석불좌상(보물 제198호), 경주남산 신선암 마애보살반가상(보물 제199호), 경주남산 칠불암 마애석불(보물 제200호), 경주남산 탑곡 마애조상군(보물 제201호), 경주 삼릉계 석불좌상(보물 제666호), 삼릉계곡 마애관음보살상(시도유형문화재 제19호), 삼릉계곡 선각 육존불(시도유형문화재 제21호), 경주남산 입곡 석불두(시도유형문화재 제94호), 경주침식곡 석불좌상(시도유형문화재 제112호), 경주 열암곡 석불좌상(시도유형문화재 제113호), 경주약수계곡 마애입불상(시도유형문화재 제114호), 삼릉계곡 마애 석가여래좌상(시도유형문화재 제158호), 삼릉계곡 선각 여래좌상(시도유형문화재 제159호), 경주배리 윤을곡 마애불좌상(시도유형문화재 제195호), 배리 삼릉(사적 제219호), 신라일성왕릉(사적 제173호), 신라정강왕릉(사적 제186호), 신라헌강왕릉(사적 제187호), 지마왕릉(사적 제221호), 경애왕릉(사적 제222호), 신라내물왕릉(사적 제188호), 경주포석정지(사적 제1호), 경주 남산성(사적 제22호), 서출지(사적 제138호), 경주나정(사적 제245호), 경주남산동 석조감실(문화재자료 제6호), 백운대 마애석불입상(시도유형문화재 제206호)
월성지구	경주 계림(사적 제19호), 경주월성(사적 제16호), 경주임해전지(사적 제18호), 경주 첨성대(국보 제31호), 내물왕릉, 계림, 월성지대(사적및명승 제2호)
대릉원지구	신라 미추왕릉(사적 제175호), 경주황남리고분군(사적 제40호), 경주노동리고분군(사적 제38호), 경주노서리고분군(사적 제39호), 신라 오릉(사적 제172호), 경주동부사적지대(사적 제161호), 재매정(사적 제246호)
황룡사지구	황룡사지(사적 제6호), 분황사 석탑(국보 제30호)
산성지구	명활산성(사적 제47호)

❷ 불국사

불국사는 통일신라 경덕왕 10년(751년) 김대성의 발원에 의해 창건된 사찰로, 과거·현재·미래의 부처가 사는 정토(淨土), 즉 이상향을 구현하고자 했던 신라인들의 정신세계가 잘 드러나 있는 곳이다. 『삼국유사』에는 김대성이 전생의 부모를 위해서 석굴암을, 현생의 부모를 위해서 불국사를 지었다고 전해진다. 그러나 그가 목숨을 다할 때까지 짓지 못하여 그 후

나라에서 완성하여 나라의 복을 비는 절로 삼게 되었다.

불국사 경내는 사적 및 명승 제1호로 지정되어 있으며, 불국사 석조는 시도유형문화재 제98호로 되어 있다. 불국사에는 국보급 문화재가 다수 있고 보물 제61호(불국사사리탑)가 있다.

표 3-4 불국사 관련 국보·보물 등 목록

연번	종 목	명 칭	관리자
1	국보 제20호	불국사다보탑(佛國寺多寶塔)	불국사
2	국보 제21호	불국사삼층석탑(佛國寺三層石塔)	불국사
3	국보 제22호	불국사연화교칠보교(佛國寺蓮華橋七寶橋)	불국사
4	국보 제23호	불국사청운교백운교(佛國寺靑雲橋白雲橋)	불국사
5	국보 제26호	불국사금동비로자나불좌상(佛國寺金銅毘盧舍那佛坐像)	불국사
6	국보 제27호	불국사금동아미타여래좌상(佛國寺金銅阿彌陀如來坐像)	불국사
7	국보 제126호	불국사삼층석탑내 발견유물(佛國寺三層石塔內發見遺物)	국립중앙박물관
8	보물 제61호	불국사사리탑(佛國寺舍利塔)	불국사
9	사적 및 명승 제1호	경주불국사경내(慶州佛國寺境內)	경주시
10	시도유형문화재 제98호(경북)	불국사석조(佛國寺石槽)	불국사

① 불국사다보탑과 불국사삼층석탑

다보탑(국보 제20호)과 석가탑(불국사삼층석탑, 국보 제21호)은 우리나라의 가장 대표적인 석탑으로, 높이도 10.4m로 같다. 사찰 내의 대웅전과 자하문 사이의 뜰 동서쪽에 마주 보고 서 있는데, 동쪽탑이 다보탑이다. 다보탑은 특수형 탑을, 석가탑은 우리나라 일반형 석탑을 대표한다고 할 수 있다.

② 불국사연화교칠보교와 불국사청운교백운교

불국사의 예배공간인 대웅전과 극락전에 오르는 길은 동쪽의 백운교(국보 제23호), 서쪽의 칠보교(국보 제22호)가 있다. 칠보교는 극락전으로 향하는 안양문과 연결된 다리로, 세속 사람들이 밟는 다리가 아니라, 서방 극락세계의 깨달은 사람만이 오르내리던 다리라고 전해지고 있다.

그림 3-48 칠보교(左)와 백운교(右)

③ 불국사금동비로자나불좌상

불국사 비로전에 모셔져 있는 높이 1.77m의 이 불상은 국보 제26호로 진리의 세계를 두루 통솔한다는 의미를 지닌 비로자나불을 형상화한 것이다.

④ 불국사금동아미타여래좌상

금동아미타여래좌상은 국보 제27호로 불국사 극락전에 모셔진 높이 1.66m의 불상이다.

⑤ 불국사삼층석탑내 발견유물

1966년 10월 경주 불국사의 석탑을 보수하기 위해 해체했을 때 탑 내부에 사리봉안을 위한 공간에서 발견된 유물들로 국보 제 126호이다.

❸ 분황사

황룡사와 담장을 같이 하고 있는 분황사는 선덕여왕 3년(634년)에 건립되었으며 우리 민족이 낳은 위대한 고 승 원효와 자장이 거쳐간 절이다. 643년에 자장이 당나라 에서 대장경의 일부와 불전을 장식하는 물건들을 가지고

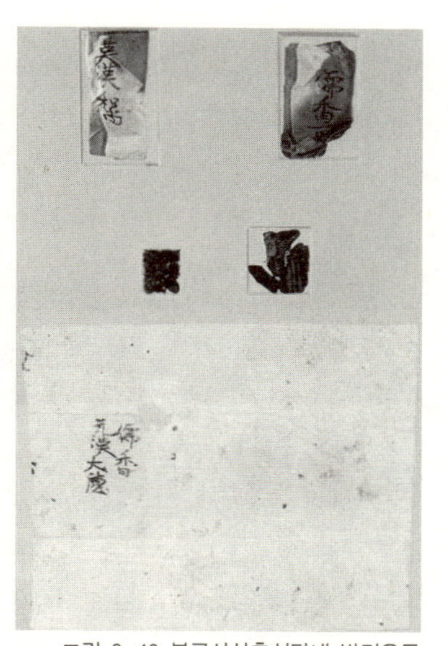

그림 3-49 불국사삼층석탑내 발견유물

귀국하자 선덕여왕은 그를 분황사에 머무르게 하였다. 또 원효는 이 절에 머물면서 화엄경소, 금광명경소 등 수많은 저술을 남겼다. 원효가 죽은 뒤 그의 아들 설총은 원효의 유해로 소상 을 만들어 이 절에 모셔두고 죽을 때까지 공경하였다. 일연이 『삼국유사』를 저술할 때까지는 원효의 소상이 있었다고 한다.

분황사에는 솔거가 그린 관음보살상 벽화가 있었다고 하며, 경덕왕 14년(755년)에는 무게 가 30만 6,700근이나 되는 약사여래입상을 만들어서 이 절에 봉양하였다고 한다.

그림 3-50 분황사의 현재 모습(경주시 구황동 소재)

국보 제30호인 분황사석탑(芬皇寺石塔)은 현재 남아있는 신라 석탑 가운데 가장 오래된 걸작품으로, 돌을 벽돌 모양으로 다듬어 쌓아올린 모전석탑(模塼石塔)이다. 이 석탑은 돌을 흙으로 구워 만든 전돌(塼石)처럼 깎아 만들어 쌓은 석탑으로, 전돌로 쌓은 탑을 모방하였다 하여 모전석탑이라고 부른다. 원래 9층이었다는 기록이 있으나 지금은 3층만 남아있다.

현재 분황사 경내에는 분황사 석탑과 화쟁국사비편, 삼룡변어정이라는 우물들이 있으며, 석등과 대석 같은 많은 초석들과 허물어진 탑의 부재였던 벽돌 모양의 돌들이 한편에 쌓여 있다. 1965년 분황사 뒷담 북쪽으로 30여 미터 떨어진 우물 속에서 출토된 불상들이 경주박물관 뜰에 늘어서 있다.

❹ 황룡사지

황룡사지는 사적 제6호이다. 황룡사는 신라 진흥왕 14년(553년)에 경주 월성의 동쪽에 궁

궐을 짓다가, 그곳에서 황
룡(黃龍)이 나타났다는 말을
듣고 절로 고쳐 짓기 시작
하여 17년 만에 완성되었다.

황룡사는 553년(진흥왕 14
년)에 궁궐을 짓다가 그곳
에서 황룡이 나타났으므로
절로 고쳐짓기 시작하여 17
년 만에 완성하고 황룡사(皇
龍寺)라 이름 하였다. 그 후

그림 3-51 황룡사지의 현재 모습

574년 서천축의 아육왕이 철 57,000근·금 3만분으로 석가삼존 불상을 만들려 하였으나 뜻을
이루지 못하고 금과 철, 그리고 삼존불상의 모형을 배에 실어 보낸 것이 신라 땅에 닿게 되자
이 금과 철을 바탕으로 장육존상을 주조하였다. 이 삼존불상 중 장육존상은 금 10,198분·철
35,007근으로, 두 보살상은 철 12,000근·금 10,136분을 들여 만들었으며 이들 불상을 모시기
위하여 금당을 고쳐지어 584년에 완공하였다.

문화재연구소에서 발굴조사를 실시하여 그 평면 배치와 가람의 변천상이 밝혀졌다. 조사
결과에 따르면 금동불입상을 비롯하여 풍탁·금동귀걸이·각종 유리 등 4만여 점의 유물이
출토되었는데, 높이 182cm에 이르는 치미는 황룡사 건물의 규모를 짐작하게 한다. 신라에 있
었다는 3가지 보물 중 천사옥대(天賜玉帶)를 제외한 2가지 보물이 황룡사 9층목탑과 장육존상

이었다는 것에서도 황룡사가 차지하는 비중을 짐작할 수 있다. 또 황룡사 금당에는 솔거가 그린 벽화가 있었고 강당은 자장이 보살계본을 원효가 금강삼매경론을 강설한 곳이다.

❺ 감은사지

그림 3-52 감은사지의 현재 모습

그림 3-53 감은사지삼층석탑

감은사지는 사적 제31호로 경주시 양북면 용당리에 소재하고 있다. 감은사는 동해안에 있는 통일신라시대의 사찰로 지금은 3층석탑 2기와 금당 및 강당 등 건물터만 남아있다.

신라 문무왕은 삼국을 통일한 후 부처의 힘을 빌어 왜구의 침입을 막고자 이곳에 절을 세웠다. 절이 다 지어지기 전에 왕이 죽자, 그 뜻을 이어받아 아들인 신문왕이 682년에 완성하였다. 문무왕은 "내가 죽으면 바다의 용이 되어 나라를 지키고자 하니 화장하여 동해에 장사지낼 것"을 유언하였는데, 그 뜻을 받들어 장사한 곳이 절 부근의 대왕암이며, 그 은혜에 감사한다는 뜻으로 절 이름을 감은사(感恩寺)라 하였다고 전한다. 감은사는 황룡사, 사천왕사와 함께 나라를 보호하는 호국사찰로 알려져 있으며, 언제 절이 무너졌는지는 밝혀지지 않고 있다.

발굴조사를 통하여 강당·금당·중문이 일직선상에 배치되어 있고, 금당 앞에는 동·서쪽에 두 탑을 대칭적으로 세웠음을 밝혔다. 이 건물들은 모두 회랑으로 둘러져 있는데, 이러한 배치는 통일신라의 전형적인 것이라 할 수 있다. 금당의 지하에는 배수시설이 있는데, 전설에 의하면 죽은 문무왕이 바다용이 되어 이 시설을 통해 왕래하였다고 전해진다. 금당 앞의 탑 2기는 우리나라의 석탑 가운데 가장 큰 것으로, 석탑의 모범이 되고 있다.

감은사지삼층석탑(感恩寺址三層石塔)은 국보 제112호로, 감은사 터 넓은 앞뜰에 나란히 서 있는 쌍탑이다. 2단의 기단(基壇) 위에 3층 탑신(塔身)을 올린 모습으로, 서로 같은 규모와 양식을 하고 있으며, 옛 신라의 1탑 중심에서 삼국통일 직후 쌍탑 가람으로 가는 최초의 배치를 보이고 있다.

❻ 석굴암

석굴암은 유네스코가 세계문화유산으로 지정하였으며 석굴암석굴은 국보 제24호로 되어 있다. 경주시 진현동 토함산에 위치하고 있다. 신라 경덕왕 10년(751년)에 당시 재상이었던 김대성이 창건을 시작하여 혜공왕 10년(774년)에 완성하였으며, 건립 당시에는 석불사라고 불렀다.

경덕왕은 신라 중기의 임금으로 그의 재위기간(742~765년) 동안 신라의 불교예술이 전성기를 이루게 되는데, 석굴암 외에도 불국사, 다보탑, 석가탑, 황룡사종 등 많은 문화재들이 이때 만들어졌다.

산 중턱에 백색의 화강암을 이용하여 인위적으로 석굴을 만들고, 내부공간에 본존불인 석가여래불상을 중심으로 그 주위 벽면에 보살상 및 제자상과 역사상, 천왕상 등 총 40구의 불상을 조각했으나 지금은 38구만이 남아있다.

석굴암 석굴의 구조는 입구인 직사각형의 전실(前室)과 원형의 주실(主室)이 복도 역할을 하는 통로로 연결되어 있으며, 360여 개의 넓적한 돌로 원형 주실의 천장을 교묘하게 구축한 건축 기법은 세계에 유례가 없는 뛰어난 기술이다.

그림 3-54 석굴암석굴

❼ 칠불암

신라시대 유적으로 일곱 불상이 남아 있
는 곳에 근래에 와서 한 암자를 지었으므로
보통 칠불암(七佛庵, 경주시 남산 소재)이라
부르고 있는데, 실상 신라시대의 절 이름을
알지 못하고 있다. 칠불(七佛)의 배경은 기
기묘묘한 거암(巨巖)으로 하늘에 잇닿은 듯
드높게 솟아 있어 장관을 이루고 있다. 경사
가 가파른 험한 산등성이에 절을 짓기 위해
동북(東北)양면(兩面)에 돌축대를 쌓아 터를
만들고 터 위에는 서쪽 바위 면에 기대어
자연석으로 불단(佛壇)이 병풍처럼 솟아 있
는데, 이 바위에 삼존대불이 새겨져 있다.
삼존불 바위 면에서 동쪽으로 1.74m쯤 간격
을 두고 6면 입방체의 바위가 삼존불 쪽으

그림 3-55 칠불암 마애삼존불

로 조금 기울어지려는 듯이 솟아 있다. 이 바위의 면마다 여래상을 새겨 사방불을 나타내었
으니 이 곳 불상은 모두 칠불이 되는 것이다.

가파른 산비탈을 평지로 만들기 위해서 동쪽과 북쪽으로 높이 4m 가량되는 돌축대를 쌓아

167

불단을 만들고 이 위에 사방불(四方佛)을 모셨으며, 1.74m의 간격을 두고 뒤쪽의 병풍바위에는 삼존불(三尊佛)을 새겼다. 마애삼존불(磨崖三尊佛)은 보물 제200호로, 병풍처럼 솟아 있는 절벽바위 면에 거의 입체불만큼이나 높은 돋을새김으로 삼존불이 새겨져 있다. 이 부처들은 규모에 있어서나 조각솜씨에 있어서 남산불상 중 으뜸으로 손꼽히고 있다.

❽ 대릉원(천마총, 황남대총, 미추왕릉)

경주시내를 멀리서 바라보면 우뚝우뚝 솟아 있는 거대한 고분들이 한 눈에 들어오며, 시간과 공간을 초월한 신비감과 친근감을 느낄 수 있다. 황오동(皇吾洞), 황남동(皇南洞), 노동동(路東洞), 노서동(路西洞)으로 이어지는 평지에는 고분들이 집중적으로 모여 있다. 특히 경주의 고분들이 평지에 자리 잡고 있는 것은 당시의 다른 지역과는 차이가 있는 점이며, 시내인 왕경 지역 내에 무덤들이 자리 잡고 있는 것을 보면 삶과 주검(혹은 죽은 시신)을 구분하지 않았던 신라인들의 내세관을 엿볼 수 있다.

시내 중심지 남쪽 편의 평지(약 12만 5,400평)에 30여 기(현재는 사적지 정리에 의해 23기의 크고 작은 능이 있음)의 능이 솟아있는 황남동의 대릉원(大陵苑)은 고분군(古墳群)의 규모로는 경주에서 가장 크며, 특히 대릉원 안에 위치한 황남대총은 국내 최대규모를 자랑하고 있다.

대릉원 가운데 주목할 만한 것은 내부가 공개되어 있는 천마총(天馬塚)과 이 곳에 대릉원이라는 이름을 짓게 한 사연이 있는 미추왕릉(未鄒王陵), 그리고 그 규모가 경주에 있는 고분 중에서 가장 큰 황남대총(皇南大塚) 등이다.

그림 3-56 경주의 시내 유적지와 대릉원 위치

① 천마총

그림 3-57 무덤 내부가 공개된 천마총 입구

그림 3-58 시신을 안치한 천마총의 목곽 공개 모습

천마총은 사적 제40호(경주 제155호분)로 대릉원 안 서북쪽에 위치하고 있는 돌무지덧널무덤(적석목곽분)으로, 고분 내부를 복원하여 일반인들에게 공개하고 있다. 무덤에 대한 일반인 공개로 말미암아 현대를 살아가는 우리들도 쉽게 신라천년의 신비를 체험할 수 있게 되었다.

천마총은 1973년 발굴했을 때 금관을 비롯한 11,500여 점이 출토되었다. 발굴 과정에서 날개 달린 말이 그려진, 말다래가 출토되어 '천마총'이라고 이름 붙여졌다. 말다래란 말을 탄 사람의 옷에 흙이 튀지 않도록 말의 안장 양쪽에 늘어뜨려 놓는 마구이다. 현재 무덤 내부는 복제품으로 유물을 전시하고 있으며, 무덤 구조를 복원해 놓은 상태이다. 진품 유물은 국립경주박물관 등에 전시 중이다.

② 미추왕릉

그림 3-59 미추왕릉

　미추왕릉(사적 제175호)은 대릉원 안에 있는 미추왕(재위 262~284년)의 무덤이다. 『삼국사기』에 따르면, 미추왕은 경주 김씨의 시조인 김알지(金閼智)의 7대손으로 여러 차례 백제의 공격을 막아내고 농업을 장려하였으며, 김씨로서는 최초로 왕위에 오른 인물이다. 사후에 미추왕의 능을 대릉(大陵)이라고 하였다. '대릉원'이라고 명명한 것은 이러한 기록에 근거한 것이다.

　미추왕릉은 지름 56.7m, 높이 12.4m로 경주시내 평지고분 가운데에서도 대형분에 속한다. 내부구조는 돌무지덧널무덤일 것으로 추정된다. 능 앞에는 화강석으로 만든 혼유석(魂遊石)이 있고, 남쪽에는 삼문이 있으며 이 삼문을 따라 담장이 돌려져 무덤 전체를 보호하고 있으나, 모두 후대에 설치한 것이다. 또 능 전방 가까운 곳에 왕을 제사하기 위한 숭혜전(崇惠殿)이 있는데 임진왜란 때에 불탄 것을 조선 정조 18년(1794년)에 다시 세운 것이다.

　미추왕은 신라 최초의 김씨 왕이고 왕비는 광명부인(光明夫人)이다. 『삼국사기』에는 왕이 재위 23년에 돌아가니 대릉(大陵)에 장사지냈다고 하였다. 『삼국유사』에는 미추왕릉이 흥륜사(興輪寺) 쪽에 있다고 하여 경주시내 평지고분군 가운데 있음을 전하고 있다.

③ 황남대총

그림 3-60 황남대총을 멀리서 본 모습

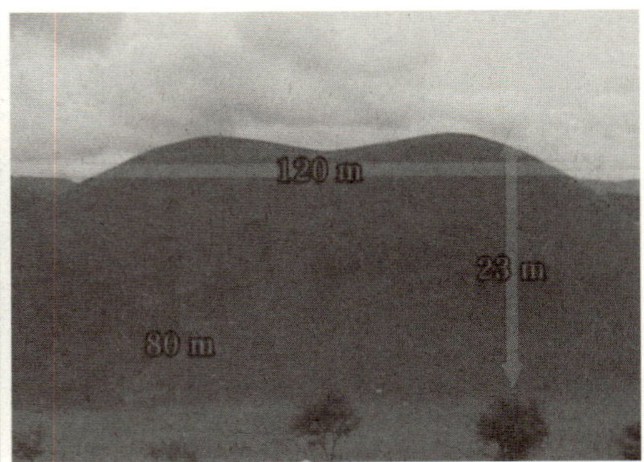

그림 3-61 황남대총 북분의 규모

황남대총(황남동 제98호 고분)은 표주박형 고분으로, 대릉원에서 뿐만 아니라 신라 시대 고분 중에서도 규모가 가장 크며 낙타 등처럼 굴곡을 이루며 남쪽 무덤과 북쪽 무덤으로 잇대어 축조되어 있다.

황남대총은 동서의 바닥길이가 80m, 남북의 길이가 120m, 높이가 23m에 이르는 국내에서 확인된 고분 중 최대 규모이며, 내부구조는 돌무지덧널무덤(적석목곽분)이다. 이 무덤은 일제강점기(日帝强占期 : 1910~1945년 한국이 일본제국주의에 의해 강제로 통치 받던 시기) 이후 발굴조사 전까지 황

고분 명칭	봉토 크기
황남대총(남분)	지름 80m, 높이 22.2m
황남대총(북분)	지름 80m, 높이 23.0m
천마총	지름 47m, 높이 12.7m
미추왕릉	지름 56.7m, 높이 12.4m

표 3-5 대릉원 내 주요 왕릉의 규모 비교

구 분	남 분	북 분	합 계
출토유물 수	32,745점	35,648점	68,393점

표 3-6 황남대총 남분과 북분의 출토유물 수

남동 제98호분으로 불려져 왔으나, 1973년부터 1975년까지 경주관광종합계획의 일환으로 발굴조사를 실시한 후 '황남대총'으로 명명되었다. 발굴을 통해 남분(무덤의 남쪽 부분 : 왕비의 무덤으로 추정)이 먼저 축조되고 북분(무덤의 북쪽 부분 : 왕의 무덤으로 추정)이 이후에 덧붙여 축조된 것으로 조사되었다. 또한 양 무덤에 대한 발굴 결과 당시의 생활상에 대한 이해를 높여줄 수 있는 수많은 유물들이 출토되었다.

황남대총 남분에서는 32,745점(남분 발굴조사보고서)이, 북분에서는 35,648점(북분 발굴조사보고서)이 출토되어 남분과 북분에서 출토된 유물을 합계하면 68,393점임을 알 수 있다. 이처럼 황남대총 한 개의 쌍분에서 약 7만 여점의 유물이 출토된 것은 매우 기이하고 놀라운 일이라고 생각된다.

❾ 오릉

오릉은 사적 제172호로 경주시 탑동에 소재하고 있는 고분이다. 신라 초기의 왕릉으로 시조 박혁거세, 제2대 남해왕, 제3대 유리왕, 제5대 파사왕 등 5인의 능이라 전한다. 또 일명 사릉(蛇陵)이라고도 한다. 이러한 명칭은 시조 박혁거세가 죽은 후 7일 만에 유체(遺體)가 5개로 나뉘어 떨어져 이를 합장하려고 하니 큰 뱀이

그림 3-62 오릉

나와 방해하므로 그대로 5군데에 매장하였다는 『삼국유사』의 기록에서 연유한 것이다.

오릉에서 특이한 것은 그 중 1기(基)가 표형분이라는 점이다. 결국은 6인의 능으로『삼국사절요(三國史節要)』에는 박혁거세와 왕비 알영부인을 포함하고 있다. 능 입구의 홍전문(紅箭門)을 세운 기둥이 당간지주이며 담암사(曇巖寺)가 있었다는 기록과 일치하고 있다. 봉분은 직경 20m 내외, 높이 10m 내외이다.

❿ 삼릉

삼릉은 사적 제219호로 경주시 배동에 소재하고 있다. 배리삼릉(拜里三陵)은 경주 남산의 서쪽 기슭에 동서로 세 왕릉이 나란히 있어 붙여진 이름이다. 서쪽 밑으로부터 신라 제8대 아달라왕, 제53대 신덕왕, 제54대 경명왕등 박씨 3왕의 능이라 전하고 있다.

모두 원형 봉토분으로 전방에 후대에 설치된 혼유석(魂遊石)만

그림 3-63 삼릉

있을 뿐 다른 시설물은 없다. 중앙의 전(傳) 신덕왕릉은 두 차례에 걸쳐 도굴을 당하여 1953년과 1963년에 내부가 조사되었다. 조사 결과 매장주체는 깬 돌로 쌓은 횡혈식 석실로 밝혀졌다. 석실은 평면 방형이었고, 천정은 궁륭상이었으며, 연도는 남벽 가운데에 달렸는데 석실

과 연도 사이에는 판석 2매로 된 문을 달았다. 석실 벽면의 길이는 3.04~3.09m이고, 석실 바닥에서 천정 뚜껑돌까지의 높이는 3.91m였다. 석실 바닥 가운데에는 평면 방형으로 깬 돌을 쌓고 그 위에 두께 5cm 정도의 판석 2매를 남북으로 놓아 2인 합장용의 시상(屍床)을 설치하였다. 석실과 연도의 모든 벽면과 천정, 그리고 시상의 측면에는 석회를 두껍게 발랐다.

⑪ 문무대왕릉(대왕암)

문무대왕릉은 사적 제158호로 경주시 양북면 봉길리에 소재하고 있다. 이는 신라 제30대 문무왕(재위 661~681년)의 무덤으로 오늘날 대왕암이라 불리고 있다. 문무대왕릉은 세계에 유례가 없는 수중릉(水中陵)으로 동해변에서 200미터 떨어진 바다 속에 있으며 대왕암 안쪽에는 동서남북으로 인공수로를 만들었다. 바닷물은 동쪽에서 들어와 서쪽으로 나가게 만들어 항상 잔잔하게 하였다. 대왕암 가운데 넓은 공간에는 넓적하고도 큰 돌이 남북으로 길게 놓여져 있는데(길이 3.6m, 너비 2.85m, 두께 0.9m의 거북모양의 화강암석), 이 돌 밑에 문무대왕의 유골을 봉안한 것이 아닐까 추정되고 있다.

문무왕의 성은 김씨이며, 이름은 범민이다. 태종 무열왕의 맏아들로 당나라와 연합해 삼국통일이룬 후, 백제의 부흥군을 제압하고 삼국의 영토를 차지하려던 당나라마저 완전히 몰아냈다. 그는 21년간 재위하였고 『삼국사기』에는 다음과 같은 유언을 전하고 있다.

"나의 유해를 불교식으로 화장해 동해에 장사 지내라. 그리고 나를 위해 큰 무덤을 만들지 말라. 옛날 천하를 다스리던 위력 있는 임금일지라도 끝내는 한 줌의 흙더미로 변하고 마침내는 나무꾼 아이들과 목동들이 그 위에서 노래 부르고 여우와 토끼들이 굴을 파는데 죽은 사람의 일에 많은 경비를 들이는 일은 재물만 낭비하는 일이요, 백성들의 수고만 헛되게 하는 일일 뿐, 영혼을 오래도록 고요히 평안하게 하는 일은 못될 것이며, 또한 내가 즐거워하는 일이 아니다. 내가 숨을 거둔 열흘 뒤에는 화장하고 장례는 간소하게 하라.”

그림 3-64 문무대왕릉(대왕암)

⑫ 무열왕릉

무열왕릉은 사적 제20호로 경주시 서악동에 소재하고 있으며, 신라 제29대 태종 무열왕(재위 654~661년)의 무덤이다. 이 능은 높이 8.7m, 밑둘레 114m의 큰 봉분으로 능선이 유연한 곡선을 그려 아름답다. 능 둘레에 자연석으로 1m쯤 석축을 쌓고 3m 간격으로 호석을 세웠으나 흙에 묻혀서 잘 보이지 않는다. 별다른 장식이 없이 규모가 큰 삼국시대 초기의 능으로는

마지막에 속하며 이후로는 호석을 세우는 등 화려하고 장엄한 멋을 살린 통일신라 시대의 능
이 시작된다.

그림 3-65 태종 무열왕릉

무열왕의 성은 김씨이며, 이름은 춘추이다. 진덕여왕이 후계자 없이 죽자 대신들의 추대로
왕위에 올랐다. 무열왕은 최초의 진골 출신 왕이며, 김유신과 함께 삼국통일의 기틀을 다졌
다. 재위 6년(659년)에는 백제를 공격하기 위하여 당나라에 군사를 요청하였다. 7년(660년)에
는 당나라 고종이 소정방에게 13만 군사를 이끌고 백제를 정벌케 하였다.

⑬ 김유신장군묘

경주 송화산 동쪽 구릉 위에 자리잡고 있는 신라 장군 김유신의 무덤(사적 제21호)이다. 김유신(595~673년)은 삼국통일에 중심 역할을 한 사람으로, 김춘추(후에 태종무열왕)와 혈연관계를 맺으며 정치적 발판을 마련하였고, 여러 전투와 내란에서 큰 공을 세웠다. 660년에 귀족회의의 우두머리인 상대등이 되어 백제를 멸망시켰으며, 668년에는 신라군의 총사령관인 대총관(大摠管)이 되어 고구려를 멸망시키고, 당의 침략을 막아 신라 삼국통일의 일등공신이 되었다.

그림 3-66 김유신장군묘

무덤은 지름이 30m에 달하는 커다란 규모이며, 봉분은 둥근 모양이다. 봉분 아래에는 둘레돌을 배치하고 그 주위에는 돌난간을 둘렀는데, 둘레돌은 조각이 없는 것과 12지신상을 조각한 것을 교대로 배치하였다. 12지신상은 평복을 입고 무기를 들고 있는 모습으로, 몸은 사람의 형체이고 머리는 동물 모양이다. 조각의 깊이는 얕지만 대단히 세련된 솜씨를 보여주고 있는데, 이처럼 무덤 주위의 둘레돌에 12지신상을 조각하는 것은 통일신라 이후에 보이는 무덤양식으로, 성덕왕릉으로부터 시작된 것으로 보고 있다.

『삼국유사』에 의하면 김유신이 죽자 흥덕왕은 그를 흥무대왕으로 받들고, 왕릉의 예를 갖춰 무덤을 장식한 것으로 보인다. 또 『삼국사기』에는 김유신이 죽자 문무왕이 예를 갖추어 장례를 치르고 그의 공덕을 기리는 비를 세웠다고 전한다. 그러나 현재 그 비는 전하지 않고, 조선시대에 경주부윤이 세운 비만 남아있다.

⑭ 안압지

안압지(雁鴨池)는 경상북도 경주시 인왕동에 있는 동궁(東宮)에 속한 연못이다. 이 연못은 삼국통일 전후기부터 조성하기 시작하여 674년(문무왕 14년)에 완성하였다. 그러나 안압지라는 명칭이 기록된 것은 『동국여지승람(東國輿地勝覽)』, 『동경잡기(東京雜記)』이다. 옛날에는 이 못에 무산(巫山) 12봉의 봉우리가 비쳐 보였다고 하나 현재는 폐지(廢池)이다. 원래 이 연못은 매우 화려한 임해전(臨海殿) 앞에 팠던 것으로 신라의 지도를 본뜬 것이다. 현재의 임해전은 1926년 군수 박광렬(朴光烈)의 발의로 지은 것으로 옛 임해전 반대편에 있다. 1975년 3월부터 1986년 12월까지 연못과 주변 건물지의 발굴조사에서 석축호안으로 둘러싸인 연못과 3개의 섬, 연못 서쪽의 호안변에서 5개의 건물지와 서쪽·남쪽으로 연결되는 건물지들이 밝혀졌다. 또한 연못 안팎에서 출토된 완형유물만도 1만 5,023점에 달하는데, 가장 많이 출토된 것이 와전류(瓦塼類)이다. 지금까지 알려지지 않은 형태의 특수기와와 보상화무늬전[寶相華紋塼(보상화문전)]이 발견되어 신라 와전류 무늬편년[紋樣編年(문양편년)]에 결정적 자료를 제공해 주었다.

⓯ 포석정지

경주 포석정지는 사적 제1호로 경주시 배동에 소재하고 있다. 이는 경주 남산 서쪽 계곡에 있는 신라시대 연회장소로, 젊은 화랑들이 풍류를 즐기며 기상을 배우던 곳이다.

중국의 명필 왕희지는 친구들과 함께 물 위에 술잔을 띄워 술잔이 자기 앞에 오는 동안 시를 읊어야 하며 시를 짓지 못하면 벌로 술 3잔을 마시는 잔치인 유상곡수연(流觴曲水宴)을 하였는데, 포석정은 이를 본떠서 만들었다.

그림 3-67 포석정지

만들어진 때는 확실하지 않으나 통일신라시대로 보이며 현재 정자는 없고 풍류를 즐기던

물길만이 남아있다. 물길은 22m이며 높낮이의 차가 5.9cm이다. 좌우로 꺾어지거나 굽이치게 한 구조에서 나타나는 물길의 오묘한 흐름은, 뱅뱅돌기도 하고 물의 양이나 띄우는 잔의 형태, 잔 속에 담긴 술의 양에 따라 잔이 흐르는 시간이 일정하지 않다고 한다.

유상곡수연은 중국이나 일본에서도 있었으나, 오늘날 그 자취가 남아있는 곳은 경주 포석정 뿐으로, 당시 사람들의 풍류와 기상을 엿볼 수 있는 장소이다.

⑯ 월성(반월성)

월성은 사적 및 명승 제2호로 신라왕궁이 자리하고 있던 곳이다. 파사왕(婆娑王) 22년에 축조하였다고 하며 금성(金城) 동남쪽, 만월성(滿月城) 남쪽에 위치한다. 동·서·북에 걸쳐 반달 모양으로 성루를 쌓아 반월성(半月城) 또는 신월성(新月城)이라고도 한다. 성 안에는 왕궁 건물의 잔재와 조선 영조 때 축조된 석빙고가 있고 성 밖에는 안압지와 임해전 터, 동양 최고(最古)의 천문시설인 첨성대(瞻星臺) 등이 남아 있다.

① 석빙고

석빙고(보물 제66호)는 얼음을 넣어두던 창고로, 이 석빙고는 경주 반월성 안의 북쪽 성루 위에 남북으로 길게 자리하고 있다.

남쪽에 마련된 출입구를 들어가면 계단을 통하여 밑으로 내려가게 되어 있다. 안으로 들어갈수록 바닥은 경사를 지어 물이 흘러 배수가 될 수 있게 만들었다. 지붕은 반원형이며 3곳에 환기통을 마련하여 바깥 공기와 통하게 하였다.

석비와 입구 이맛돌에 의하면, 조선 영조 14년(1738년) 당시 조명겸이 나무로 된 빙고를 돌로 축조하였다는 것과, 4년 뒤에 서쪽에서 지금의 위치로 옮겼다는 내용이 상세히 기록되어 있어 이때의 것으로 추정된다.

② 첨성대

경주첨성대(慶州瞻星臺)는 국보 제31호로 경주시 인왕동인 월성 안에 소재하고 있다. 이는 천체의 움직임을 관찰하던 신라시대의 천문관측대로, 받침대 역할을 하는 기단부(基壇部) 위에 술병 모양의 원통부(圓筒部)를 올리고 맨 위에 정(井)자형의 정상부(頂上部)를 얹은 모습이다. 내물왕릉과 가깝게 자리 잡고 있으며, 높이는 9.17m이다.

신라 선덕여왕(재위 632~647년) 때 건립된 것으로 추측되며 현재 동북쪽으로 약간 기울어져 있긴 하나 거의 원형을 간직하고 있다. 동양에서 가장 오래된 천문대로 그 가치가 높으며, 당시의 높은 과학 수준을 보여주는 귀중한 문화재라 할 수 있다.

그림 3-68 석빙고

그림 3-69 첨성대

4. 국립경주박물관에는 어떤 유물들이 전시되어 있을까

우리들은 지금까지 국립경주박물관에 있는 유물들을 감상하는데 필요한 기초지식을 습득하기 위해서 노력하였다. 국립경주박물관은 고고관, 미술관, 안압지관과 옥외전시장을 운영하고 있으며, 이곳에는 주로 경주와 그 주변지역에서 출토된 3,000여 점의 전시유물과 21만여 점의 소장유물이 있다.[*]

이제부터는 주요 유적지와 유물들을 살펴보면서 신라문화 여행을 떠나기로 하자.

(1) 고고관

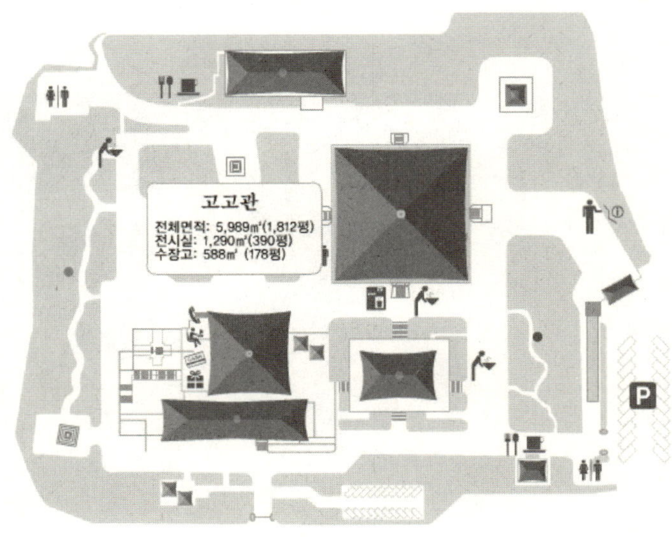

경주 주변지역에서 수집한 선사시대에서부터 원삼국시대까지의 유물을 전시한 선사·원삼국실과 천마총·황남대총 등의 신라고분에서 출토된 유물을 전시해 놓은 신라실 I·II, 그리고 국은 이양선 박사가 기증한 문화재를 전시하고 있는 국은기념실 등 4개의 전시실로 구성되어 있다.

---

[*] 본 장에서 사용하고 있는 유물 설명과 사진(그림)의 많은 부분은 국립경주박물관 홈페이지와 문화재정보센터 홈페이지 자료를 정리하여 인용한 것이다.

❶ 선사 · 원삼국실

경주와 주변일대에서 출토된 신석기, 청동기, 초기철기시대의 선사시대부터 원삼국시대까지의 유물이 전시되어 있으며, 울산 대곡리 반구대의 바위그림 복제품이 전시되어 있다. 그러나 대부분의 유물들은 청동기시대 이후의 것들이며 구석기와 신석기시대의 유물은 거의 발견되지 않고 있다. 선 · 원사인들이 남긴 유적으로는 살림집터, 조개더미, 무덤 등이 대표적이며 이외에도 토기 가마터, 소택지, 밭이나 논으로 사용되었던 농경유적, 철기제작과 관련된 야철유적 등이 있다.

① 울진 후포리유적

1983년 공사 중 발견되어 국립경주박물관이 조사하였다. 이 유적은 산정의 구덩이를 이용한 유적으로, 구덩이 주변에는 화강암 돌덩어리들로 경계를 지었다. 유적은 크게 3개의 문화층으로 나누어지나, 각 층위 간에 단절이 있기보다는 점진적으로 발전해 온 것으로 보인다. 이곳에서 발견된 유골은 대부분 세골장으로 뼈를 추려서 구덩이에 넣은 것이다. 인골의 장축은 대부분 남북으로 되어 있으며, 인골들 주위에는 인골을 덮는 용도로 사용된 것으로 추정된 돌도끼[石斧]들이 다량으로 출토되었다.

출토 유물로는 180점이나 나온 돌도끼를 비롯하여 돌로 만든 꾸미개[裝身具]나 대롱옥[管玉 : 구슬을 원

그림 4-1 울진후포리 유적
- 명　칭 : 울진 후포리유적
- 소재지 : 경북 울진군 후포면 후포리
- 시　대 : 신석기시대

기둥 모양으로 깎고 중심에 세로로 구멍을 뚫은 것) 등이 나왔다. 돌도끼는 긴 장대(長大)형으로 비실용적인 것인데, 그 크기는 대·중·소의 3가지로 분류할 수 있다. 대체로 그 길이는 20~30cm이다. 이러한 돌도끼는 춘천 교동, 종성 상삼봉, 회령 연대봉 조개무지 등 동해안 지역의 신석기시대 유적에서 출토된 예가 있다. 토기가 출토되지 않아서 정확한 연대를 알 수 없으나, 장대형 돌도끼가 출토된 것으로 볼 때, 그 연대는 신석기시대 말로 여겨진다. 또한 여기에서 나온 인골은 대부분 20대 전후의 젊은 사람들의 것으로, 당시 평균 수명이 짧았음을 알 수 있다.

이 후포리 유적은 국내에서 몇 안 되는 신석기시대 매장유적으로, 여기에서 다량의 장대형 돌도끼와 함께 세골장의 흔적도 발견되어 앞으로 신석기시대의 연구에 중요하다.

② 경주 조양동유적

- 명   칭 : 경주 조양동유적(慶州 朝陽洞遺蹟)
- 소재지 : 경상북도 경주시 조양동

경주 조양동유적은 경상북도 경주시 조양동에 있는 삼국시대 신라의 고분유적이다. 1979~1981년 모두 4차례에 걸친 발굴조사 결과 각기 제작시기가 다른 나무널무덤(土壙木棺墓), 독무덤(甕棺墓), 나무덧널무덤(木槨墓), 돌덧널무덤(石槨墓)이 발견되었다. 이중 나무널무덤은 모두 26기(基)가 조사되었는데 구덩이 형태는 길이 2.3m, 너비 1.5m 정도의 긴 타원형으로 민무늬토기, 다뉴소문경(多紐素紋鏡), 와질토기(瓦質土器)를 비롯해 철검·철창 등 각종 철기(鐵器)가 출토되었다. 나무덧널무덤은 13기가 발견되었으며 구조나 출토된 부장품이 나무널무덤과 유사하나 와질토기에 모두 대각(臺脚 : 굽다리)이 붙어 있는 것이 특징이다. 20기가 발견된 독무덤은 앞의 두 양식의 고분과 거의 같은 시기에 만들어졌으며, 소아용(小兒用) 분묘로 사용되었던 것으로 추정된다. 한편 돌덧널무덤은 모두 8기가 발굴·조사되었는데, 굽다리 접시(高杯), 목이 긴 항아리(長頸壺) 등 토기와 약간의 철기가 출토되었다. 이 유적은 신라 초기의 역사를 아는 데 귀중한 자료이다.

③ 경주 사라리유적

- 명　칭 : 경주 사라리유적(慶州 舍羅里遺蹟)
- 소재지 : 경상북도 경주시 서면 사라리

　경주 사라리유적은 청동기시대의 주거지를 비롯하여 원삼국시대의 목관묘와 삼국시대의 적석목곽묘, 목곽묘, 석곽묘가 함께 분포하고 있는 대규모 고분유적이다. 특히 130호 목관묘에서 확인된 청동검, 방제경, 호형대구, 철복, 판상철부 등은 1~3세기에 있어서 경주지역의 정치적 수준과 경제력 및 문화상을 이해하는 데 지표가 되고 있다.

　발굴조사를 통해 확인된 유구는 청동기시대의 장방형주거지 5동, 원삼국시대의 목곽묘 7기, 삼국시대의 목곽묘 67기, 적석목곽묘 43기, 석곽묘 12기, 옹관묘 2기 등 다종다양한 유구 136기이다.

④ 울산대곡리 반구대 암각화

그림 4-2 울산대곡리 반구대 암각화

- 종목 : 국보 제285호
- 명칭 : 울산대곡리 반구대 암각화(蔚山大谷里 盤龜臺 岩刻畵)
- 분류 : 유물 / 일반조각 / 암벽조각 / 암각화

　울산대곡리 반구대 암각화는 높이 3m, 너비 10m의 'ㄱ'자 모양으로 꺾인 절벽암반에 여러 가지 모양을 새긴 바위그림이다. 바위그림을 암각화라고도 하는데, 암각화란 선사인들이 자신의 바램을 기원하는 마음으로 커다란 바위 등 성스러운 장소에 새긴 그림을 말한다. 전세계적으로 암각화는 북방문화권과 관련된 유적으로 우리민족의 기원과 이동을 알려주는 자료이다.

1965년 완공된 사연댐으로 인해 현재 물속에 잠겨있는 상태로 바위에는 육지동물과 바다고기, 사냥하는 장면 등 총 75종 200여 점의 그림이 새겨져 있다. 육지동물은 호랑이, 멧돼지, 사슴 45점 등이 묘사되어 있는데, 호랑이는 함정에 빠진 모습과 새끼를 밴 호랑이의 모습 등으로 표현되어 있다. 멧돼지는 교미하는 모습을 묘사하였고, 사슴은 새끼를 거느리거나 밴 모습 등으로 표현하였다. 바다고기는 작살 맞은 고래, 새끼를 배거나 데리고 다니는 고래의 모습 등으로 표현하였다. 사냥하는 장면은 탈을 쓴 무당, 짐승을 사냥하는 사냥꾼, 배를 타고 고래를 잡는 어부 등의 모습을 묘사하였으며, 그물이나 배의 모습도 표현하였다. 이러한 모습은 선사인들의 사냥활동이 원활하게 이루어지길 기원하며, 사냥감이 풍성해지길 바라는 마음으로 바위에 새긴 것이다.

조각기로 쪼아 윤곽선을 만들거나 전체를 떼어낸 기법, 쪼아낸 윤곽선을 갈아내는 기법의 사용으로 보아 신석기말에서 청동기시대에 제작되었음을 알 수 있다. 선과 점을 이용하여 동물과 사냥장면을 생명력 있게 표현하고 사물의 특징을 실감나게 묘사한 미술작품으로 사냥미술인 동시에 종교미술로서 선사시대 사람의 생활과 풍습을 알 수 있는 최고 걸작품으로 평가된다.

전체 화면에는 고래, 물개, 거북 등 바다동물과 호랑이, 사슴, 염소 등 육지동물 그리고 탈을 쓴 무당, 사냥꾼, 배를 타고 있는 어부, 목책, 그물 등 다양한 종류의 모습이 새겨져 있다. 이들 모습은 떼어내기 수법으로 형체를 표현한 음영화(陰影畵)와 쪼아파기 수법의 선으로 나타낸 선각화(線刻畵)로 나타내었으며 시베리아 암각화의 전통을 보여주고 있다.

수렵과 어로를 위주로 한 당시의 생활풍속을 알려주는 가장 귀중한 선사시대 문화유산으로 한 화면에 200여 점에 달하는 다양한 종류의 물상들이 새겨져 있는 것은 세계적으로 매우 드문 예로서 고고학, 미술사 연구에도 매우 중요한 가치를 지니고 있다.

⑤ 목걸이

그림 4-3 목걸이
- 명　　칭 : 목걸이[頸飾]
- 시　　대 : 원삼국
- 출토지 : 경상북도 포항시

모두 39개로 앞쪽은 크기가 큰 것, 뒤쪽은 작은 것으로 되어 있다. 4점은 12면을 가진 붉은마노옥[紅瑪瑙玉]이고, 2점은 8면을 가진 붉은색 호박이며, 나머지는 둥근 모양으로 된 유리제옥[琉璃製玉]이다. 유리제옥은 주황색, 청색(靑色), 녹청색(綠靑色), 흑갈색(黑褐色) 등의 다양한 색을 띠고 있다. 모두 한 가운데에 동일한 굵기의 구멍이 뚫어져 있다.

⑥ 호랑이모양 띠고리

그림 4-4 호랑이모양 띠고리
- 출토지 : 경주 사라리
- 시　　대 : 2세기

호랑이모양 띠고리는 경주 사라리 130호 무덤에서 출토된 것이다. 동물모양의 띠고리는 윗도리를 저밀 때 쓴 허리띠의 두 끝에 매단, 지금의 버클(buckle)과 같은 것으로 가죽이나 천으로 만들었을 허리띠는 부식되어 버리고 띠고리만 발견되고 있다.

⑦ 이음식낚시도구

그림 4-5 이음식낚시도구
- 출토지 : 울산 세죽리
- 시　대 : 신석기

이음식낚시도구는 우리나라의 동해안과 남해안 지방에서 주로 출토되는 낚
싯바늘과 축부를 결합해서 사용하는 어로 도구이다.

⑧ 빗살무늬토기

그림 4-6 빗살무늬토기
- 출토지 : 김천 송죽리
- 시　대 : 신석기

신석기시대에 만들어진 토기이다. 빗살무늬토기는 뾰족하거나 둥근모양이 일
반적인 형태이며, 겉면에는 빗 모양의 무늬새기개로 누르거나 찍거나 그어서
여러 가지 기하학적 무늬가 새겨져 있다. 이는 식량을 담는데 사용하거나, 낟
알 저장. 물그릇 등의 다양한 용도로 사용되었을 것으로 추정된다.

⑨ 화로모양토기

그림 4-7 화로모양토기
· 시대 : 원삼국(1~3세기)

원삼국시대 토기의 한 종류로 영남지역에서 주로 출토된다. 중국으로부터 들어온 새로운 토기제작기술에 의해 생산되어 회색을 띠며, 이전의 무문토기에 비해 더욱 단단해진 강도를 가지고 있어 와질토기라 불린다.

⑩ 붉은간토기

그림 4-8 붉은간토기

홍도라고도 불리는 무문토기 문화기의 둥근바닥항아리로 표면에 산화철을 바르고 마연하여 붉은 광택이 난다.

⑪ 쇠검

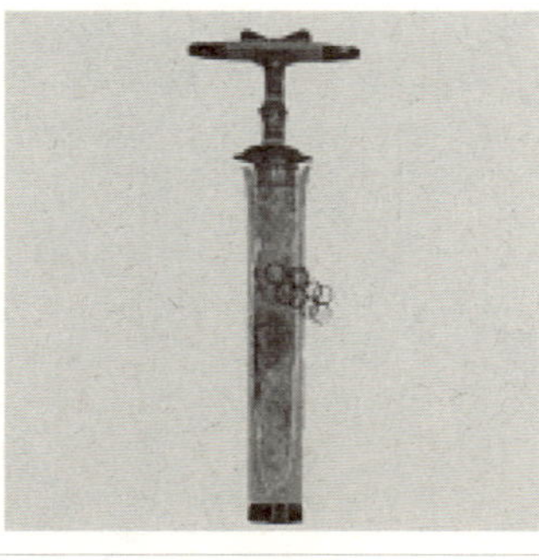

그림 4-9 쇠검
· 출토지 : 경주 사라리
· 시   대 : 2세기

쇠검은 검 부분만 쇠로 만들고, 손잡이와 칼집 부속구는 모두 청동으로 만들었다.

⑫ 요령식 동검

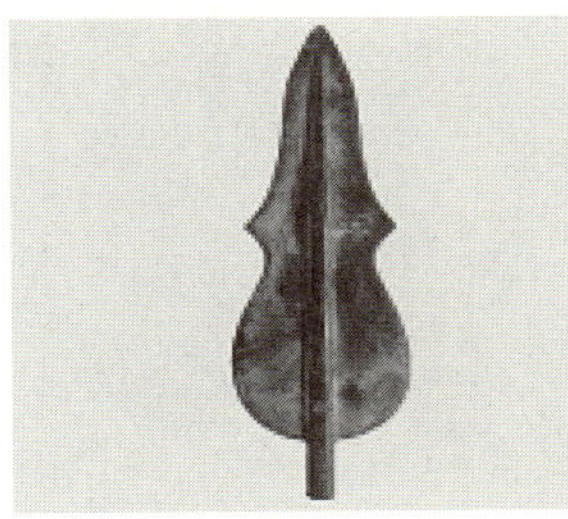

그림 4-10 요령식 동검
- 명　칭 : 요령식 동검
- 시　대 : 청동기(기원전 3~7세기)
- 용도기능 : 군사 근력무기(筋力武器) 도검(刀劍) 검(劍)
- 출토지 : 경상북도 청도군

요령식 동검은 날부분이 활모양으로 휘어져 있어 비파형 청동단검으로 부르고 있으며, 분포지역에 따라 요령식 또는 만주식 동검이라고 한다.

⑬ 한국식 동검

그림 4-11 한국식 동검
- 출토지 : 경주 입실리
- 시　대 : 기원전 1세기

검 몸의 폭이 좁아 세형동검(細形銅劍)이라고도 불린다. 한국식동검은 요령식 동검처럼 검 자루를 따로 만들며, 검 몸 한가운데 등대가 있다.

⑭ 갑옷

그림 4-12 갑옷
- 출토지 : 경주시 구정동
- 시　대 : 4세기

전사들의 몸을 보호하기 위해 착용하는 대표적인 방어용 무구이다. 구정동에서 출토된 이 갑옷은 긴 네모꼴의 쇠판을 세로로 이어 만든 판갑이다.

⑮ 말얼굴가리개

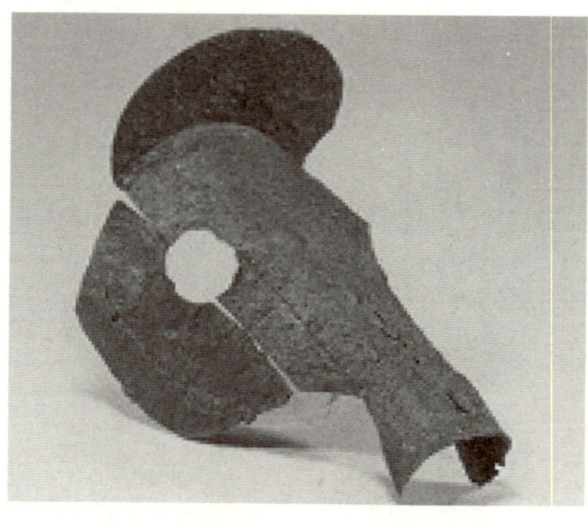

그림 4-13 말얼굴가리개
- 출토지 : 경주 사라리
- 시 대 : 5세기

말얼굴가리개는 말의 몸체부를 방호하기 위한 말 갑옷과 함께 전투용 말을 보호하기 위한 방어용 무구이다.

❷ 신라실 Ⅰ

경주시내에 있는 동산처럼 우뚝 솟아 있는 신라 특유의 돌무지덧널무덤(황남대총, 금관총, 서봉총, 금령총, 천마총 등)에서 출토된 금관과 금귀걸이 등의 금·은장신구를 비롯하여 금은제, 유리제, 청동제 등의 그릇과 상형토기, 무늬토기 등 신라의 유물들을 주제별, 물질별로 전시하고 있다. 이들 유물들을 살펴보면서 우리들은 당시 황금의 나라인 신라의 국력과 금은세공술, 그리고 국제사회에서의 그 위상을 짐작해 볼 수 있다.

① 금관

　경주시 노서동에 있는 신라무덤에서 맨 처음 발견된 금관으로 국보 제87호이다. 높이 44.4cm, 머리띠 지름 19cm이다.

　금관은 내관(內冠)과 외관(外冠)으로 구성되어 있는데, 이 금관은 외관으로 신라금관의 전형을 보여주고 있다. 즉, 원형의 머리띠 정면에 3단으로 '출(出)'자 모양의 장식 3개를 두고, 뒤쪽 좌우에 2개의 사슴뿔모양 장식이 세워져 있다. 머리띠와 '출(出)'자 장식 주위에는 점이 찍혀 있고, 많은 비취색 옥과 구슬 모양의 장식들이 규칙적으로 금실에 매달려 있다. 양 끝에는 가는 고리에 금으로 된 사슬이 늘어진 두 줄의 장식이 달려 있는데, 일정한 간격으로 나뭇잎 모양의 장식을 달았으며, 줄 끝에는 비취색 옥이 달려 있다.

　이같은 외관(外冠)에 대하여 내관으로 생각되는 관모(冠帽)가 관(棺) 밖에서 발견되었다. 관모는 얇은 금판을 오려서 만든 세모꼴 모자로 위에 두 갈래로 된 긴 새날개 모양 장식을 꽂아 놓았다. 새날개 모양을 관모의 장식으로 꽂은 것은 삼국시대 사람들의 신앙을 반영한 것으로 샤머니즘과 관계가 있을 것으로 생각된다.

　이 금관은 기본 형태나 기술적인 면에서 볼 때 신라 금관 양식을 대표할 만한 걸작품이라 할 수 있다.

그림 4-14 금관
- 종목 : 국보 제87호
- 명칭 : 금관총 금관(金冠塚 金冠)
- 분류 : 유물 / 생활공예 / 금속공예 / 장신구
- 시대 : 신라

② 허리띠 / 허리띠드리개

과대는 직물로 된 띠의 표면에 사각형의 금속판을 붙여 만든 허리띠를 말하며, 요패는 허리띠에 늘어뜨린 장식품을 말한다. 옛날 사람들은 허리띠에 옥(玉) 같은 장식품과 작은칼, 약상자, 숫돌, 부싯돌, 족집게 등 일상도구를 매달았는데, 이를 관복에 적용한 것으로 보인다. 백제나 신라에서는 관직이나 신분에 따라 재료, 색, 수를 달리하여 그 등급을 상징하였다.

경북 경주시 노서동 소재 금관총에서 출토된 신라시대 금제 과대 및 요패는 과대길이 109cm, 요패길이 54.4cm이다. 과대는 39개의 순금제 판으로 이루어져 있고, 양끝에 허리띠를 연결시켜 주는 고리인 교구를 달았으며, 과판에는 금실을 이용하여 원형장식을 달았다. 과대에 늘어뜨린 장식인 요패는 17줄로 길게 늘어뜨리고 끝에 여러 가지 장식물을 달았다. 장식물의 길이가 일정하지 않지만, 크고 긴 것을 가장자리에 달았다.

그림 4-15 허리띠 / 허리띠드리개
- 종목 : 국보 제88호
- 명칭 : 금관총 과대 및 요패(金冠塚 銙帶 및 腰佩)
- 분류 : 유물 / 생활공예 / 금속공예 / 장신구
- 시대 : 신라

금관총 과대 및 요패는 무늬를 뚫어서 조각한 수법이 매우 정교한 우수한 작품으로 평가된다. 1921년, 경주시 노서동 금관총(金冠塚)에서 금관(金冠, 국보 제87호)과 함께 출토된 것이다.

과대(銙帶)는 39개의 과판과 2개의 교구 1식(式)을 가죽과 섬유로 된 띠에 매달았던 것으로 짐작되는데 개개의 과판(銙板)은 4각형 금구(金具) 밑에 경첩으로 연결된 심엽형(心葉形) 수식(垂飾)으로 되어 있다. 이들 과판(銙板) 표면에는 둥글고 작은 금판(金板) 영락(瓔珞)을 꿰어서 달았고 과판 바탕에는 세 잎사귀 같은 무늬가 투각(透刻)되어 있다.

요패(腰佩)는 17줄이고 타원형 금판 사이에 4각형 금판을 끼워서 길게 연결한 끝에 각종 수식(垂飾)을 달았는데 길이는 일정하지 않다. 수식은 행엽형(杏葉形) · 투조협형 · 공룡형(恐龍形) · 곡옥형(曲玉形) · 장현자형(長玄子形) · 투조양각형(透彫兩脚形) 등 매우 다양하다.

③ 관모

그림 4-16 관모
- 종목 : 국보 제189호
- 명칭 : 천마총 금모(天馬塚 金帽)
- 분류 : 유물 / 생활공예 / 금속공예 / 장신구
- 시대 : 신라

금모(金帽)란 금으로 만든 관 안에 쓰는 모자의 일종으로 높이 16㎝, 너비 19㎝인 이 금모는 널<관(棺)>
바깥 머리 쪽에 있던 껴묻거리(부장품) 구덩이와 널 사이에서 발견되었다.

각각 모양이 다른 금판 4매를 연결하여 만들었는데, 위에는 반원형이며 밑으로 내려갈수록 넓어진다. 아
랫단은 활처럼 휘어진 모양으로 양끝이 쳐진 상태이다. 윗 단에 눈썹 모양의 곡선을 촘촘히 뚫어 장식하고
사이사이 작고 둥근 구멍을 뚫었으며, 남은 부분에 점을 찍어 금관 2장을 맞붙인 다음 굵은 테를 돌렸다. 그
밑에는 구름무늬를 뚫어 장식하였고 또 다른 판에는 T자형과 작은 구멍이 나 있는 모양의 금판이 있다.

머리에 쓴 천에 꿰매어 고정시킨 후 썼던 것으로 보인다.

④ 나비모양관식

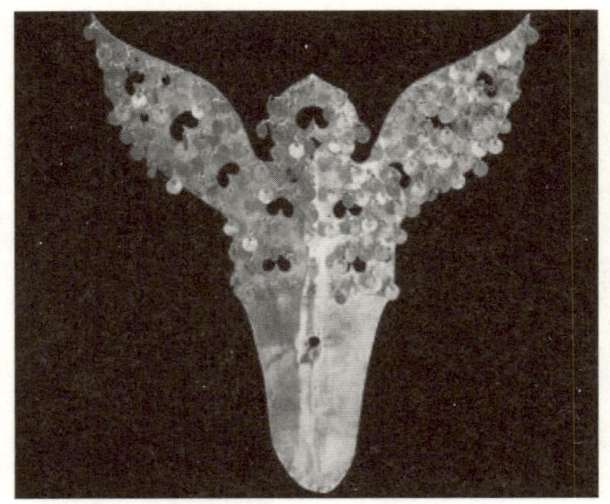

그림 4-17 나비모양관식
- 종목 : 보물 제617호
- 명칭 : 천마총 금제접형관식(天馬塚 金製蝶形冠飾)
- 분류 : 유물 / 생활공예 / 금속공예 / 장신구
- 시대 : 신라

천마총에서 나온 관식은 널<관(棺)> 밖 머리 쪽에 꺼묻거리(부장품)가 들어있는 상자 뚜껑 위에서 발견되었다. 높이 23cm, 너비 23cm인 이 관식은 중앙에 새머리같이 생긴 둥근부분이 있고, 그 밑 좌우 어깨 위치에는 위로 솟는 날개 모양의 한 쌍이 있다.

몸체는 수직으로 내려오다 조금씩 좁아지면서 끝을 둥글게 처리하였다. 머리부분에는 나뭇잎 모양으로 2개의 구멍을 뚫었고, 좌우 날개에서 몸통부분까지 5개의 구멍을 나뭇잎 모양으로 뚫었다. 아래의 방패형으로 된 부분에는 장식이 없지만, 그 윗부분에는 약 150개의 원형 장식을 한 줄에 연결해서 달았다.

전체를 세로로 반으로 접었던 흔적이 있으며, 밑에는 못 구멍이 하나 나있어 어떠한 형태로 쓰였던 것인지 분명하지 않다.

관(棺) 밖 머리 쪽 수장궤(收藏櫃) 위에서 발견된 것이다. 중앙에 새의 머리같은 둥근 부분이 있고 그 밑 좌우 어깨 위치에서 위로 솟은 날개 모양이 형성되었으며, 몸체 밑은 수직으로 내려오다가 방패형으로 좁아지면서 끝이 둥글려졌다. 머리 부분에는 투공(透孔) 2개가 있고 좌우 날개에는 동체(胴體)에 걸쳐 공작 꼬리에서 볼 수 있는 투공이 5개씩 있으며, 밑의 방패형 부분에는 장식이 없고 그 윗부분에만 전면에 걸쳐 약 150개의 원형 영락(瓔珞)을 달았다. 한 개씩 따로따로 달지 않고 뒤에서 1줄로 연결하면서 달았다. 이 관식(冠飾)에는 곳곳에 못 구멍이 있어서 무엇인가 고정시켰던 것으로도 보이나 과연 관식(冠飾)이었는지는 분명하지 않다.

⑤ 청동그릇

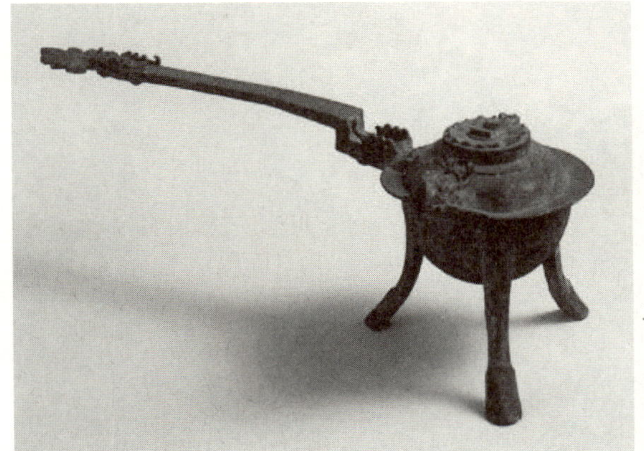

그림 4-18 청동그릇
- 종목 : 보물 제622호
- 명칭 : 천마총 청동제초두(天馬塚 靑銅製鐎斗)
- 분류 : 유물 / 생활공예 / 금속공예 / 청동용구
- 시대 : 신라

초두는 술, 음식, 약들을 끓이거나 데우는데 사용하던 그릇으로, 대부분 왕릉을 비롯한 큰 무덤에서만 출토된다. 이 청동 초두는 높이 20.5cm, 몸통 지름 18cm, 손잡이 길이 13cm의 크기이다. 전체 형태는 납작한 구형의 몸통에 뚜껑을 덮은 형식으로, 밑에는 3개의 동물 모양 다리가 달렸다.

몸통에는 가로로 한 줄이 돌려 있고 이 위에 휘어진 뿔이 달린 양머리 모양의 액체를 따르는 주구가 달려 있다. 이와 직각되는 위치에 손잡이가 달렸는데, 모가 나 있고 속이 비어 있을 뿐 아니라, 끝에 못 구멍이 있는 점으로 보아 필요에 따라 나무 손잡이를 더 꽂아 사용했던 것 같다. 뚜껑 위에는 꽃봉오리 모양의 꼭지가 있고, 손잡이 위에서 경첩으로 몸통에 연결하여 여닫게 만들었다.

몸통 크기, 다리 높이, 손잡이 길이가 조화를 이루고 있으며, 양 머리 모양의 주구 형식은 사실적이다.

⑥ 금제굽다리접시

그림 4-19 금제굽다리접시
- 종목 : 보물 제626호
- 명칭 : 황남대총 금제고배(九十八號北墳 金製高杯)
- 분류 : 유물 / 생활공예 / 금속공예 / 생활용구
- 시대 : 신라

높이 10cm, 주둥이 지름 10cm, 무게 169g의 금제 굽다리 접시는 황남대총 북쪽 무덤에서 발견되었다. 토기 굽다리 접시의 형식을 따라 반구형 몸통 밑에 나팔형 굽다리를 붙인 전형적인 양식이지만, 장식이 가해지고, 금으로 만들었다는 점에서 실용품이라기보다는 껴묻거리(부장품)로 제작된 듯하다.

아가리 부분은 밖으로 말아 붙였고, 나뭇잎 모양 장식 7개를 2개의 구멍을 통하여 금실로 꿰어 달았다. 굽다리는 작은 편으로 상·하 2단으로 되어 있는데, 각각 사각형 모양의 창을 어긋나게 뚫어서 장식하는 신라 굽다리 접시의 형식을 하고 있다.

찌그러진 부분이 많으나 발견된 경우가 드문 금제 굽다리 접시이다.

⑦ 가슴걸이

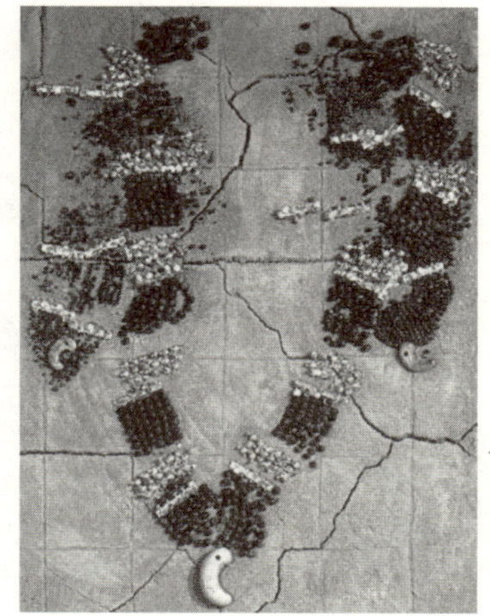

그림 4-20 가슴걸이
- 종목 : 보물 제619호
- 명칭 : 천마총 경식(天馬塚 頸飾)
- 분류 : 유물 / 생활공예 / 금속공예 / 장신구
- 시대 : 신라

  천마총 안의 널<관(棺)>에서 발견된 것으로, 가슴 윗 부분에서 있던 것으로 보아 목걸이로 쓰였던 장신구이다.

  금, 은, 비취, 유리 등의 재료를 사용했는데, 원래의 줄 외에 가슴 부근에서 좌우로 늘어지는 짧은 가닥이 달려있다. 청색 유리옥과 금·은 제품이 여섯 줄로 이어져 일정한 간격으로 연결되어 있는데, 좌우에는 큰 굽은 옥이 매달려 있다. 이 경식은 목에 걸었을 때 전체가 V자형이 된다.

  다른 무덤에서 출토된 목걸이에 비해 매우 화려한 작품이다. 경주 금령총에서도 이와 비슷한 목걸이가 출토된 일이 있는데, 천마총에서 출토된 목걸이는 이것보다는 훨씬 작다.

⑧ 드리개

그림 4-21 드리개
• 종목 : 보물 제633호
• 명칭 : 미추왕릉 금제수식(味鄒王陵 金製垂飾)
• 분류 : 유물 / 생활공예 / 금속공예 / 장신구
• 시대 : 신라

경주 황남동에 있는 신라 미추왕릉에서 발견된 길이 15.5cm의 한 줄은 길고 세 줄은 짧은 금제 드리개(수식)이다.

긴 줄은 속이 빈 금 구슬에 꽃잎장식을 금실로 꼬아 연결하였고, 끝에 비취색 옥을 달았다. 작은 줄 역시 긴 줄과 같은 모양을 하고 있다. 현재의 상태가 원형인지 분명하지 않지만 신라 무덤에서 출토되는 드리개 가운데 가장 호화스러운 작품이다.

⑨ 서수형토기

그림 4-22 서수형토기
· 종목 : 보물 제636호
· 명칭 : 미추왕릉 서수형토기(味鄒王陵 瑞獸形土器)
· 분류 : 유물 / 생활공예 / 토도자공예 / 토기
· 시대 : 신라

경주 미추왕릉 앞에 있는 무덤들 중 C지구 제3호 무덤에서 출토된, 거북 모양의 몸을 하고 있는 높이 15.1cm, 길이 17.5cm, 밑지름 5.5cm의 토기이다.

머리와 꼬리는 용 모양이고, 토기의 받침대 부분은 나팔형인데, 사각형으로 구멍을 뚫어 놓았다. 등뼈에는 2개의 뾰족한 뿔이 달려 있고, 몸체 부분에는 전후에 하나씩과 좌우에 2개씩의 장식을 길게 늘어뜨렸다. 머리는 S자형으로 높이 들고 있고 목덜미에는 등에서와 같은 뿔이 5개 붙어 있다.

눈은 크게 뜨고 아래·위의 입술이 밖으로 말려 있으며, 혀를 길게 내밀고 있다. 꼬리는 물결모양을 이루면서 T자로 꺾여 끝을 향하여 거의 수평으로 뻗었는데, 여기에도 뿔이 붙어 있다. 가슴에는 물을 따르는 주구(注口)가 길게 붙어 있고, 엉덩이에는 밥그릇 모양의 완이 붙어 있다.

그릇 표면은 진한 흑회색을 띠었고, 받침·주구에서 신라의 다양한 동·식물 모양을 본떠서 만든 상형토기에서 흔히 볼 수 있는 양식을 갖추고 있으나, 기본적인 착상은 아주 새롭다.

❸ 신라실 Ⅱ

돌무지덧널무덤에서 출토된 무기류(무구류)와 말갖춤(마구류)을 비롯하여 신라 후기의 돌방무덤(인위적으로 다듬은 돌로 네 벽을 쌓아 방처럼 만들고 그 위에 천정돌을 얹는 형식)에서 출토된 토우, 토용, 십이지상, 독무덤, 화장묘의 뼈 그릇(뼈 항아리) 등과 함께 최근에 조사된 경주 동천동, 손곡동유적 등에서 출토된 통일신라시대의 토기, 철기, 청동기 등 생산과 관련된 유물과 함께 황성동유적에서 옮겨온 용해로를 복원하여 모형과 함께 전시하고 있다.

① 은제팔뚝가리개

경주시 황남동 미추왕릉 지구에 있는 삼국시대 신라 무덤인 황남대총에서 발견된 정강이 가리개(경갑)이다. 황남대총은 2개의 봉분이 남·북으로 표주박 모양으로 붙어 있다.

이 정강이 가리개는 남쪽 무덤 널(관) 밖 머리 쪽의 껴묻거리 구덩이(부장갱) 안에서 발견된 것으로, 길이 35㎝의 무릎과 정강이를 보호하기 위한 갑옷의 일부이다.

무릎에 닿는 부분은 넓고 둥근 판 형태로, 중간쯤부터 좁아져 아래로 내려오며, 중앙에 시계추(錘) 같은 돌출된 선이 있다. 전체적으로 안으로 휘어지게 만들었다. 하단부는 안으로 휘어진 은판을 경첩으로 연결하여 닫으면, 정강이를 보호하게 되고 끝에 3개의 고리가 있어 고정시키도록 되어 있다.

천마총 출토 금동제 정강이 가리개가 출토된 적은 있으나, 은제 정강이 가리개로는 처음 발견된 것으로 중요한 유물이다.

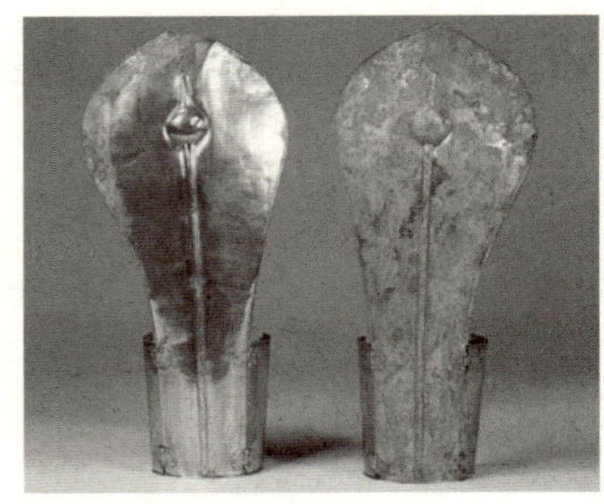

그림 4-23 은제팔뚝가리개
- 종목 : 보물 제632호
- 명칭 : 황남대총 은제경갑
  (九十八號南墳 銀製脛甲)
- 분류 : 유물 / 생활공예 / 금속공예 / 장신구
- 시대 : 신라

② 고리자루큰칼

그림 4-24 고리자루큰칼
- 종목 : 보물 제621호
- 명칭 : 천마총 금동장봉황환두대도(天馬塚 金銅裝鳳凰環頭大刀)
- 분류 : 유물 / 생활공예 / 금속공예 / 장신구
- 시대 : 신라

고리자루칼(환두대도)이란 칼 중에서 손잡이 끝부분에 둥그런 고리가 붙어있고 그 고리 안에 용이나 봉황, 나뭇잎들을 조각하여 그 소장자의 신분이나 지위를 나타내 주는 칼이다.

천마총에서 고리자루큰칼은 칼자루에 손상이 있을 뿐 양호한 상태를 유지하고 있으며, 유골의 왼쪽부분에서 발견되었다. 칼집과 칼자루는 나무로 만들어 그 위에 얇은 금동을 입혔다. 칼자루 끝 둥근 모양 안에 봉황으로 보이는 새의 머리가 붙어있다. 칼집의 표면에는 특별한 장식이 없고, 한쪽에 따로 칼집을 만들어 큰칼과 같은 것을 붙여 놓았다.

칼집 옆에는 구멍이 난 네모형태의 꼭지가 있어 끈을 매어 달았던 것으로 보인다. 칼집 끝은 금판으로 된 작은 돌기가 두 개 달려있다.

③ 토우달린 목항아리

그림 4-25 토우달린 목항아리
- 종목 : 국보 제195호
- 명칭 : 토우장식장경호(土偶裝飾長頸壺)
- 분류 : 유물 / 생활공예 / 토도자공예 / 토기
- 시대 : 신라

    토우란 흙으로 만든 인형이라는 뜻으로 어떤 형태나 동물을 본떠서 만든 토기를 말한다. 토우는 장난감이나 애완용으로 만들거나 주술적 의미, 무덤에 넣기 위한 목적으로 만들어진다.

    토우장식장경호는 미추왕릉지구 계림로 30호 무덤 출토 목항아리로, 밑이 둥글고 아가리는 밖으로 약간 벌어진 채 직립(直立)되어 있고, 4개의 돌출선을 목 부분에 돌렸다. 위에서 아래로 한번에 5개의 선을 그었고, 그 선 사이에 동심원을 새기고 개구리 · 새 · 거북이 · 사람 등의 토우를 장식했다. 몸체 부분은 2등분 하였고, 윗부분은 목 부분과 같이 한 번에 5개의 선을 긋고, 그 사이에 동심원을 새겼다. 어깨와 목이 만나는 곳에 남녀가 성교하는 모양과 토끼와 뱀 및 배부른 임산부가 가야금을 타는 모양의 토우를 장식했다.

④ 말안장

그림 4-26 말안장
· 명칭 : 황남대총 목심흑칠안교
· 시대 : 신라

황남대총 남분에서 출토된 말안장(안교 : 나귀나 말의 등에 얹어 사람이 타기에 편리하도록 만든 기구)이다.

⑤ 수레모양 토기

그림 4-27 수레모양 토기
· 명칭 : 수레모양 토기(車形土器)
· 시대 : 신라

경주시 미추왕릉지구의 독무덤에서 출토된 흙으로 빚은 수레모양 토기는 불과 수 십년 전까지도 사용되었던 나무바퀴수레와 흡사한 형태이다. 수레모양 토기는 무덤 주인공의 영혼을 저 세상으로 인도하기 위한 수레였을 것으로 보인다.

⑥ 삼채 뼈항아리

그림 4-28 삼채 뼈항아리
· 명　칭 : 삼채골호(三彩骨壺)
· 출토지 : 경주시 조양동
· 시　대 : 통일신라

삼채 뼈항아리는 갈색, 녹색, 백색의 삼색으로 제작된 당나라
때의 도자기로, 1973년 경주시 조양동 소재 성덕왕릉 남쪽
200m 지점의 야산 기슭에서 돌상자 속에 들어있는 채 발견되
었다.

⑦ 새김뼈항아리

이 뼈항아리는 1984년 전 민애왕릉(傳 閔哀王陵) 주변을 조사
할 때 발견된 것으로서 전형적인 통일신라시대 화장묘의 구조
였다.

뼈항아리의 바닥은 납짝하며 약간 낮은 받침이 붙어있으며
상단(上段)에는 4군데에 방주상(方柱狀) 파수(把手)가 부착되어 있
으며, 파수에는 상하로 구멍이 뚫려 있다.

뚜껑은 파손된 것을 접착 복원하였으나 꼭지를 비롯한 일부
가 결손된 상태이다. 무엇보다도 뚜껑에는 「元和十年」이라는 세
로로 쓴 4글자의 명문이 있다는 점이 주목된다. 「元和十年」은
815년에 해당되어 뼈항아리의 편년에 크게 이바지 할 뿐 아니
라, 전 민애왕릉의 축조연대를 규명하는 데 도움을 주고 있다.

그림 4-29 새김뼈항아리
· 명　칭 : 「원화십년(元和十年)」 새김뼈항아리
· 시　대 : 통일신라
· 출토지 : 경상북도 경주시

⑧ 곱돌십이지-돼지상

그림 4-30 곱돌십이지-돼지상
· 명　칭 : 랍석십이지해상(蠟石十二支亥像)
· 출토지 : 전 김유신 묘
· 시　대 : 통일신라

　곱돌(광택이 있고 매끈매끈한 돌)로 만들어진 십이지상(12종의 동물을 상징하는 상)은 김유신 장군묘라고 전해오는 무덤의 둘레에서 출토된 것이다. 십이지상 가운데 돼지를 나타낸 것으로, 이 무덤에서는 이것 외에 말과 토끼상이 더 발견되었다. 멧돼지 머리에 사람 몸을 하고 있는 이 곱돌 돼지상은 갑옷을 입고 오른손에 칼을 들고 있는 신장상의 모습인데, 지석의 성격까지 지닌 점에서 십이지 신장상으로서는 가장 이른 시기의 것으로 여겨진다.

　바위 위에 양발을 벌리고 서 있는 당당한 자세에 몸에는 정교하고 화려한 장식의 갑옷을 사실적으로 나타내었으며, 긴 소매와 펄럭이는 천의는 생동감이 넘친다. 현재의 김유신 묘에는 평복 차림의 십이지신상이 새겨진 돌들이 무덤의 아랫부분에 돌려져있는데, 이처럼 곱돌제의 십이지상 1벌을 무덤 주위에 따로 파묻어 이중으로 배치한 것은 이 김유신묘와 헌덕왕릉뿐이다.

⑨ 장식보검

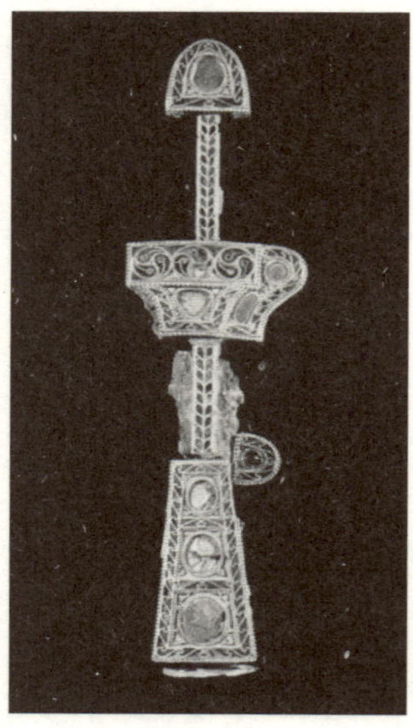

그림 4-31 장식보검
- 종목 : 보물 제635호
- 명칭 : 미추왕릉 금제감장보검(味鄒王陵 金製嵌裝寶劍)
- 분류 : 유물 / 생활공예 / 금속공예 / 장신구
- 시대 : 신라

경주 황남동에 있는 미추왕릉 지구에서 발견된 길이 36cm의 칼이다. 1973년 계림로 공사 때 노출된 유물의 하나로, 철제 칼집과 칼은 썩어 없어져 버리고 금으로 된 장식만이 남아 있다. 시신의 허리 부분에서 발견되었는데, 자루의 끝부분이 골무형으로 되어 있고 가운데 붉은 마노를 박았다. 칼집에 해당되는 부분 위쪽에 납작한 판에는 태극무늬 같은 둥근 무늬를 넣었다.

삼국시대의 무덤에서 출토되는 고리자루칼(환두대도)과 그 형태와 문양이 다른데, 이러한 형태의 단검은 유럽에서 중동지방에 걸쳐 발견될 뿐 동양에서는 발견되는 일이 없어, 동·서양 문화교류의 한 단면을 알 수 있는 중요한 자료이다.

⑩ 상감유리목걸이

경주 황남동에 있는 신라 미추왕릉에서 발견된 길이 24cm, 상감유리옥 지름 1.8cm의 옥 목걸이이다. 대체로 8가지 옥을 연결하여 만든 목걸이로, 대부분의 옥이 삼국시대 신라 무덤에서 자주 출토되는 편이지만 상감유리환옥은 처음 출토되었다.

작고 둥그런 유리옥에는 녹색 물풀이 떠 있는 물속에서 헤엄치고 있는, 오리 16마리와 두 사람의 얼굴이 지름 1.8cm의 작은 표면에 여러 가지 색을 써서, 세밀하게 상감 되어 있다. 유리옥의 제작지가 어디인지 분명하지 않지만 얼굴 모습이 우리나라 사람과 차이가 난다. 수공 기술이 놀랍고 색조의 조화가 아름다운 걸작이다.

그림 4-32 상감유리목걸이
• 종목 : 보물 제634호
• 명칭 : 미추왕릉 상감유리옥부경식
　　　　(味鄒王陵 象嵌琉璃玉附頸飾)
• 분류 : 유물 / 생활공예 / 금속공예 / 장신구
• 시대 : 신라

대체로 8가지 옥(玉)을 연결하여 만든 경식(頸飾)인데 원상에서 많이 흐트러졌던 것을 발굴 당시의 상태를 근거로 복원하였다. 옥의 종류는 밑에서부터 적색(赤色)마노(瑪瑙) 1개, 수정(水晶)대추 옥 1개, 코발트 색 바탕에 백(白)·적(赤)·청(靑)·녹색(綠色)을 써서 물체를 상감한 유리 환옥(丸玉)1개, 담홍색마노(淡紅色瑪瑙)의 다면옥(多面玉) 대·중·소 6개, 유백색(乳白色) 담청점(淡靑點) 석제관옥(石製管玉) 1개, 담홍색(淡紅色) 마노환옥(瑪瑙丸玉) 10개, 코발트색 유리 환옥 25개, 녹색 유리소옥(小玉) 3개 등으로 구성되었다. 이들 대부분은 고신라(古新羅)시대 고분(古墳)에서 자주 출토되는 옥들이지만, 상감유리환옥(象嵌琉璃丸玉)은 처음 출토된 것이다. 작은 구형(求形)의 유리옥에는 녹색수초(綠色水草)가 떠 있는 물속에서 헤엄치고 있는 오리 16마리와 두 사람의 얼굴이 2cm 미만의 작은 표면에 여러 가지 색을 써서 세밀하게 상감되었다. 세공 기술이 놀랍고 색조의 조화가 아름다운 걸작이다.

⑪ 토우

그림 4-33 여인토우(左), 악기를 연주하는 토우(中間), 문관토용(右)
▪ 명칭 : 토우(土偶), 토용(土俑)
▪ 시대 : 신라

    토우(土偶)는 흙으로 만든 인물상을 말한다. 그러나 넓은 의미에서는 사람의 형상뿐만 아니라 동물이나 생활용구·집 등을 본떠 만든 것을 총괄해서 일컫기도 한다. 고대에 토우가 만들어졌던 목적은 장난감으로서의 것도 있겠지만, 주로 주술적인 우상(偶像)으로 만들어진 것이 많다. 후에는 또 무덤 안에 바쳐진 죽은 자의 껴묻거리로도 만들어졌다. 주술적인 의미를 가진 토우에는 특히 여성상이 많다.

    신라의 토우는 좁은 의미로는 독립된 상으로 표현된 인물상이나, 동물상을 가리킨다. 독립된 인물상이나, 동물상으로서의 신라토우는 그 의미는 중국의 도용(陶俑)과 같은 것으로, 말탄 무사를 나타낸 기마상, 악기를 연주하거나 노래하는 인물상 등을 비롯하여 독특한 몸짓으로 감정을 나타내고 있는 10~20cm의 작은 토우들이 알려져 있다. 특히 남자나 여자상 가운데에는 성기를 과장해서 표현한 경우가 눈에 띄는데, 이는 고대인들의 풍요와 다산을 기원하는 주술적 신앙을 표현한 것으로 해석된다.

1968년에 발굴된 통일신라시대 돌방무덤(石室古墳)에서, 토우가 돌방 네 구석에 놓여진 상태에서 발견되어 토우의 껴묻기 상태를 조금이나마 알 수 있었다. 이 고분은 이로 인하여 토우총이라는 이름을 얻었다. 또 경주 시내 용강동과 황성동의 통일신라시대 돌방무덤에서 시립(侍立)하거나 태견의 자세를 취하고 있는 문관상(文官像), 병사상(兵士像), 여인상, 서역인상(西域人像)과 수레바퀴 등이 발견되었다

미추왕릉 지구 계림로 30호분에서 출토된 항아리에 장식된 토우들은 임신한 여인이 가야금을 뜯는 모습, 남녀의 성행위 장면, 개구리를 물고 있는 뱀·새·오리·거북 등을 표현한 것이다.

⑫ 갈유병

그림 4-34 갈유병
· 명   칭 : 갈유병(褐釉瓶)
· 출토지 : 황남대총
· 시   대 : 신라

불룩한 몸통과 입술은 나팔처럼 벌어진 갈유병은 높이가 겨우 9cm 정도의 앙증맞은 병이다. 바닥만 빼고는 진한 갈색 유약을 입혔으며, 양쪽 어깨 부분에 고리가 달려 있다.

❹ 국은기념실

국은기념실(菊隱記念室)은 고(故) 이양선 박사가 평생토록 수집한 말탄무사모양토기(국보 제275호) 등 선사시대부터 고려시대에 걸친 666점의 우리 문화재를 기증한 그 높은 뜻을 기리고 기념하기 위하여 마련된 전시실이며, 국은(菊隱)은 기증자의 아호이다.

① 옻칠발걸이

그림 4-35 옻칠발걸이
- 종목 : 보물 제1151호
- 명칭 : 청동흑칠호등(青銅黑漆壺燈)
- 분류 : 유물 / 생활공예 / 금속공예 / 청동용구

말을 올라타거나 달릴 때 발로 디디는 부분을 등자라고 한다. 그 중에서 호등이란 발 딛는 부분을 넓게 하여 쉽게 발을 넣거나 뺄 수 있게 한 것으로, 둥근 테만 있었던 삼국시대의 윤등이 발전된 것이다.

이 호등은 높이 14.7cm, 폭 12.1cm, 길이 14.9cm로 말안장과 쉽게 연결할 수 있도록 사각형모양으로 튀어 올라오게 하였고, 아랫부분에는 작은 구멍을 뚫었다. 등자 표면에는 꽃과 사선·불꽃무늬·물고기 뼈를 정교하게 새기고, 그 위에 검정색 옻칠을 하였다.

삼국시대의 등자가 출토되기도 했으나 통일신라 것으로는 유일한 것으로, 일본 정창원에 이것과 유사한 1쌍이 있을 뿐이다. 따라서 그 희귀성으로 보아 학술적 가치가 매우 높은 작품이다.

② 말탄무사모양토기

그림 4-36 말탄무사모양토기
- 종목 : 국보 제275호
- 명칭 : 기마인물형토기(騎馬人物形土器)
- 분류 : 유물 / 생활공예 / 토도자공예 / 토기
- 시대 : 삼국시대

삼국시대 만들어진 것으로 생각되는 말을 타고 있는 사람의 모습을 한 높이 23.2cm, 폭 14.7cm, 밑 지름 9.2cm의 인물형 토기이다. 나팔모양의 받침 위에 직사각형의 편평한 판을 설치하고, 그 위에 말을 탄 무사를 올려놓았다. 받침은 가야의 굽다리 접시(고배)와 동일한 형태로, 두 줄로 구멍이 뚫려 있다. 받침의 네 모서리에는 손으로 빚어 깎아낸 말 다리가 있다.

말 몸에는 갑옷을 매우 사실적으로 묘사하였고, 말갈기는 직선으로 다듬어져 있다. 말 등에는 갑옷을 입고 무기를 잡고 있는 무사를 앉혀 놓았다. 무사는 머리에 투구를 쓰고 오른손에는 창을, 왼손에는 방패를 들고 있는데 표면에 무늬가 채워져 있다. 특히 아직까지 실물이 전하지 않는 방패를 사실적으로 표현하고 있어 주목된다. 무사의 등 뒤쪽에는 쌍 뿔모양의 잔을 세워놓았다. 이 기마인물형토기는 가야의 말갖춤(마구)과 무기의 연구에 귀중한 자료로 평가된다.

③ 여러 가지 청동기

그림 4-37 여러 가지 청동기
- 종목 : 보물 제1152호
- 명칭 : 경주죽동리 출토 청동기일괄
  　　　(慶州竹東里 出土 靑銅器一括)
- 분류 : 유물 / 생활공예 / 금속공예 / 청동용구

경주 죽동리에서 출토된 초기철기시대에 만들어진 이 일괄유물은 출토 유물이 입실리유적 출토 일괄유물과 매우 유사한데, 이는 중국 한나라 문화의 영향을 받은 것으로 철기가 함께 출토되는 청동기 유적으로는 거의 마지막 단계인 기원전 1세기 초로 추정된다.

④ 오리모양토기

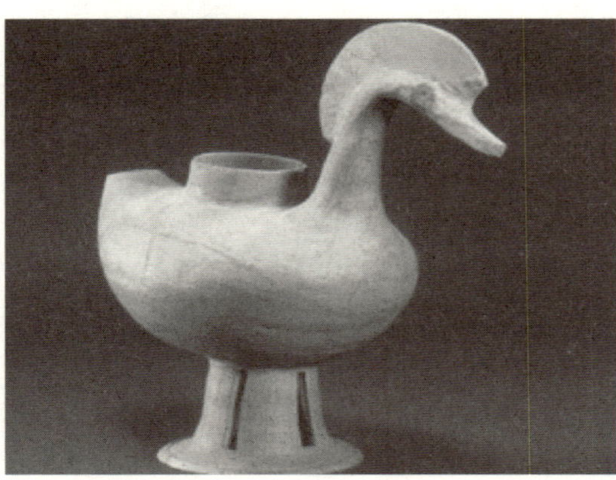

그림 4-38 오리모양토기
- 출토지 : 전 경주 교동
- 시　대 : 3~4세기

오리모양을 본떠 만든 일종의 상형토기로, 부리와 눈 등 머리 부분의 표현은 비교적 사실적이고 속이 빈 몸통 부분은 전반적으로 간략화 되어 있다.

⑤ 기와틀

그림 4-39 기와틀
· 시대 : 8~9세기

흙으로 빚어 구운 것으로 막새류나 도깨비기와 등의 기와
를 만드는데 사용되었던 유물로 대량생산에 이용되었다.

⑥ 여러 가지 석기

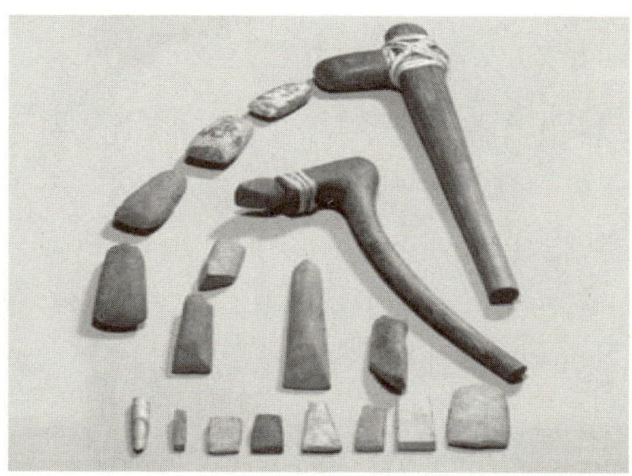

그림 4-40 여러 가지 석기
· 시대 : 기원전 6~3세기

도끼와 자귀, 끌 등은 나무를 다듬거나 다듬기 위한 공구
류인데, 자루에 매어 사용하는 것이 일반적이다.

215

⑦ 말모양 허리띠고리

그림 4-41 말모양 허리띠고리
▪ 시대 : 3세기

말모양 허리띠고리는 말의 옆모습을 표현하여 가슴 앞에는 길다란 걸쇠를 붙이고, 뒷면의 배 중간부분에는 단추모양의 꼭지를 붙여 여기에 디를 걸고, 걸쇠는 고리에 걸어 허리띠 장식으로 사용한 것이다.

(2) 미술관

미술관은 1층과 2층으로 구분되어 있다. 1층에는 미술관 신축당시 출토된 유물과 임신서기석 등의 금석문, 신라 왕경복원모형이 전시된 역사자료실과 신라와 통일신라시대의 금동불상을 비롯하여 석조 불교조각과 능묘조각이 전시되어 있는 조각실 Ⅰ·Ⅱ가 있다.

2층에는 감은사 동탑 사리장엄구를 비롯하여 신라시대부터 고려시대까지의 각종 금속공예품이 전시된 금속공예실과 황룡사터에서 출토된 각종 유물을 전시해 놓은 황룡사실이 있다.

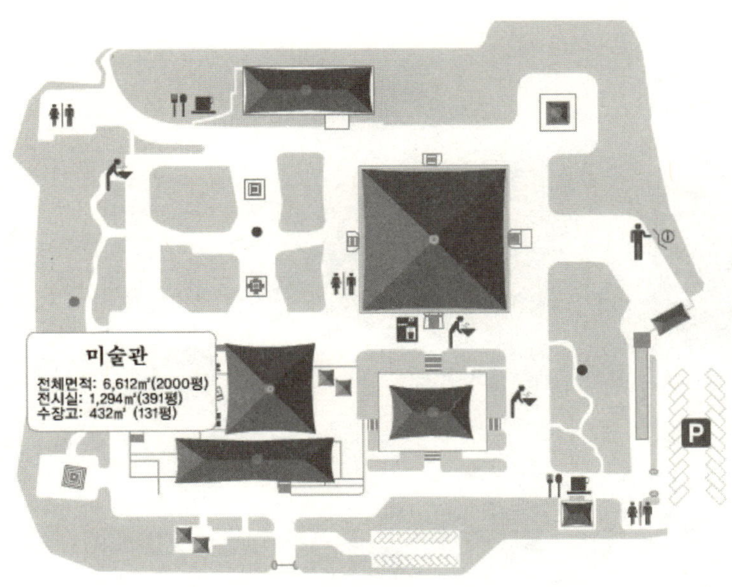

❶ 역사자료실

역사자료실(歷史資料室)은 왕경을 중심으로 찬란했던 통일신라시대의 유물, 왕경 모형, 도로유구 등이 전시되어 있다. 또한 경주지역에서 출토된 임신서기석, 명활산성작성비, 문무왕릉비, 김인문묘비, 남산신성비, 흥덕왕릉비 등 금석문(金石文 : 쇠붙이나 돌에 새긴 글자)들도 함께 전시되어 있다. 특히 현재의 국립경주박물관 미술관 자리의 신축과정에서 출토된 목제 두레박과 신라 왕경인 경주의 복원모형을 전시하고 있다.

① 문무왕릉비

그림 4-42 문무왕릉비
- 출소지 : 경주시 동부동
- 시　대 : 통일신라(681~682년)

경주시 동부동에서 발견된 통일신라시대의 능비이다. 신
라의 능비로는 연대가 가장 빠른 것이며, 전체 비문은 상
당 부분 훼손되었으며 현재는 일부 파편만이 발견되었을
뿐이다.

② 목제 두레박

그림 4-43 목제 두레박
- 출소지 : 경주시 국립경주박물관 미술관 터
- 시　대 : 신라

1998년도에 실시한 현재 미술관 터에 대한 발굴조사 결과
석축으로 되어 있는 원형 우물을 발견하였는데, 그곳에서
목제 두레박이 출토되었다. 이는 신라시대의 실생활을 연
구하는데 중요한 연구자료가 되고 있다.

③ 명활산성작성비

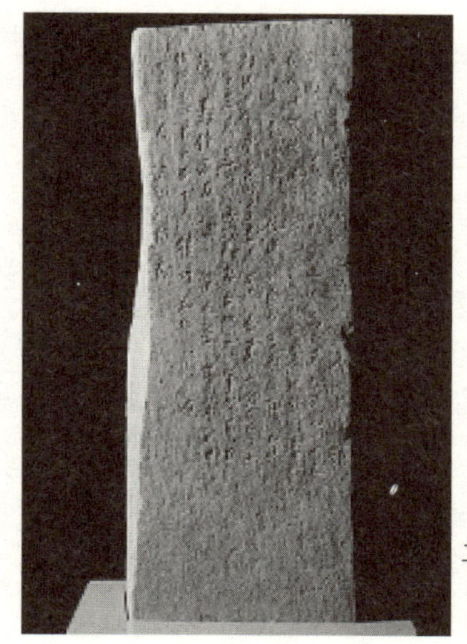

그림 4-44 명활산성작성비
▪ 출소지 : 경주 명활산
▪ 시 대 : 신라 551년

경주시 보문동(普門洞) 보문저수지 남쪽에 위치하는 명활산성(明活山城)에서 1988년 8월 석성(石城)의 북쪽 성벽에서 축성비(築城碑)가 발견되었다. 축성비를 세우는 것은 축성공사의 책임한계를 명확히 함과 동시에 공사에 참여한 사실을 기념하기 위한 것이다.

진흥왕 15년(544년)에 다시 쌓았고, 진평왕 15년(593년)에는 성을 확장했다. 지금은 대부분의 성벽이 무너져 겨우 몇 군데에서만 옛모습을 볼 수 있다. 또한 진흥왕 때의 '명활산성작성비'가 발견되어 당시의 상황을 알려주고 있으며, '명활산성비'로 보이는 비석조각이 안압지에서 발견되었다.

④ 남산신성비

그림 4-45 남산신성비
· 출소지 : 경주 남산
· 시　대 : 신라 591년

남산신성은 그 둘레가 3.7km에 이르는 산성이며,
1934년 제1비가 발견된 이래 모두 10기가 발견되었
다. 비문에는 591년 성 축조 당시 공사에 참가한 사
람의 관직과 이름, 출신지, 맡은 구역 등이 기록되어
있다.

④ 임신서기석

그림 4-46 임신서기석
- 종　목 : 보물 제1411호
- 출소지 : 경주 석장동
- 시　대 : 신라 552년

　　임신서기석은 위가 넓고 아래가 좁은 길쭉한 형태의 점판암제(粘板巖製)로, 한 면에 5줄 74글자의 글씨가 새겨져 있다. 비석의 첫머리에 '임신(壬申)'이라는 간지(干支)가 새겨져 있고, 또한 그 내용 중에 충성을 서약하는 글귀가 자주 보이고 있어 '임신서기명석(壬申誓記銘石)'이라 호칭하고 있다.

　　비문의 내용은 다음과 같다. "임신년 6월 16일에 두 사람이 함께 맹세하여 기록한다. 하느님 앞에 맹세한다. 지금으로부터 3년 이후에 충도(忠道)를 지키고 허물이 없기를 맹세한다. 만일 이 서약을 어기면 하느님께 큰 죄를 지는 것이라고 맹세한다. 만일 나라가 편안하지 않고 세상이 크게 어지러우면 '충도'를 행할 것을 맹세한다. 또한 따로 앞서 신미년 7월 22일에 크게 맹세하였다. 곧 시경(詩經)·상서(尙書)·예기(禮記)·춘추전(春秋傳)을 차례로 3년 동안 습득하기로 맹세하였다."

❷ 조각실 Ⅰ

  삼국시대와 통일신라시대의 금동불상(金銅佛像, 구리로 주조한 뒤 금도금한 불상)의 변화과정을 한 눈에 파악할 수 있도록 유물들을 주제별, 시대별로 분류하여 전시하고 있다.

① 백률사금동약사여래입상

그림 4-47 백률사금동약사여래입상
- 종목 : 국보 제28호
- 명칭 : 백률사금동약사여래입상(栢栗寺金銅藥師如來立像)
- 분류 : 유물 / 불교조각 / 금속조 / 불상
- 시대 : 통일신라

경주시 북쪽 소금강산의 백률사에 있던 것을 1930년에 국립경주박물관으로 옮겨 놓은 것이며, 전체 높이 1.77m의 서 있는 불상으로 모든 중생의 질병을 고쳐준다는 약사불(藥師佛)을 형상화한 것이다. 다소 평면적인 느낌을 주지만 신체의 적절한 비례와 조형기법이 우수하여 불국사 금동비로자나불좌상(국보 제26호), 불국사 금동아미타여래좌상(국보 제27호)과 함께 통일신라시대의 3대 금동불상으로 불린다.

② 금동관음보살입상

그림 4-48 금동관음보살입상

- 종 목 : 국보 제183호
- 명 칭 : 금동보살입상
  (金銅菩薩立像)
- 분 류 : 유물 / 불교조각 /
  금속조 / 보살상
- 시 대 : 신라
- 소유자 : 국립중앙박물관
- 관리자 : 국립대구박물관

경상북도 선산군 고아면에서 공사를 하던 중 금동여래입상(국보 제182호), 금동보살입상(국보 제184호)과 함께 출토되었다. 이 지역에서 삼국시대의 기와조각과 토기조각들이 많이 출토되어서 원래 절터였던 것으로 추정된다.

보살상은 연꽃무늬가 새겨진 대좌(臺座) 위에 오른쪽 무릎을 약간 구부린 채 자연스럽고 유연한 자세로 서 있다. 머리에는 꽃장식의 관(冠)을 썼는데, 관의 정면에는 작은 부처가 새겨져 있다. 눈·코·입의 표현이 분명한 얼굴은 둥근 편으로 전면에 미소를 머금고 있다.

신체는 비교적 날씬한 편으로 균형이 잘 맞으며, 옷은 몸에 얇게 밀착되어 있다. 옷자락은 오른팔에 한 번 걸쳐 무릎 앞에서 둥글게 드리워지고, 다시 왼팔 위로 걸쳐 그 끝이 대좌 위로 내려뜨려졌다. 목에는 목걸이가 걸려 있으며, 어깨에서 시작한 구슬 장식은 길게 늘어져 X자를 그렸다. 불상의 뒷면에도 옷 주름과 X자형의 구슬 장식이 표현되어 있다. 오른손은 위로 들어 연꽃 봉오리를 가볍게 들고 있으며, 왼손은 내려서 물건을 잡은 듯한 모습을 하고 있으나 물건은 없어진 상태이다. 대좌는 7각형이며, 아래로 향한 연꽃잎이 새겨져 있다.

현재 꽃장식 관의 왼쪽 윗부분과 양 손 아래로 내려뜨린 옷자락 및 왼손 손가락 일부가 파손된 상태이며, 광배(光背) 또한 없어졌다. 얼굴과 오른손에 녹이 슬어있으나 도금 상태는 비교적 좋은 편이다. 전체적인 균형과 조각수법이 뛰어난 이 보살상은 삼국시대 후기 금동보살상의 전형적인 양식을 보여주며 7세기 중엽에 만들어진 것으로 추정된다.

③ 금동일광삼존불

그림 4-49 금동일광삼존불
- 명칭 : 금동일광삼존불(金銅一光三尊佛)
- 시대 : 삼국시대

금동일광삼존불(金銅一光三尊佛)은 높이 10cm이며 본존(本尊)과 좌우 협시보살을 거느린 삼존불로 신체는 어린아이와 같은 비례이나 비교적 정교한 조각수법을 보여준다. 이 삼존불의 기본형식은 고구려 계열이지만 일주식으로서는 비교적 섬세한 세부표현과 본존의 정적인 분위기, 팽창된 얼굴과 부드러움 등은 백제적인 조형감각을 보여준다.

④ 금동비로자나불좌상

그림 4-50 금동비로자나불좌상
- 명칭 : 금동비로자나불좌상(金銅毘盧舍那佛坐像)
- 시대 : 통일신라

금동비로자나불좌상(金銅毘盧舍那佛坐像)은 높이 12cm의 비로자나불이다. 비로자나불은 태양의 빛처럼 불교의 진리가 우주 가득히 비추는 것을 형상화한 것이다. 이 부처는 불교의 진리, 곧 불법(佛法) 그 자체를 상징하므로 다른 부처와는 달리 설법하지 않는 점이 특징이다. 이 좌상의 머리는 격자문 선각으로 나발을 표현하였으며 둥근 육계가 솟아 있다. 작고 둥근 얼굴은 지긋이 눈을 감아 명상에 잠긴 표정을 짓고 있다.

⑤ 금동불입상

그림 4-51 금동불입상
- 명칭 : 금동불입상(金銅佛立像)
- 시대 : 통일신라

금동불입상(金銅佛立像)은 높이가 22.3cm이며 통일신라시대의 것이다. 신체의 양감이 풍부하며 도금이 잘 남아 있다. 머리는 나발이며 육계가 있고 갸름한 얼굴은 가는 눈썹, 치켜 올라간 눈, 꼭 다문 입술을 한 근엄한 표정이다. 귀는 길게 내려온다.

당당한 가슴에 잘록한 허리를 가진 볼륨 있는 몸매이며, 법의는 통견이다. 옷 주름은 배에서 완만한 타원형으로 흘러내리는데 신체에 밀착되어 몸매를 그대로 드러내고 있다. 손모양은 시무외 여원인이며, 대좌는 안상무의가 투조되어 있는 팔각형 받침 위에 앙련과 복련으로 이루어진 연화좌가 올려진 형태이며, 장식적인 귀꽃이 도드라지게 표현되어 있다.

⑥ 금동반가사유상 얼굴

그림 4-52 금동반가사유상 얼굴
· 명　칭 : 금동반가사유상 얼굴
· 시　대 : 신라
· 출토지 : 전 황룡사터

　경주 황룡사터에서 발견된 것으로 알려진 이 보살상의 얼굴은 머리의 보관은 앞 부분이 조금 파손되었지만 단순한 형식의 삼산관이며 통통하게 살찐 둥근 얼굴은 두 눈을 지긋이 감은 듯하며 뺨을 팽창시켜 입가에는 부드러운 미소를 머금고 있다. 삼산관의 양 옆에는 꽃 모양의 조그마한 장식판이 붙어 있다. 오른쪽 뺨에 손가락을 댄 자국이 남아 있어 반가사유상의 얼굴임을 알 수 있다.

❸ 조각실 Ⅱ

　삼국시대부터 통일신라시대까지의 석조유물인 불교조각(불, 보살상)과 능묘조각(陵墓彫刻 : 능묘를 보호하고 장엄하기 위하여 그 주위를 장식한 외호석물과 능묘 입구에 양쪽으로 배치된 문·무인석상(文·武人石像), 석수(石獸), 석상(石床) 등을 말함)을 전시하고 있다. 신라의 석불은 7세기부터 조성되기 시작하여 통일신라에 이르기까지 크게 유행하였으며 경주 남산을 중심으로 크고 작은 수많은 작품을 남기고 있다. 한편, 우리나라에서는 중국 당나라 제도를 따라 왕릉에만 석조 상을 세웠는데 석인은 관(冠)을 쓰고 칼을 쥔 문무관(文武官)의 모습으로 마주 서 있고 그 옆에 호인상(胡人像)의 수문장을 첨가한 것이 특징이다.

① 석굴암 금강역사상

그림 4-53 '아' 금강역사상(左)과 '훔' 금강역사상(右)

　석굴암의 전실을 지나 비도(扉道)로 들어가는 입구에는 양쪽으로 금강역사상(金剛力士像)이 있다. 금강역사란 언제나 탑 또는 사찰의 문 양쪽을 지키는 수문신장(守門神將)의 역할을 한다. 보통 2구가 배치되는데 2구 모두 한쪽 팔을 들어 주먹을 쥐었고 다른 손은 내리고 있는데 석굴의 조각상 중에서도 가장 뛰어나게 조각되어 위력을 지닌 역사의 모습을 보이고 있다.

　금강역사상에 대한 정식의 이름은 없으나, 일반적으로 왼쪽에서 입을 약간 벌리고 있는 금강상을 '아' 금강역사상이라고 하고, 오른쪽에서 입을 굳게 다물고 있는 금강상을 '훔' 금강역사상이라고 한다. 범어에서 '아'는 첫글자이고, '훔'은 마지막 글자이다.

② 장창골 석조미륵삼존불상

그림 4-54 장창골 석조미륵삼존불상
• 명　칭 : 장창골 석조미륵삼존불상
• 시　대 : 신라
• 출소지 : 경주 남산 장창골

　　장창골 석조미륵삼존불상은 높이 160cm로 1925년 경주 남산의 북쪽 봉우리인 장창골의 한 석실에서 옮겨온 것으로, 입가에 머금은 천진난만한 미소 때문에 '애기부처'로도 불린다. 이 불상은 애기 같은 얼굴과 신체, 통통하면서 탄력적인 얼굴 등에서 중국의 북제 및 수대조각 양식을 반영하고 있지만, 화강암의 견고한 석질에도 불구하고 부드러우면서도 온화하게 표현된 상의 조형성은 신라 특유의 양식을 보여준다. 이 삼존불은 아주 특이한 예를 보여 주는데 본존의 자세가 의좌형이라는 점과 몸에 비하여 머리와 손발이 크다는 것이다.

③ 송화산 석조미륵반가사유상

그림 4-55 송화산 석조미륵반가사유상
- 명　칭 : 송화산 석조미륵반가사유상
- 시　대 : 통일신라
- 출소지 : 경주 송화산

　송화산 석조미륵반가사유상은 높이 125cm이며 김유신 장군묘 부근에서 발견된 것으로 머리와 양팔은 결실되었지만 오른쪽 다리는 반가한 모습임을 알 수 있다. 상체가 앞으로 기울어져 있는데 이러한 모습은 한 손을 뺨에 댈 때 나타나는 자연스러운 자세이다. 화강암 1석으로 불신과 대좌를 구조하였다. 앞면을 위주로 삼았으나 측면 및 뒷면에 이르기까지 원각(圓刻)으로 사실적 주법을 보이고 있다.

④ 녹유사천왕상전

그림 4-56 녹유사천왕상전
• 명　칭 : 녹유사천왕상전
• 시　대 : 통일신라 679년경
• 출소지 : 경주 낭산(狼山, 경주시 보문동에 있는 산)
　　　　　사천왕사 터

　　녹유사천왕상전은 불교 세계의 중심에 있는 수미산중턱의 동서남북 사방에 머물면서 불법을 지키고 중생을 안정케 하는 수호신 중의 하나인 사천왕을 조각한 벽돌로, 푸른색이 도는 유약을 바른 것을 의미한다.
　　사천왕상이 부조된 이들 사천왕상전은 일제 때 이 절의 두 탑지에서 깨어진 채 수습된 것을 현재의 상태로 복원한 것으로, 원래는 사천왕사 탑의 네 벽에 안치되었던 것으로 추정된다. 이들 전은 여러 벌의 틀로 찍어낸 뒤 초벌구이를 한 다음, 다시 유약을 발라 구워 낸 것이다. 상의 양식은 감은사 석탑에서 발견된 금동사리함의 사천왕상과 흡사한데, 신체비례가 적절하여 균형 잡힌 몸매와 조화를 이루고 있다. 여기에 세부까지 구체적으로 묘사된 갑옷 표현과 함께, 사천왕이 밟고 있는 사귀(사악한 귀신들)의 고통스런 얼굴 표정과 뼈대가 튀어나오게 보이는 다리근육의 강렬한 조각, 그리고 탄력성 있는 신체 변화 등에서 통일신라 초기의 사실적인 조각양식의 정수를 보여준다.

⑤ 석조십일면관음보살입상

그림 4-57 석조십일면관음보살입상
- 명　칭 : 석조십일면관음보살입상
- 시　대 : 통일신라
- 출소지 : 경주 낭산(狼山) 전(傳) 중생사 터

경주 낭산 전 중생사 터 부근에서 삼존 형식을 갖춘 석불인 석조십일면
관음보살입상이 발견되었는데 높이가 200cm이다. 머리 위의 십일면상
은 중앙의 화불을 중심으로 앞뒤로 돌아가면서 일렬로 조각되어 있다.

⑥ 철와골 부처얼굴

그림 4-58 철와골 부처얼굴
- 명　칭 : 철와골 부처얼굴
- 시　대 : 통일신라
- 출소지 : 경주 남산 철와골

경주 남산의 철와골에서 발견된 돌부처 머리로 높이가 153cm이다. 머리
만 남아 있어 원래의 모습을 알 길이 없다. 정교하게 조각된 얼굴에 비
하여 뒤통수 쪽은 대충 다듬었고, 목 뒤를 어디엔가 기대어 놓을 수 있
게 쪼아낸 것으로 보인다.

⑦ 이차돈 순교비

그림 4-59 이차돈 순교비
· 명　칭 : 이차돈 순교비
· 시　대 : 통일신라
· 출소지 : 경주 백률사

　　이차돈 순교비는 이차돈이 순교한지 290년이 지난 후에 세운 6면으로 되어 있는 비석이다. 5면에는 글씨를 새겼으나 마모가 심하여 알아보기 힘들고 1면에는 이차돈의 순교 장면이 돋을새김으로 조각되어 있다. 순교 장면은 땅이 진동하고 꽃비가 내리는 가운데 잘린 목에서는 흰 피가 솟아오르고 왼쪽 아래에는 잘린 목이 뒹굴고 있는 모습니다. 이차돈의 머리에는 고깔 같은 모자를 쓰고 저고리는 무릎 아래까지 내려왔으며, 바지는 현대 여성들의 바지 모양을 하고 있어 당시 신라인들의 복식 문화를 알 수 있다.

⑧ 아수라상

그림 4-60 아수라상
· 명　칭 : 아수라상(阿修羅像)
· 시　대 : 통일신라
· 출소지 : 경주 담엄사 터

　　아수라상은 신라시대의 사찰이었던 담엄사 터에서 옮겨온 것이며 높이 73cm이다. 아수라는 원래 여러 개의 팔과 얼굴을 가지고 있다. 이 아수라상은 구름 위에 앉아 있는 모습인데, 굳세면서도 여성스러워 보이는 가운데 얼굴과, 분노하고 있는 좌우의 얼굴을 아주 세밀하게 조각하였다.

❹ 금속공예실

감은사 동탑에서 출토된 사리장엄구를 비롯하여 신라부터 고려시대가지의 금속공예품을 전시하고 있다.

① 감은사지 동탑금동사리장엄구

경상북도 월성군 감은사 터에 있는 감은사지삼층석탑(국보 제112호) 가운데 1996년 동쪽에 있는 석탑을 해체·수리하면서 발견된 일괄 유물 중 사리기 세트이다. 1959년에 발견된 감은사지서삼층석탑내유물(보물 제366호)인 청동제사리기와 구조가 비슷하며, 바깥을 감싸고 있는 외함과 안쪽의 사리기, 그리고 사리병 등으로 구성되어 있다.

외함의 네 벽면에는 사리를 수호하는 사천왕상이 표현되어 있으며, 사천왕상의 주변에는 구름무늬를 새겼고 좌우에는 귀신의 얼굴 모양을 새긴 고리가 배치되어 있다. 사리를 모셔 둔 내함은 기단부, 몸체, 천개의 3부분으로 이루어져 있다. 기단부의 네 모서리에는 별도로 만든 사자가 있으며 기단면에는 안상(眼象) 모양의 장식을 크게 투조하였다. 투조된 내부에는 신장상과 공양보살상이 각각 돋을새김으로 장식되어 있다. 몸체는 사리를 넣어둔 복발형 용기를 중심으로 사천왕과 승상을 각 네 구씩 따로 만들어 배치하였으며, 외곽으로는 난간을 돌리고 네 모서리에 대나무 마디 모양의 기둥을 세워 천개를 받치고 있다.

수정으로 만든 사리병은 높이가 3.65cm이며, 정교하게 금알갱이 장식된 뚜껑과 받침, 그리고 원판 수정제받침, 금동제 투조받침 등과 세트를 이루고 있다. 이 사리기 세트는 제작기법이나 유물 형태로 볼 때 통일신라시대 공예기술의 정수를 보여주는 것으로 불교조각사와 공예사 연구에 귀중한 자료로 평가된다.

그림 4-61 감은사지 동탑금동사리장엄구
- 종목 : 보물 제1359호
- 명칭 : 감은사지 동탑사리장엄구
  (感恩寺址 東塔舍利莊嚴具)
- 분류 : 유물 / 불교공예 /
  사리장치 / 사리장치
- 시대 : 통일신라

② 석가탑 무구정광대다라니경

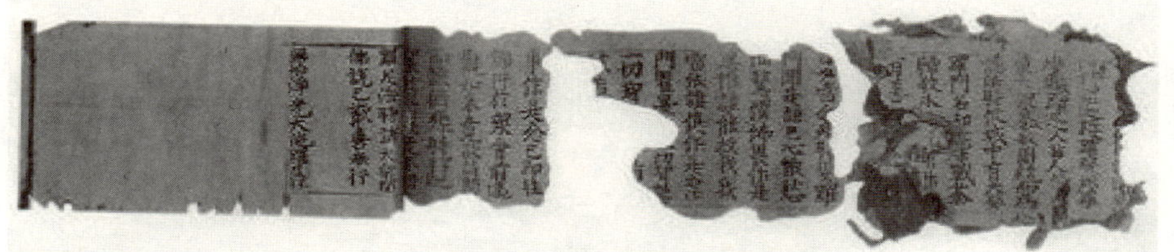

그림 4-62 무구정광대다라니경
- 종목 : 국보 제126-6호
- 명칭 : 무구정광대다라니경(無垢淨光大陀羅尼經)
- 분류 : 기록유산 / 전적류 / 목판본 / 사찰본
- 시대 : 통일신라

    8세기 중엽에 간행된 목판 인쇄본으로, 너비 약 8cm, 전체길이 약 620cm이며 1행 8~9자의 다라니경문을 두루마리 형식으로 적어놓은 것이다. 1966년 10월 경주 불국사 석가탑을 보수하기 위해 해체할 당시 탑 안에 있던 다른 유물들과 함께 발견되었다.

    발견 당시 부식되고 산화되어 결실된 부분이 있었는데 20여 년 사이 더욱 심해져, 1988년에서 1989년 사이 대대적으로 수리 보강하였다. 불경이 봉안된 석가탑이 751년 김대성에 의해 불국사가 중창될 때 세워졌으므로 이 불경은 그 무렵 간행된 것으로 인정된다. 또한 본문 가운데 중국 당나라 측천무후 집권 당시만 썼던 글자들이 발견되어, 간행연대를 추정할 수 있게 해준다.

    이 인쇄물이 발견되기 전까지 세계에서 가장 오래된 인쇄물은 770년경에 간행된 일본의 『백만탑다라니』로 알려져 왔다. 그러나 이것은 전문을 다 새긴 것이 아니라 『무구정광대다라니경』 중에서 발췌하여 새긴 것으로, 판각술에 있어서도 『무구정광대다라니경』이 훨씬 정교하며 글자체가 예스럽고 힘이 있다. 따라서 목판인쇄술의 성격과 특징을 완전하게 갖추고 있는 『무구정광대다라니경』이야말로 세계에서 가장 오래된 목판본이라 할 수 있다.

③ 얼굴무늬 수막새

그림 4-63 얼굴무늬 수막새
· 명 칭 : 얼굴무늬 수막새(인면문수막새, 人面文 圓瓦當)
· 시 대 : 신라 7세기
· 출소지 : 경주 영묘사 터

　　이 기와는 오릉(五陵) 북쪽의 경주 영묘사 터에서 발견된 것이다. 대개 둥근 수막새에는 연꽃무늬가 장식되는데, 이처럼 얼굴무늬가 표현된 것은 매우 독특한 경우이다. 대개 수막새는 연꽃무늬(연화문 수막새, 蓮花文 圓瓦當)가 일반적이지만 이처럼 사람 얼굴을 표현한 예는 대단히 독특한 것이다. 얼굴 아랫부분의 일부가 없어지기는 했지만 수줍은 듯 살짝 미소 짓고 있는 신라 여인의 모습이 자연스럽게 느껴지는 우수한 작품이다.

⑤ 황룡사실

　황룡사는 553년에 창건된 대표적인 신라의 호국사찰로서 진흥왕 14년에 새 궁궐을 지으려다가 황룡(黃龍)이 나타나 계획을 바꾸어 절을 지었다고 한다. 고려 고종 25년(1238년)에 몽골군의 침입으로 불타고 현재는 그 터만 남아 있다. 황룡사실에는 황룡사터에서 출토된 사리구, 불상, 지진구, 기와 등이 전시되어 있다. 또한 복원된 황룡사 모형을 통해, 거대한 황룡사 9층 목탑의 모습과 당시 최고조에 달했던 목조건축 기술을 엿볼 수 있다.

① 금동약사불입상

그림 4-64 금동약사불입상
- 명　　칭 : 금동약사불입상
- 시　　대 : 신라
- 출소지 : 경주시 구황동 황룡사 터

황룡사 목탑 터 동편에서 출토되었으며 높이는 17.5cm이다. 화재를 당한 듯 도금이 벗겨졌고, 목 부분도 파손되어 고개가 뒤로 젖혀져 있는 상태이다.

② 망새(치미)

그림 4-65 망새
· 명　　칭 : 망새(鴟尾)
· 시　　대 : 신라
· 출소지 : 경주시 구황동 황룡사 터

망새는 궁궐이나 사원 같은 커다란 건물의 대마루 양 끝에 세운 대형의
장식기와를 말한다. 황룡사 터에 발견된 망새는 높이가 182cm로 크기
면에서 거대하며 지난 날 황룡사의 웅장했던 크기를 짐작케 한다.

③ 사래기와

그림 4-66 연꽃무늬사래기와
· 명　　칭 : 연꽃무늬사래기와
· 시　　대 : 신라
· 출소지 : 경주시 구황동 황룡사 터

사래기와는 지붕 추녀 끝에 댄 네모난 형태의 서까래에 사용하는 장식
기와를 말한다. 황룡사 터에서 발견된 연꽃무늬 사래기와는 높이가
45.8cm이다. 이 기와의 외측에는 장식문양이 없는 폭이 넓고 높은 주연
이 있다.

④ 황룡사복원모형

그림 4-67 황룡사 복원모형
오늘날 남아 있는 기록과 주춧돌 등을 통해 60 : 1로 축소 복원한 황룡사의 모습이다. 단연 황룡사 9층 목탑의 거대한 규모가 돋보인다.

(3) 안압지관

안압지관 전시실에는 안압지 발굴시 출토된 3만여 점의 유물 가운데 예술성이 뛰어난 명품 700여 점을 선별하여 전시해 놓았다. 전시물은 고분출토품과는 달리 통일신라시대의 왕실과 귀족들의 화려한 생활을 엿볼 수 있는 실생활용품들이다. 실생활과 관계된 금속공예품, 통일신라 불상 연구에 귀중한 자료가 되고 있는 불상과 불구류, 목제 건축부재·목간(木簡) 등을 비롯한 목제품, 철제품, 토제품 등 다양한 유물이 전시되고 있다. 특히 출토 유물의 대부분을 차지하는 와전류(瓦塼類)는 통일신라 와전의 집합체라 할 수 있다.

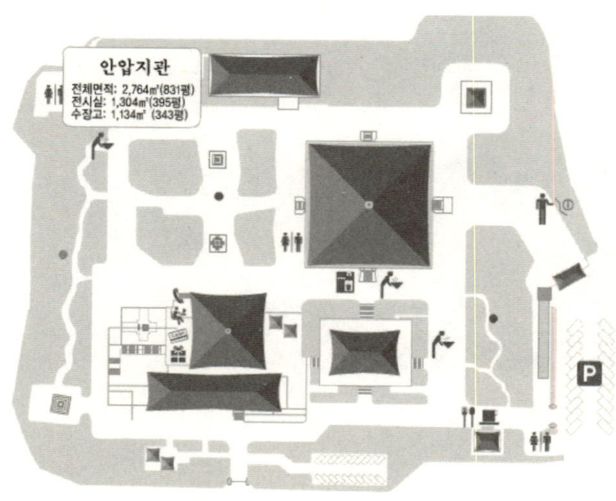

안압지관은 안압지 발굴 당시 나온 3만여 점의 유물 가운데 대표적인 유물을 선정하여 전시하고 있다. 이들 유물은 고분 유물과는 달리 생활유적에서 출토된 유물로, 당시 신라시대 궁중생활의 면모를 알 수 있게 하는 실생활용품들이며 그 종류도 다양하다. 아울러 이 유물들은 통일신라문화를 밝혀줄 뿐 아니라, 그 당시 당(唐) 및 일본과의 문화교류를 연구하는 데 귀

중한 자료가 되고 있다.

안압지관에 전시된 유물들을 유형별로 설명하면 다음과 같다.

- **금속공예품** : 전시되어 있는 금속공예품은 크게 금동제품(金銅製品)과 청동제품(青銅製品)으로 나뉜다. 금동제품으로는 금동완, 금동가위, 금동용두, 금동귀면문고리, 금동봉황장식, 금동연봉형장식, 금동발걸이장식, 금동옷걸이장식 등이 있으며, 청동제품으로는 청동접시, 청동대접, 청동숟가락, 거울(銅鏡), 동곳, 비녀, 반지 등이 있다.

- **불상** : 전시된 주요 불상 및 불구류(佛具類)는 금동삼존판불, 금동여래입상, 금동광배편, 광배에 입체적으로 장식되었던 수많은 화불(化佛), 보주(寶珠), 비천공양상 등이 있다. 이들 불상은 그 형태와 주조방법이 다양하고 제작시기의 폭이 7~10세기 초에 걸쳐 있어서 불상연구에 귀중한 자료가 되고 있다.

- **목제품 · 칠공예품** : 안압지의 바닥 갯벌 층에서 많은 목제품(木製品)들이 부식된 채로 출토되었다. 전시된 목제품은 첨차, 난간 등의 건축부재와 배(목선, 노, 물마개, 목간), 주사위, 남근, 인물목상 등이 있다. 한편, 칠공예품(漆工藝品)으로는 찬합(饌盒), 완, 잔(盞), 발(鉢), 벼루, 용도가 분명치 않은 밀타화(密陀畵 : 들기름으로 안료를 개어서 그린 그림)로 된 채화판 등이 있다.

- **토기류** : 지금까지 알려진 통일신라시대의 토기류(土器類)는 고분에서 출토 되었거나 골호(骨壺)로 쓰여진 것 등 매장유적에서 출토된 것이다. 주요 전시 유물로는 고배(高杯), 완, 뚜껑[개(蓋)], 접시(皿), 등잔, 시루, 풍로, 매병형 토기 등이 있다.

- **철제품** : 주요 전시 철제품(鐵製品) 유물로는 작살[조구(釣鉤)], 가래(초), 보습(삽), 쇠스랑(파), 호미[서(鋤)], 낫[겸(鎌)] 등의 농·어구(農·漁具), 망치, 도끼, 끌, 가위 등의 목공구, 투구(주(冑)), 철검, 칼, 창, 화살촉 등의 무구(武具), 행엽(杏葉), 등자, 재갈[함(銜)] 등의 마구류(馬具類) 이외에 가위, 열쇠, 자물쇠가 있다.

- **와전류** : 와전류(瓦塼類)는 안압지에서 출토유물의 대부분을 차지하고 있으며 용도별로 보면 막새·특수와·장식와 등 개와(蓋瓦)가 17종, 보상화문전·삼각전 등 전(塼)이 4종이다. 이외에 전시된 유물로 보상화문전, 녹유귀면와, 치미 등이 있다.

- **기타** : 기타 전시된 유물로는 말·개·노루·산양·사슴 등 포유류의 뼈와, 꿩·기러기 등의 조류 뼈가 있으며, 납석제의 대접, 그릇뚜껑, 작은 단지, 사자상의 향로 뚜껑이 있다.

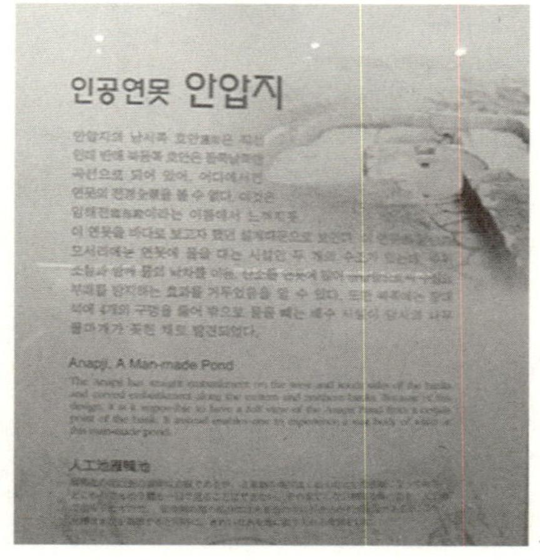

그림 4-68 안압지 설명

① 금동가위

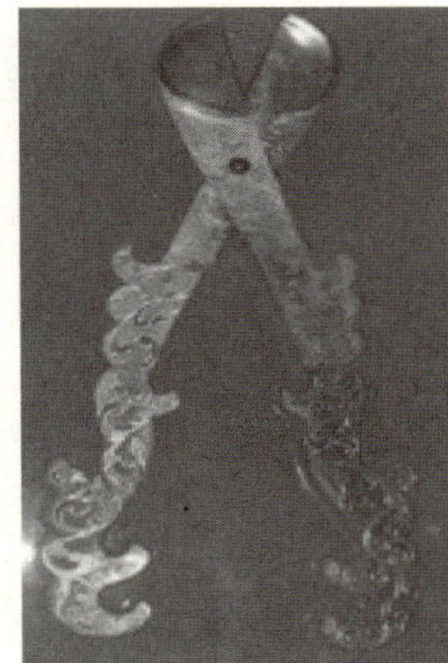

그림 4-69 금동가위
- 명   칭 : 금동가위
- 출토지 : 경주 안압지
- 시   대 : 통일신라

가위(교)는 금동제, 철제, 납제의 3종류가 있는데 이중 철제 가위는 실용 가위이며, 납제가위는 형태만 갖추었을 뿐 비실용적이다. 전시된 금동가위은 등잔의 심지를 자르기 위해 사용된 것으로 길이 25.5cm 크기의 가위이다. 잘린 심지가 떨어지는 것을 막기 위해 날 바깥에 반원형의 테두리를 세웠으며, 손잡이 쪽에 어자문(魚子文)과 당초무늬를 화려하게 장식하였다.

② 금동삼존판불

그림 4-70 금동삼존판불
- 명   칭 : 금동삼존판불
- 출토지 : 경주 안압지
- 시   대 : 통일신라

안압지에서 출토된 금동아미타삼존판불은 높이가 27cm이며, 통일신라 전기의 불상 가운데 대표적인 작품으로 꼽힌다. 이 불상의 본존은 화려한 연꽃의 2중 대좌 위에 설법인을 하고 당당히 앉아있는 모습이다. 그 좌우에는 협시보살(서방 극락세계에 있는 지혜 및 광명이 으뜸인 보살)이 허리를 한껏 휘어지게 하고 서 있다. 본존과 보살에 별도의 두광이 있고 이를 감싼 큰 광배가 전체를 연결하고 있어서 완벽한 삼존 구도를 느낄 수 있다.

③ 목간

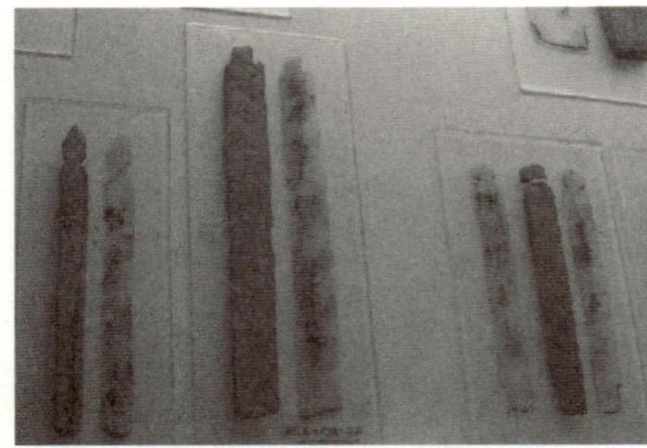

그림 4-71 목간
- 명　칭 : 목간(木簡)
- 출토지 : 경주 안압지
- 시　대 : 통일신라

목간은 나무편을 얇게 깎아 여기에 문서, 편지, 기타 글을 기록한 것을 말한다. 중국이나 일본에서는 많이 출토되었으나 우리나라에서는 안압지에서 처음 나왔다. 이 가운데 목간 위쪽의 양측 면을 에워 홈을 낸 것이 있는데 이것은 실로 묶어 건물 외벽이나 문에 걸었던 것으로 보인다. 또 상태가 깨끗하고 묵으로 쓴 글의 흔적이 전혀 없는 것은 다시 사용하기 위해 면을 깎은 것으로 보인다. 글씨는 예서와 행서를 먹으로 쓰거나 음각으로 새겼다.

④ 목선

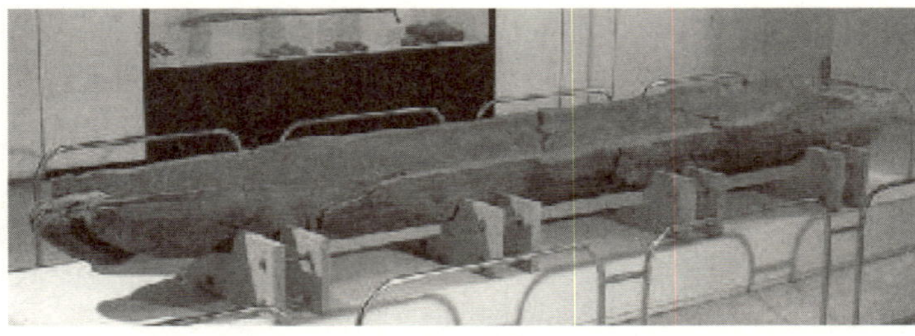

그림 4-72 목선
- 명　칭 : 목선(木船)
- 출토지 : 경주 안압지
- 시　대 : 통일신라

목선(木船)은 3개의 나무를 통으로 파서 배 모양을 형성한 후 참나무로 만든 비녀장 형태의 막대기를 배 안쪽 바닥의 앞·뒤에 하나씩 가로질러 조립하였는데 우리나라에서 가장 오래된 배로 당시의 작업선으로 추정되고 있다.

⑤ 풍로

그림 4-73 풍로
- 명　칭 : 풍로(風爐)
- 출토지 : 경주 안압지
- 시　대 : 통일신라

풍로는 화구와 연통을 갖춘 것으로 위쪽에는 다른 그릇을
걸어 끓일 수 있도록 크고 작은 2개의 둥근 구멍이 뚫려
있다. 화구에는 바깥 주연에 점토대의 띠를 덧붙여 화력
이 소모를 막았으며, 풍로 안쪽과 천장부에는 불에 그을
린 흔적이 남아 있다. 회색 경질계로서 태토에는 고운 모
래가 배합되어 있다.

⑥ 금동용머리장식

그림 4-74 금동용머리장식
- 명　칭 : 금동용머리장식
- 출토지 : 경주 안압지
- 시　대 : 통일신라

금동용머리장식은 의자의 손잡이 장식으로 추정되는 장식
품으로 한 쌍이 출토되었다. 길이는 16.4cm이다.

⑦ 녹유도깨비기와

그림 4-75 녹유도깨비기와
- 명   칭 : 녹유도깨비기와(綠釉鬼面瓦)
- 출토지 : 경주 안압지
- 시   대 : 통일신라

안압지 출토유물의 대부분을 차지하고 있는 것이 와전류이다. 조각을 포함하여 2만 4천여 점이나 된다. 용도별로 보면 지붕위에 얹는 수막새, 암막새, 수키와, 암키와, 특수기와, 장식기와, 바닥에 깔거나 벽이나 불단 등에 장식되었던 전(塼) 등이다.

녹유도깨비기와는 경주시 인왕동 안압지서 출토된 것으로 표면에 녹유(綠釉)가 칠해진 귀면기와(귀면와, 鬼面瓦)이다. 전체적인 형태는 사각형이나 윗면은 둥글며, 아래는 반원형 홈을 두어 끼우게 하였고 상부 중앙에는 기와를 고정시켰던 것으로 보인다. 문양의 구도는 귀면을 전면에 가득 새기고 여백에는 성스러운 기운으로 채웠다. 이 귀면기와는 지붕 위에 올려서 잡귀를 쫓아주고 화재를 예방하며 장식을 하였던 용도로 사용된 것으로 코, 눈, 뿔 등을 매우 크고 양감 있게 표현하여 사나움과 강함을 느끼게 한다. 테두리 문양은 윗면이 당초문, 양측이 이중원문(二重圓文)을 새겨 화려함을 더해준다.

⑧ 생활용기

그림 4-76 생활용기
- 명　칭 : 생활용기(生活容器)
- 출토지 : 경주 안압지
- 시　대 : 통일신라

　안압지에서는 금동그릇을 비롯, 청동접시와 청동숟가락 등 식생활용품들이 많이 출토되었다. 특히 금동그릇의 굽바닥과 뚜껑 안쪽에 '구'라는 명문을 새긴 것이 있는데, 이것은 그릇과 뚜껑이 한 벌임을 표시해 놓은 것으로 보인다. 청동숟가락과 숟가락 면이 둥근 것과 타원형인 것 두 가지가 있다. 일본 나라의 쇼소인에도 안압지 출토물과 유사한 두 종류의 숟가락이 함께 묶인 채로 보관되어 있는데, 신라로부터 수입해 간 것으로 알려져 있다.

(4) 옥외전시장

옥외전시장에는 우리나라의 대표적인 범종인 성덕대왕신종(국보 제29호)과 고선사터 삼층석탑(국보 제38호)을 비롯하여 경주지역의 절터 궁궐터 등에서 옮겨온 석조유물이 전시되어 있다. 석조유물은 대부분이 불교관계 조각물로서 석불·석탑·석조·석등·비석받침 등이며 이밖에 주춧돌·계단석과 같은 건축부재도 다수 있다. 장항리 석조여래입상, 낭산 출토 관음보살입상, 분황사 우물에서 출토된 20여 구의 불상, 고선사터 삼층석탑, 사자·공작무늬돌 등이 그 대표적인 전시물이다.

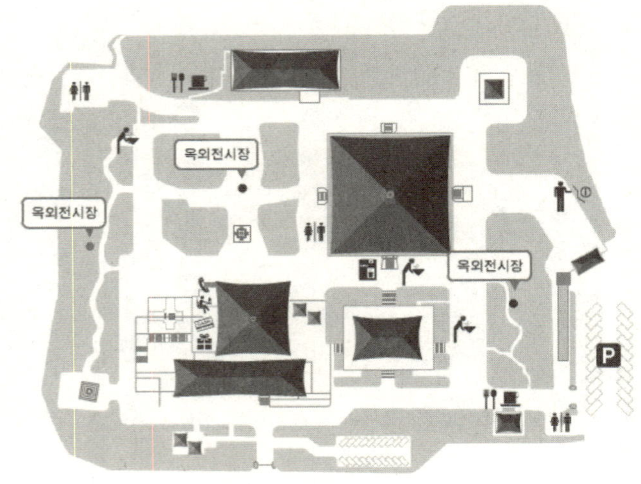

박물관 야외에는 여러 가지 귀중한 유물이 많이 산재되어 있다. 그 중 중요한 몇 가지를 살펴보기로 하자.

① 성덕대왕 신종

그림 4-77 성덕대왕 신종(에밀레종)
- 명 칭 : 성덕대왕 신종
- 출토지 : 경주 북천근처 봉덕사
- 시 대 : 통일신라

　신라 35대 경덕왕은 부왕인 성덕왕의 위업을 추앙하기 위하여 구리 12만 근을 들여 대종을 주조하려 하
였으나 뜻을 이루지 못하고, 그 뒤를 이어 혜공왕 7년(771년)에 이 종을 완성하고 성덕대왕 신종이라 하였다.
이 종은 처음 봉덕사에 봉헌하였기 때문에 봉덕사종이라고도 하며 종을 만들 때 아기를 넣었다는 애틋한
사연이 있어 에밀레종이라고도 한다.

② 흥륜사 석조

그림 4-78 흥륜사 석조
· 명   칭 : 흥륜사 석조
· 출토지 : 경주시 사정동 흥륜사 터
· 시   대 : 통일신라

　　박물관 정원에 전시된 대부분의 석조는 모두 길이 2m 내외이지만 이 석조는 길이 3.92m나 되는 우리나라에서 가장 큰 것이다. 이 석조는 신라 최초의 절이었던 흥륜사에 있었으나 이 절이 없어진 뒤, 조선시대 인조 16년(1683년)에 경주 부운 이필영이 경주 읍성 안의 금학헌으로 옮겨 연꽃을 심었다는 내용이 석조의 윗면에 새겨져 있다. 또한 이 글과 대칭되는 윗면에는 이교방이라는 사람이 쓴 "이요당전……"으로 시작하는 칠언시가 새겨져 있다. 그리고 측면에도 "천광운형"이라는 글씨가 새겨져 있다.

③ 숭복사 쌍두귀부

그림 4-79 숭복사 터 쌍두귀부
- 명　칭 : 숭복사 쌍두귀부
- 출토지 : 경주시 외동읍 말방리 숭복사 터
- 시　대 : 통일신라

경주 외동 말방리 숭복사 터에 있던 비석받침을 박물관에 옮겨 놓은 것이다. 머리는 용의 형상인데 등에는 두 겹의 거북등무늬가 새겨져 있다.

④ 고선사지 삼층석탑

그림 4-80 고선사지 삼층석탑
- 명　칭 : 고선사지 삼층석탑
- 출토지 : 경주시 암곡동 고선사 터
- 시　대 : 통일신라

원효대사가 머물렀던 고선사 터가 덕동댐 건설로 물에 잠기게 되어 1975년 이곳 박물관으로 옮겨왔다. 통일신라시대 초기의 작품으로 감은사 삼층석탑과 규모나 형식 등이 유사하다. 탑 몸돌과 지붕돌은 여러 개의 돌로 짜맞춘 것이지만 3층 몸돌만은 하나이 돌로 만들어진 것이 특징이다. 그것은 사리를 넣기 위한 사리구멍을 만들기 위해서이다.

⑤ 승소골 삼층석탑

그림 4-81 승소골 삼층석탑
- 명　칭 : 승소골 삼층석탑
- 출토지 : 경주 남산 승소골 절 터
- 시　대 : 통일신라

경주 남산 승소골의 절터에 있던 것을 옮겨온 탑으로 상
륜부는 없어졌으며, 옥개석(석탑이나 석등 따위의 위에 지
붕처럼 덮는 돌)이 일부 파손된 상태이다. 상다리 모양의
상층 기단부와 1층 탑신부에 사천왕상을 돋을새김 한 것
이 특징이다.

⑥ 기타

　박물관 정원에는 많은 불상들이 있는 데 낭산 관음보살, 용장계 석불, 장항사 터 불상 등과 그밖에 파손
된 불상들이 있고 탑, 석등, 대좌 등 여러 가지가 온 정원을 메우고 있다. 또 석가탑, 다보탑의 복제품도 전
시되어 있다.

5. 사이버박물관을 통한 신라문화 엿보기

본 장에서는 <문화재청>이 운영하고 있는 홈페이지(http://www.heritage.go.kr/index.jsp)인 [국가문화유산종합정보서비스(Korea National Heritage Online)]를 통해서 신라문화에 대한 탐방을 하고 있다. 주요 내용은 1) 사이버문화재 탐방, 2) 통합 사이버박물관 탐방, 3) 사이버국립경주박물관 탐방이다. 특히 사이버박물관은 가상현실(Virtual Reality, VR, 假想現實 : 가공의 세계에 현실감을 가지게 하는 기술) 기술을 이용하여 개발된 홈페이지로 운영되고 있으므로 독자들이 쉽게 신라문화에 접근할 수 있도록 도와줄 것이다.

이제부터는 문화재청 홈페이지를 통해서 신라문화와 국립경주박물관을 이해하는데 필요한 주요 유적지와 유물들을 엿보기로 하자.

(1) 문화유산 탐방

문화유산의 보존과 가치창출로 민족문화에 기여하기 위해서 설립된 문화재청에서 운영하고 있는 [국가문화유산종합정보서비스] 홈페이지(http://www.heritage.go.kr/index.jsp)는 종합적인 문화유산정보서비스를 제공하고 있다.

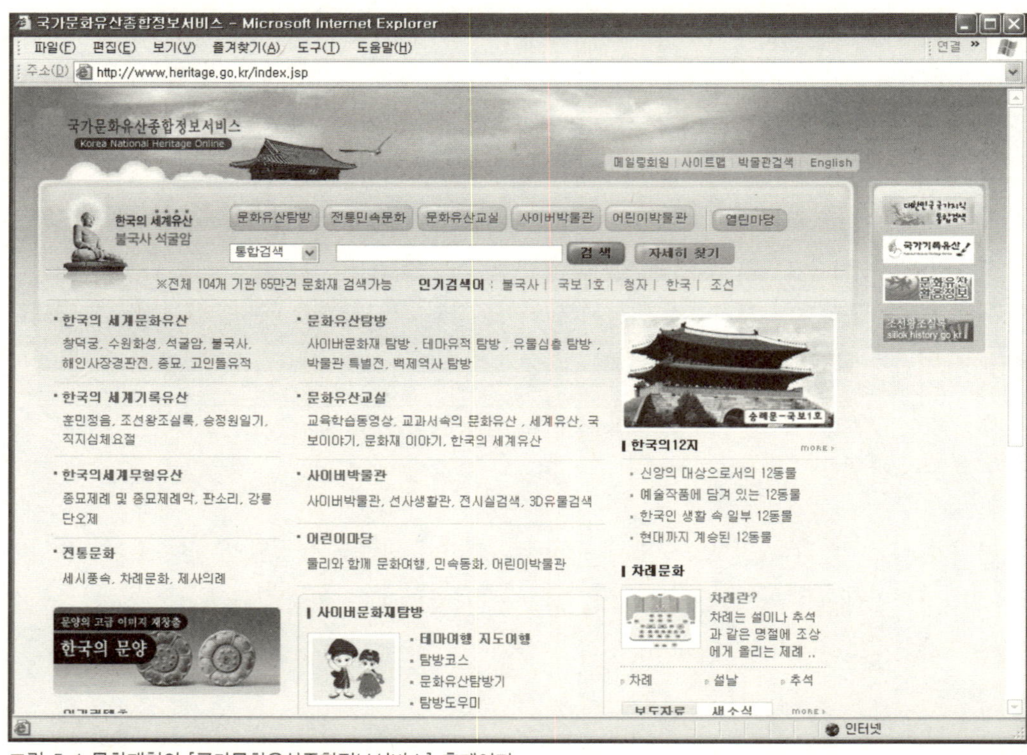

그림 5-1 문화재청의 [국가문화유산종합정보서비스] 홈페이지

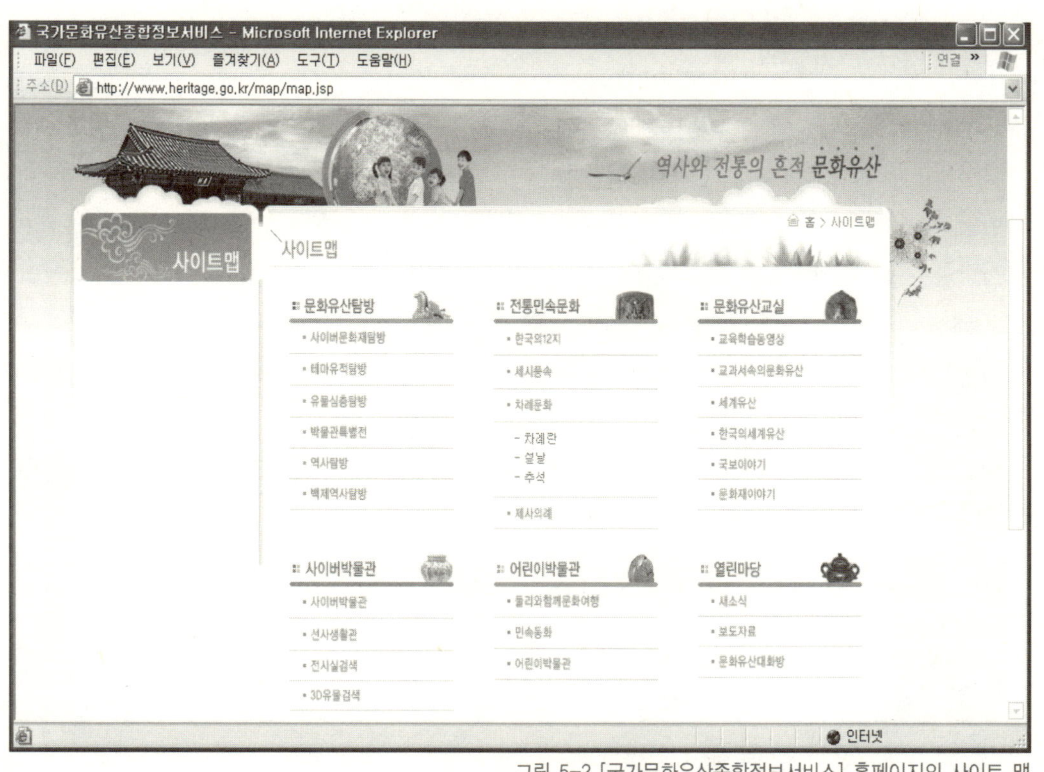

그림 5-2 [국가문화유산종합정보서비스] 홈페이지의 사이트 맵

　주요 정보서비스 제공 범주는 <그림 5-2>의 사이트 맵에 제시된 것처럼 문화유산탐방, 전통민속문화, 문화유산교실, 사이버박물관, 어린이박물관, 열린마당으로 구성되어 있다. 본서에서는 ① 문화유산탐방과 ② 사이버박물관의 내용을 통해서 신라문화와 관련된 내용을 제시하고자 한다. 먼저, 문화유산탐방에서는 사이버문화재탐방, 테마유적탐방, 유물심층탐방, 박물관특별전, 역사탐방, 백제역사탐방 폴더를 제공하고 있는데 그 중에서 사이버문화재탐방, 테마유적탐방, 유물심층탐방, 박물관특별전, 역사탐방의 내용을 중심으로 신라문화와 관련성이 있는 내용을 소개하고자 한다.

　다음으로, 사이버박물관(cyber museum)에서는 사이버박물관, 선사생활관, 전시실검색, 3D유물검색 폴더를 제공하고 있는데 그 중에서 통합 사이버박물관과 전국 지역별로 구축되어 있는 VR 박물관을 간략히 소개한 후, VR로 구축되어 있는 사이버국립경주박물관의 내용을 독자들에게 제시하고자 한다.

❶ 사이버문화재 탐방

　사이버문화재탐방 홈페이지에 들어간 후 화면 중간 하단에 있는 [VR보기 다운로드]를 클릭하여 실행한다(<그림 5-3> 참조). [테마여행] 메뉴를 여행하기 전에 메뉴 오른쪽에 있는 [탐방 도우미] 메뉴를 클릭하여 신라문화 탐방을 위한 준비를 하자.

그림 5-3 사이버문화재탐방 홈페이지 초기화면

그림 5-4 탐방 도우미 : 지도여행

그림 5-5 탐방 도우미 : 자세히 보기

그림 5-6 탐방 도우미 : 가상현실(VR) 사용법

그림 5-7 탐방 도우미 : 가상현실(VR) 도구사용법

그림 5-8 탐방 도우미 : 둘러보기

❷ 테마유적 탐방

사이버문화재탐방 홈페이지의 [테마여행] 메뉴를 클릭한 후 화면 상단의 [테마 찾기]나 [테마여행 전체목록]에서 탐방 항목을 선정한다.

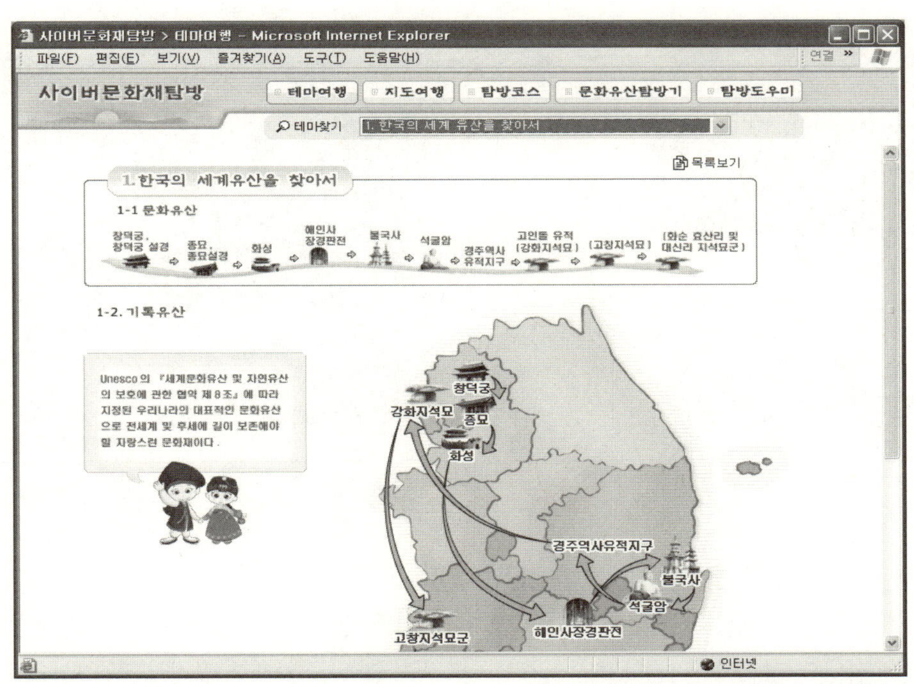

그림 5-9 테마여행 1. 한국의 세계 유산을 찾아서

① 테마여행 1. 한국의 세계 유산을 찾아서

[테마찾기]에서 [1. 한국의 세계 유산을 찾아서]를 선택하여 들어간 후 화면 상단의 탐방 목록이나 하단의 지도에서 신라문화와 관련 있는 탐방 항목을 차례로 클릭한 후 VR 여행을 한다.

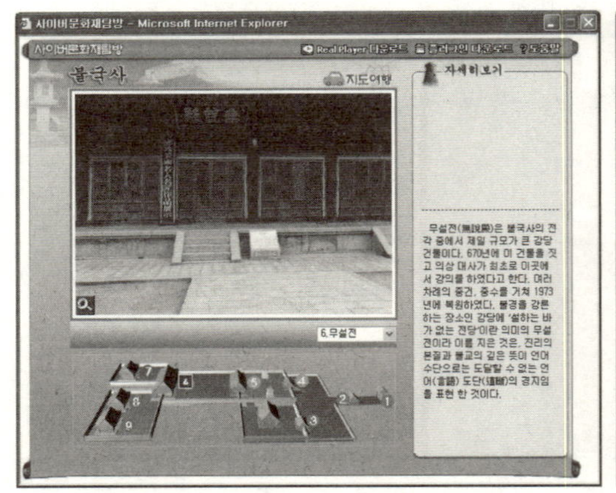

그림 5-10 테마여행 1. 한국의 세계 유산을 찾아서 - 불국사

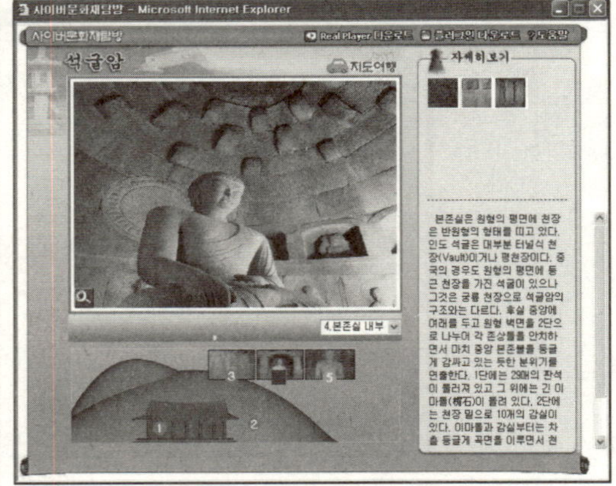

그림 5-11 테마여행 1. 한국의 세계 유산을 찾아서 - 석굴암

② 테마여행 5. 신라, 천년을 이어온 고도 경주

[테마찾기]에서 [5. 신라, 천년을 이어온 고도 경주]를 선택하여 들어간 후 화면 상단의 탐방 목록이나 하단의 지도에서 신라문화와 관련 있는 탐방 항목을 차례로 클릭한 후 VR 여행을 한

다. 신라문화에 대한 깊은 이해를 희망하는 독자들은
정해진 순서대로 탐방하기 바란다. 여행할 수 있도록
제시되어 있는 테마는 크게 다섯 가지이다.

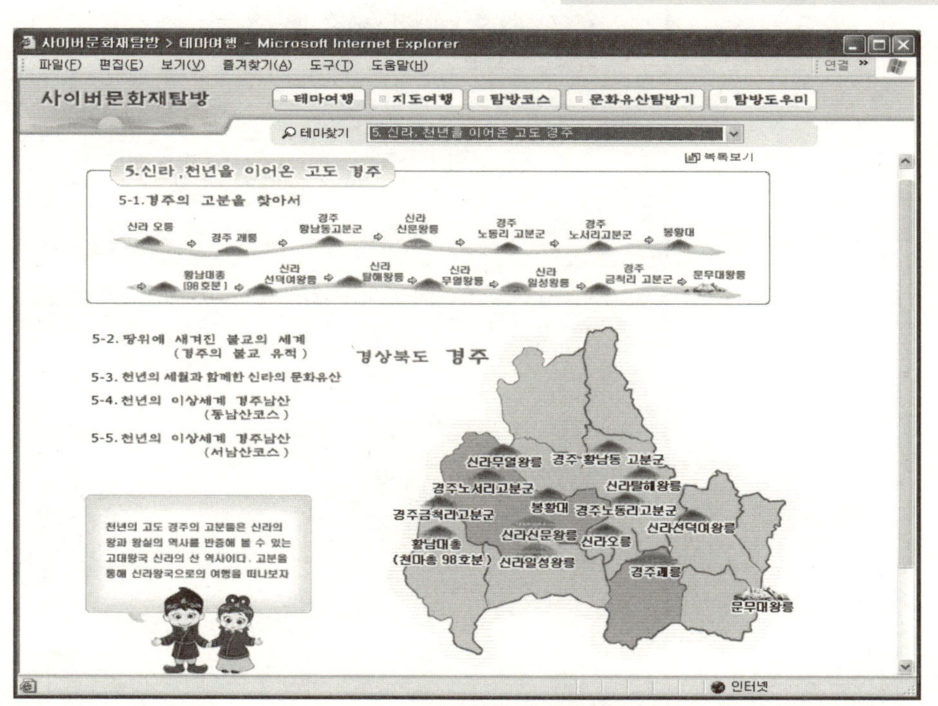

그림 5-12 테마여행 5-1. 신라, 천년을 이어온 고도 경주

그림 5-13 테마여행 5-1. 경주의 고
분을 찾아서 - 경주 황남동 고분군(천
마총)

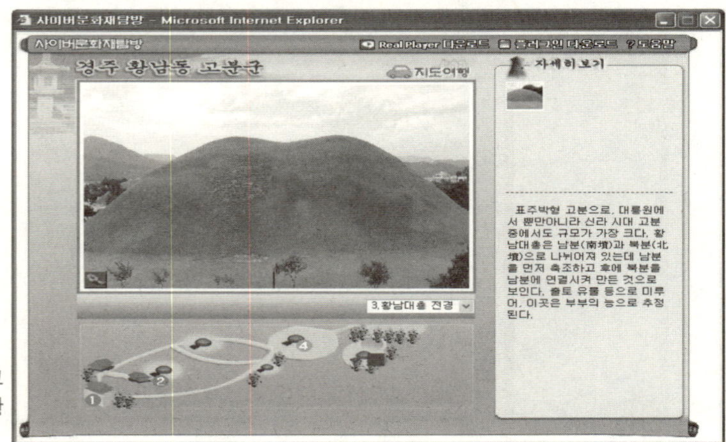

그림 5-14 테마여행 5-1. 경주의 고
분을 찾아서 - 경주 황남동 고분군(황
남대총)

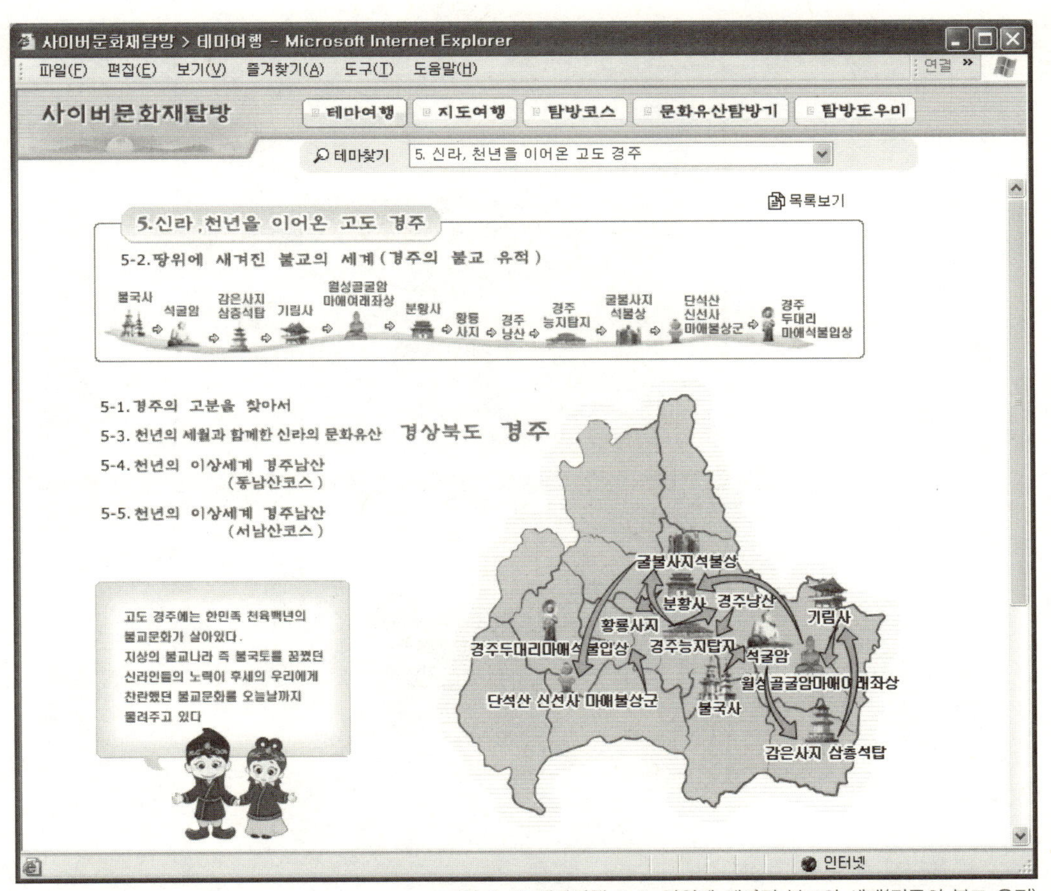

그림 5-15 테마여행 5-2. 땅위에 새겨진 불교의 세계(경주의 불교 유적)

그림 5-16 테마여행 5-2. 땅위에 새
겨진 불교의 세계 - 황룡사지

그림 5-17 테마여행 5-2. 땅위에 새
겨진 불교의 세계 - 불국사

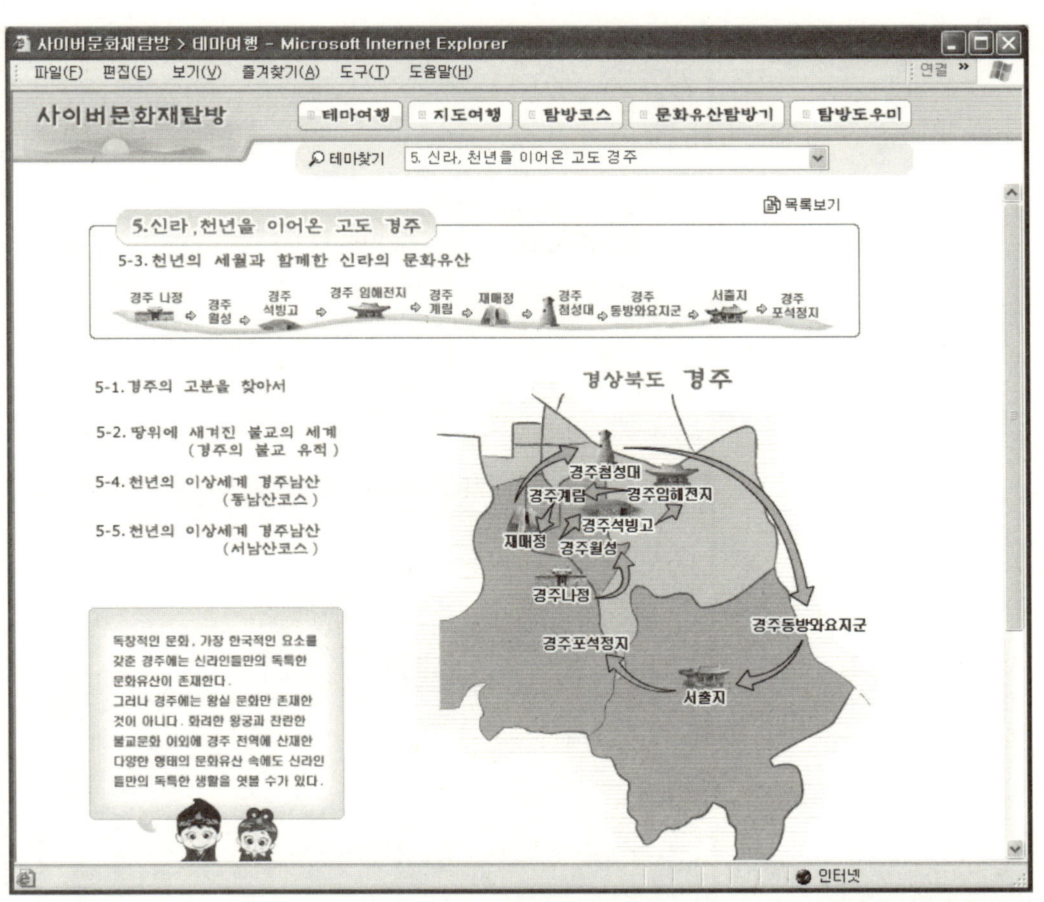

그림 5-18 테마여행 5-3. 천년의 세월과 함께 한 신라의 문화유산

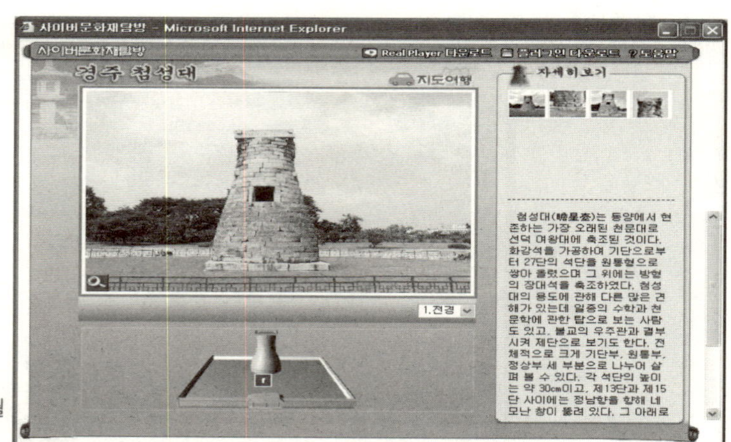

그림 5-19 테마여행 5-3. 천년의 세월과 함께 한 신라의 문화유산 – 첨성대

그림 5-20 테마여행 5-3. 천년의 세월과 함께 한 신라의 문화유산 – 석빙고

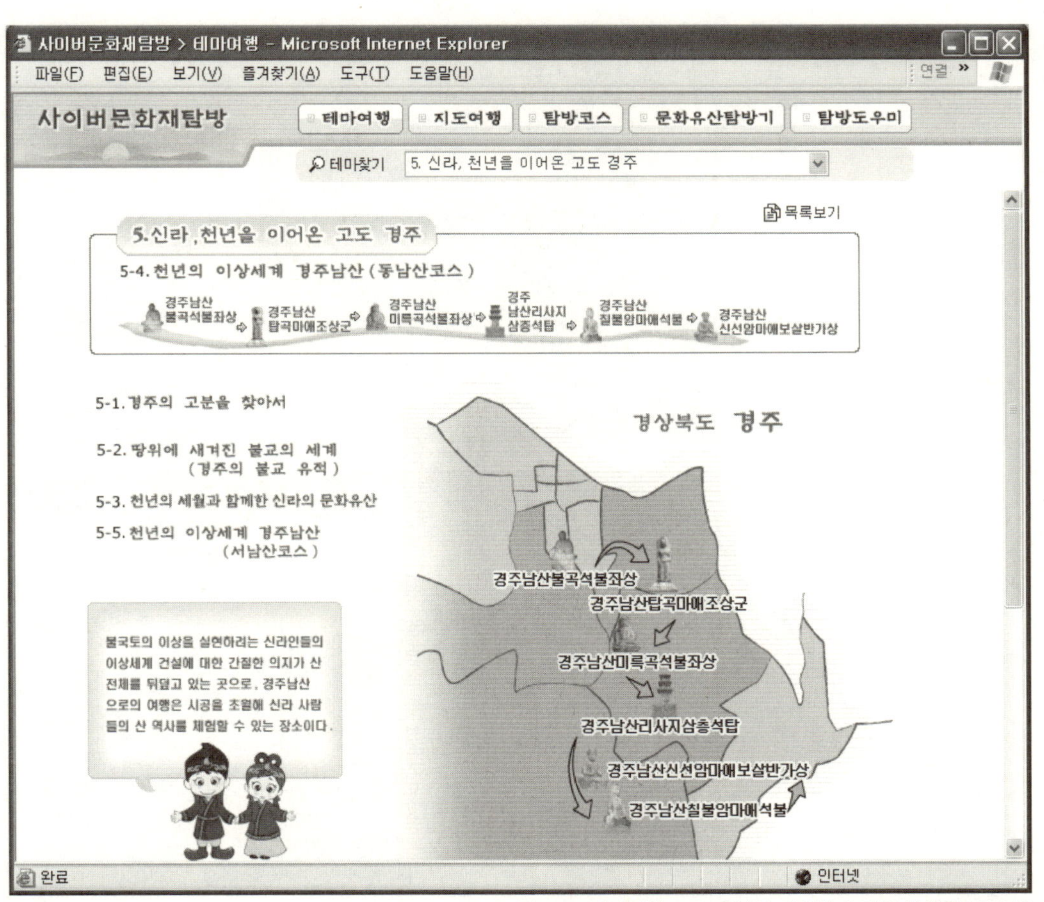

그림 5-21 테마여행 5-4. 천년의 이상세계 경주남산(동남산코스)

그림 5-22 테마여행 5-4. 천년의 이상세계 경주남산(동남산코스) - 칠불암 마애석불

그림 5-23 테마여행 5-4. 천년의 이상세계 경주남산(동남산코스) - 미륵곡 석불좌상

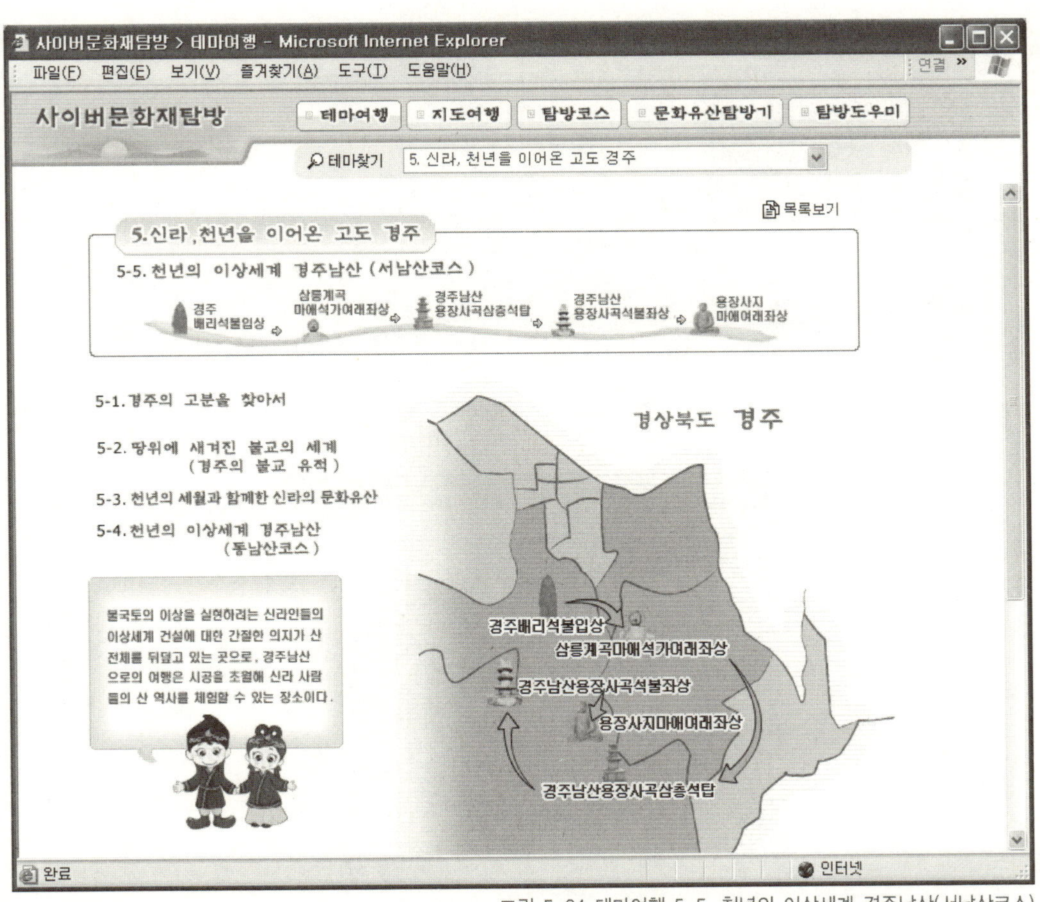

그림 5-24 테마여행 5-5. 천년의 이상세계 경주남산(서남산코스)

그림 5-25 테마여행 5-5. 천년의 이상세계 경주남산(서남산 코스) – 배리석불입상

그림 5-26 테마여행 5-5. 천년의 이상세계 경주남산(서남산 코스) – 용장사곡삼층석탑

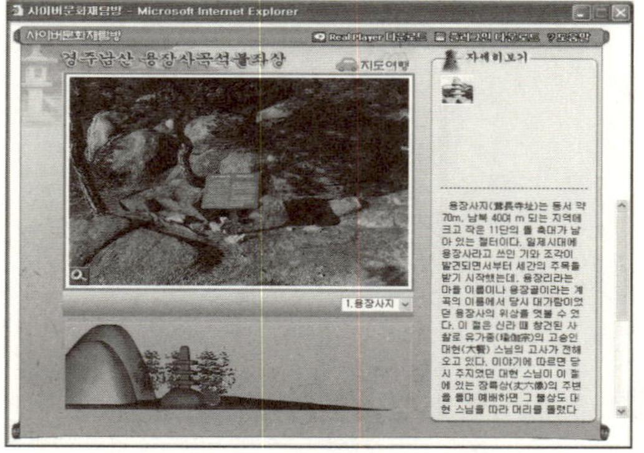

그림 5-27 테마여행 5-5. 천년의 이상세계 경주남산(서남산 코스) – 용장사곡석불좌상

③ 테마여행 **27.** 한국의 소리를 찾아서

[테마찾기]에서 [27-1. 한국의 소리를 찾아서]를 선택하여 들어간 후 화면 상단의 탐방 목록이나 하단의 지도에서 신라문화와 관련 있는 탐방 항목을 클릭한 후 **VR** 여행을 한다.

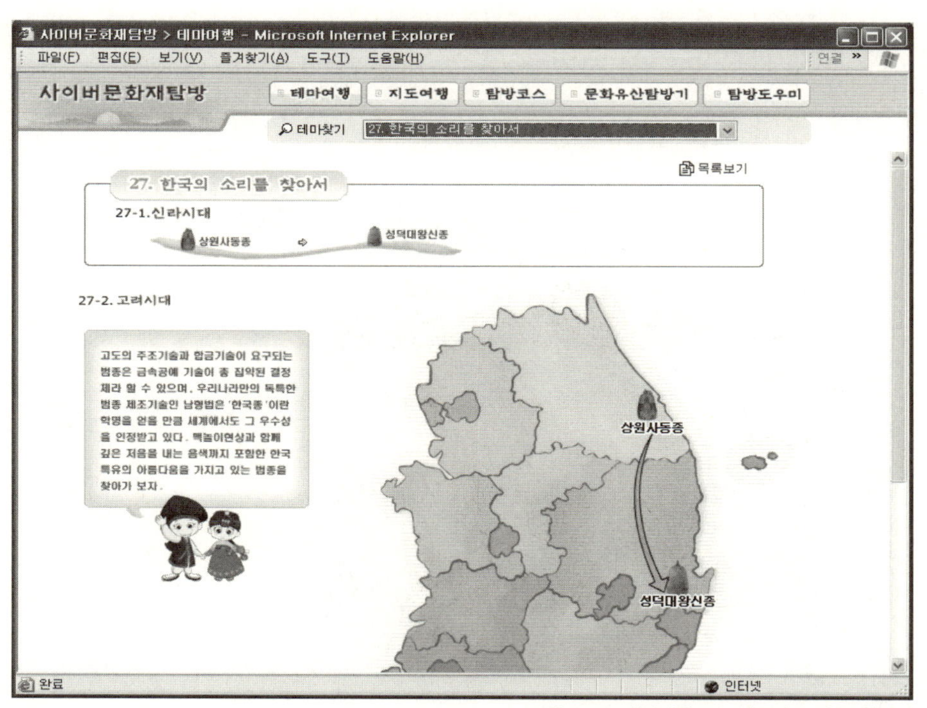

그림 5-28 테마여행 27. 한국의 소리를 찾아서

그림 5-29 테마여행 27-1. 한국의 소리를 찾아서 – 성덕대왕신종

❸ 유물심층탐방

문화유산탐방의 [유물심층탐방] 메뉴를 클릭하여 들어간 후 신라문화와 관련이 있는 항목
을 여행한다.

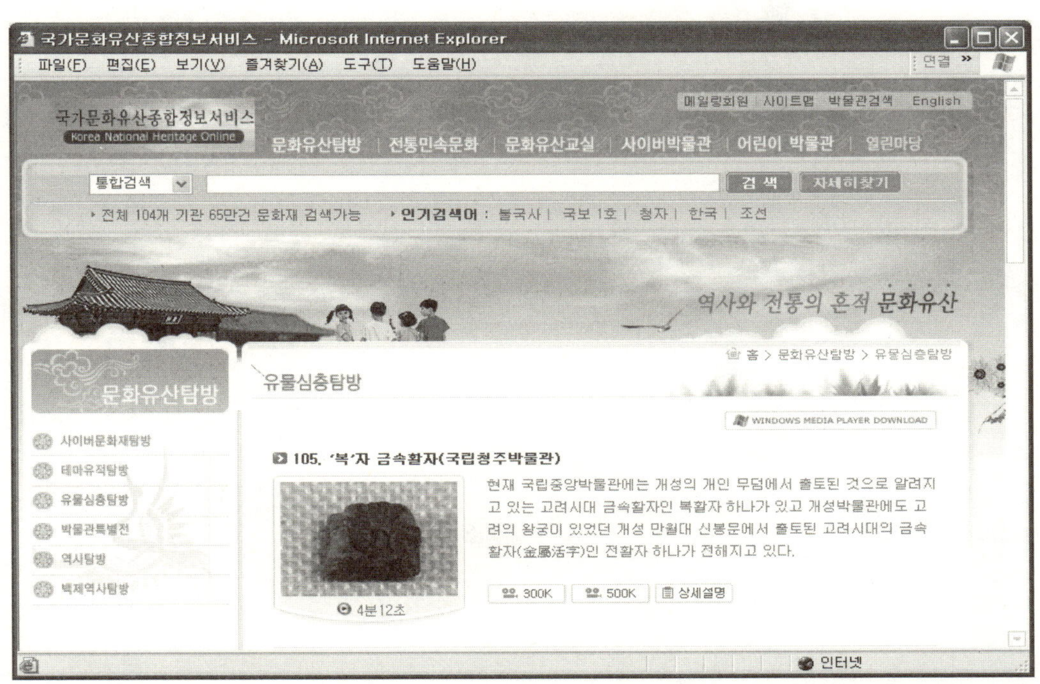

그림 5-30 유물심층탐방 홈페이지 초기화면

① 103. 감은사지서삼층석탑사리구(국립경주박물관)

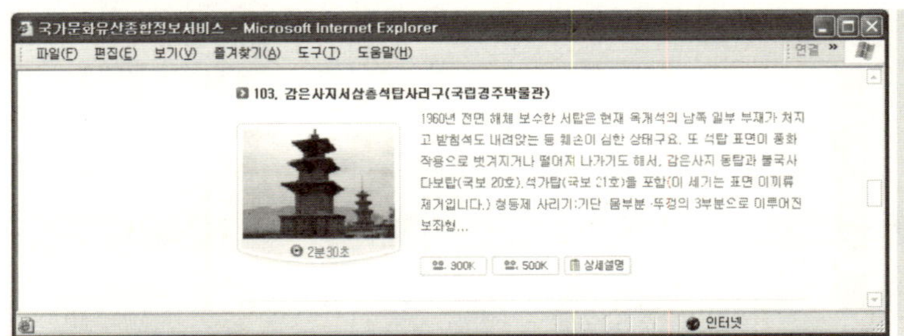

그림 5-31 유물심층탐방-103. 감은사지서삼층석탑사리구

[103. 감은사지서삼층석탑사리구]로 마우스를 이용하여 이동한 후 화면에서 제공하는 동영상(300K, 혹은 500K 중 하나를 선택)을 클릭하여 감상한다. 유물에 대한 상세설명을 보기 원하면 [상세설명]을 클릭하면 된다.

② 98. 고선사지 삼층석탑(국립경주박물관)

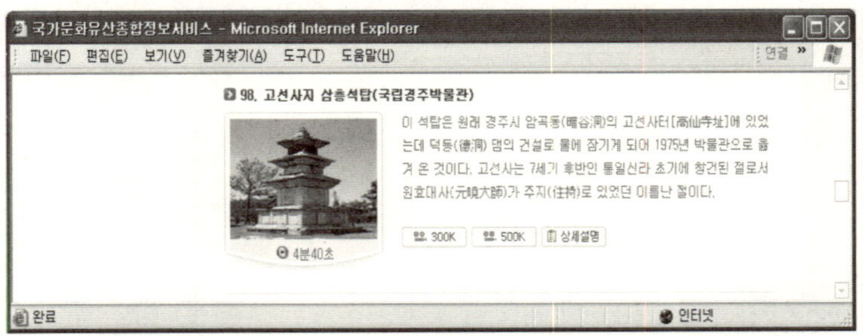

그림 5-32 유물심층탐방-98. 고선사지 삼층석탑(국립경주박물관)

[유물심층탐방] 메뉴의 화면 하단에 있는 '2'를 클릭하여 [98.고선사지 삼층석탑(국립경주박물관)]을 선택한 후 동영상(300K, 혹은 500K 중 하나를 선택)을 클릭하여 감상한다. 유물에 대한 상세설명을 보기 원하면 [상세설명]을 클릭하면 된다.

③ 72. 동투검창(국립경주박물관)

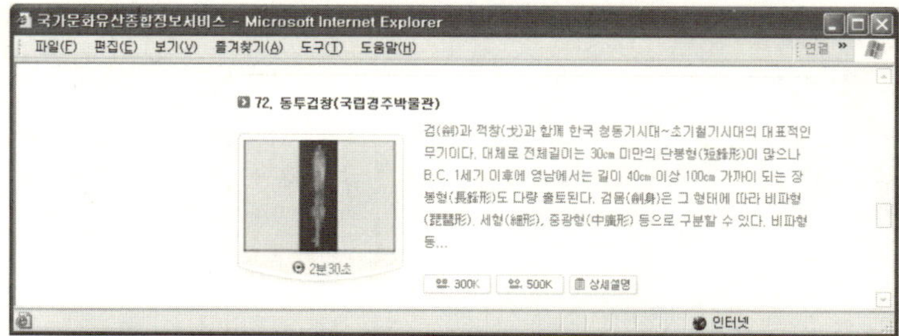

그림 5-33 유물심층탐방-72. 동투검창(국립경주박물관)

[유물심층탐방] 메뉴의 화면 하단에 있는 '7'을 클릭하여 [72. 동투검창(국립경주박물관)]을 선택한 후 동영상(300K, 혹은 500K 중 하나를 선택)을 클릭하여 감상한다. 유물에 대한 상세설명을 보기 원하면 [상세설명]을 클릭하면 된다.

④ 68. 백률사약사여래입상(국립경주박물관)

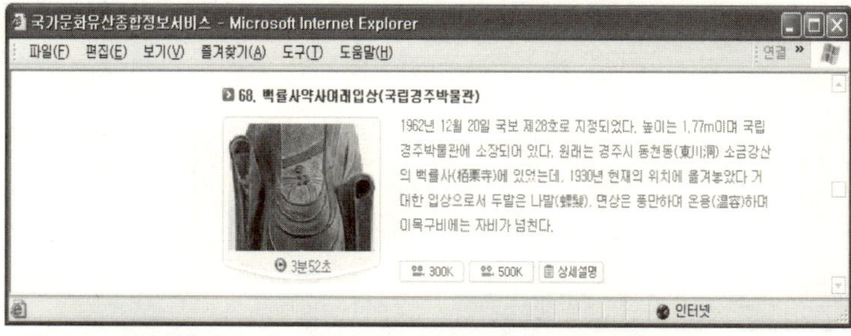

그림 5-34 유물심층탐방-68. 백률사약사여래입상(국립경주박물관)

[유물심층탐방] 메뉴의 화면 하단에 있는 '8'을 클릭하여 [68. 백률사약사여래입상(국립경주박물관)]을 선택한 후 동영상(300K, 혹은 500K 중 하나를 선택)을 클릭하여 감상한다. 유물에 대한 상세설명을 보기 원하면 [상세설명]을 클릭하면 된다.

⑤ 56. 상감유리옥목걸이(국립경주박물관)

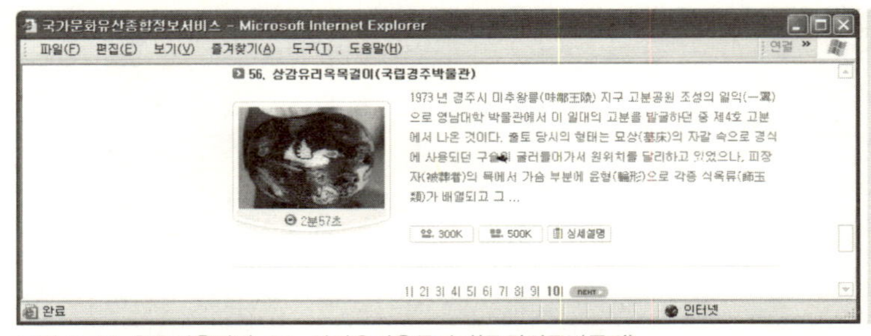

그림 5-35 유물심층탐방-56. 상감유리옥목걸이(국립경주박물관)

[유물심층탐방] 메뉴의 화면 하단에 있는 '10'을 클릭하여 [56. 상감유리옥목걸이(국립경주박물관)]을 선택한 후 동영상(300K, 혹은 500K 중 하나를 선택)을 클릭하여 감상한다. 유물에 대한 상세설명을 보기 원하면 [상세설명]을 클릭하면 된다.

⑥ 51. 서수형토기(국립경주박물관)

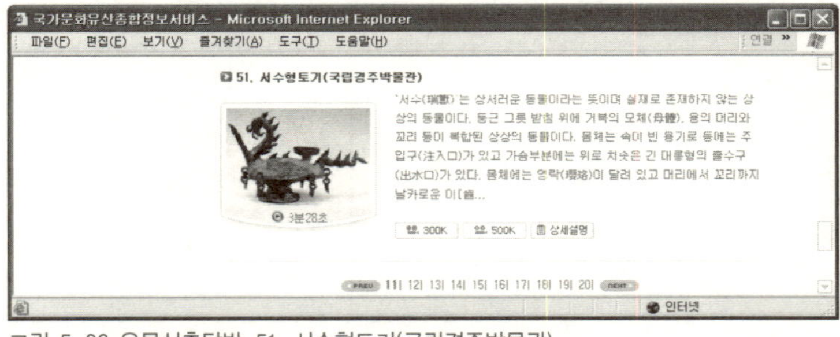

그림 5-36 유물심층탐방-51. 서수형토기(국립경주박물관)

[유물심층탐방] 메뉴의 화면 하단에 있는 '11'을 클릭하여 [51. 서수형토기(국립경주박물관)]을 선택한 후 동영상(300K, 혹은 500K 중 하나를 선택)을 클릭하여 감상한다. 유물에 대한 상세설명을 보기 원하면 [상세설명]을 클릭하면 된다.

⑦ **48. 성덕대왕신종(국립경주박물관)과 47. 세형동검(국립경주박물관)**

그림 5-37 유물심층탐방-48. 성덕대왕신종, 47. 세형동검(국립경주박물관)

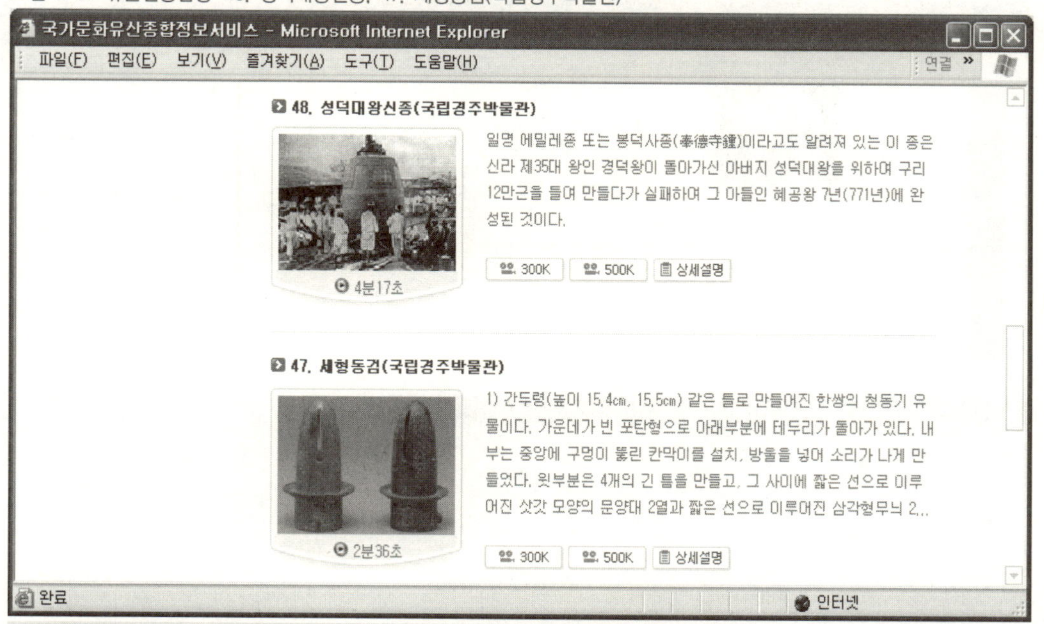

[유물심층탐방] 메뉴의 화면 하단에 있는 '12'를 클릭하여 [48. 성덕대왕신종(국립경주박물관)]과 [47. 세형동검(국립경주박물관)]을 각각 선택한 후 동영상(300K, 혹은 500K 중 하나를 선택)을 클릭하여 감상한다. 유물에 대한 상세설명을 보기 원하면 [상세설명]을 클릭하면 된다.

⑧ 22. 임신서기석(국립경주박물관)

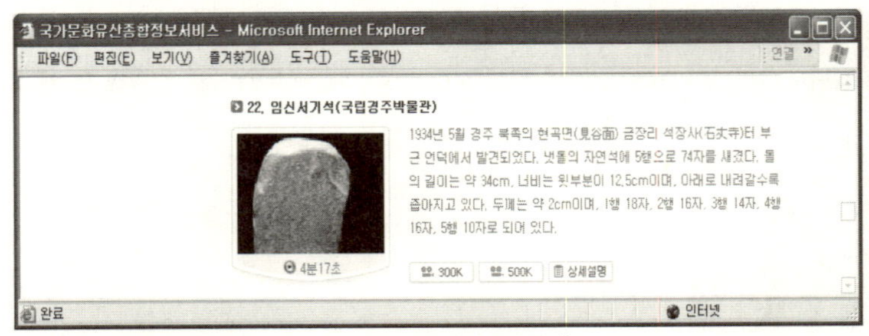

그림 5-38 유물심층탐방-22. 임신서기석(국립경주박물관)

[유물심층탐방] 메뉴의 화면 하단에 있는 '17'을 클릭하여 [22. 임신서기석(국립경주박물관)]을 선택한 후 동영상(300K, 혹은 500K 중 하나를 선택)을 클릭하여 감상한다. 유물에 대한 상세설명을 보기 원하면 [상세설명]을 클릭하면 된다.

⑨ 5. 토우장식장경호(국립경주박물관)

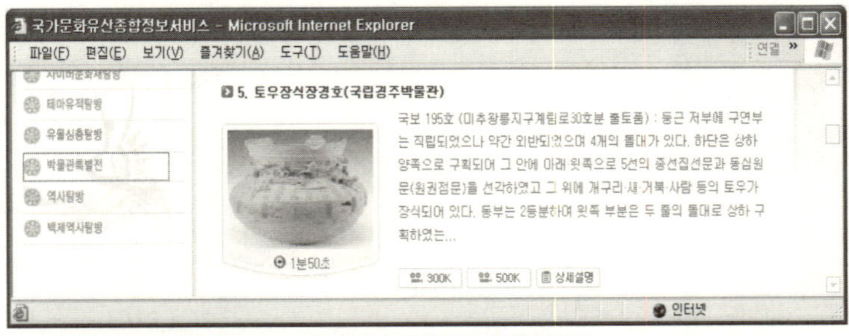

그림 5-39 유물심층탐방-5. 토우장식장경호(국립경주박물관)

[유물심층탐방] 메뉴의 화면 하단에 있는 '21'을 클릭하여 [5. 토우장식장경호(국립경주박물관)]을 선택한 후 동영상(300K, 혹은 500K 중 하나를 선택)을 클릭하여 감상한다. 유물에 대한 상세설명을 보기 원하면 [상세설명]을 클릭하면 된다.

❹ 박물관특별전

문화유산탐방의 [박물관특별전] 메뉴를 클릭하여 들어간 후 신라문화와 관련이 있는 항목을 여행한다.

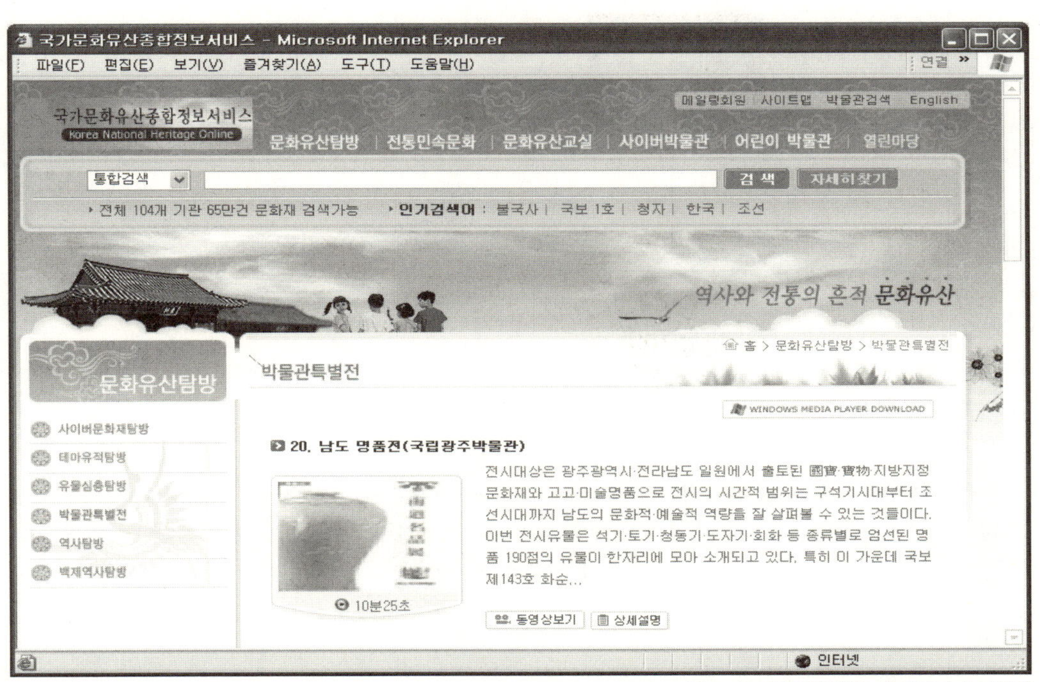

그림 5-40 박물관특별전 홈페이지 초기화면

① 13. 신라기와(국립경주박물관)와 12. 신라황금

그림 5-41 박물관특별전-13. 신라기와(국립경주박물관)와 12. 신라황금

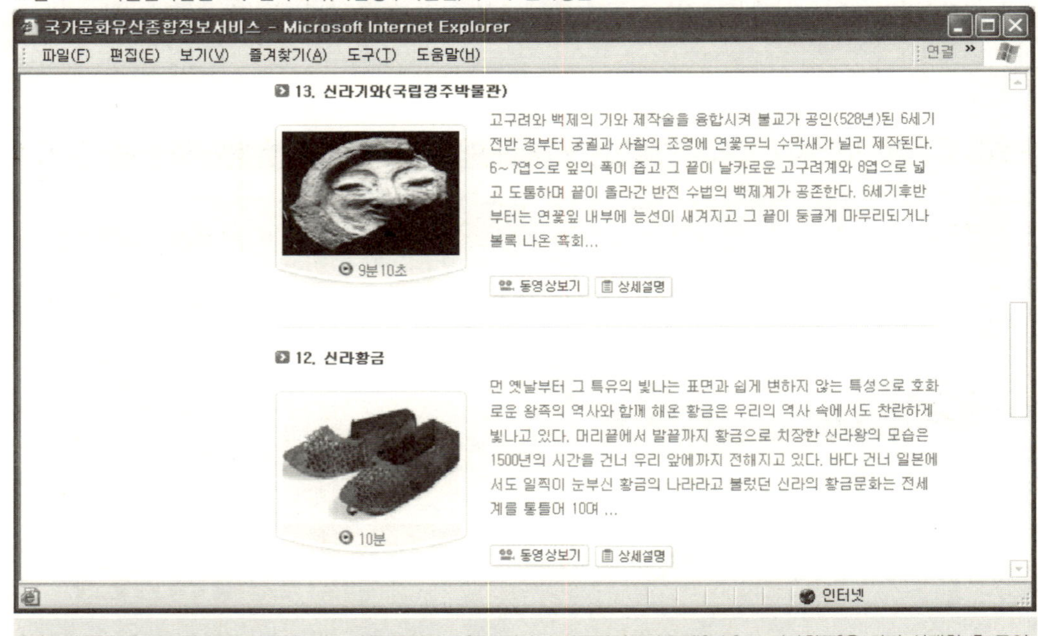

[박물관특별전] 메뉴의 화면 하단에 있는 '2'를 클릭하여 [12. 신라기와(국립경주박물관)]과 [12. 신라황금]을 각각 선택한 후 동영상보기를 클릭하여 감상한다. 유물에 대한 상세설명을 보기 원하면 [상세설명]을 클릭하면 된다.

⑤ 역사탐방

문화유산탐방의 [역사탐방] 메뉴를 클릭하여 들어간 후 신라문화와 관련이 있는 항목을 여행한다.

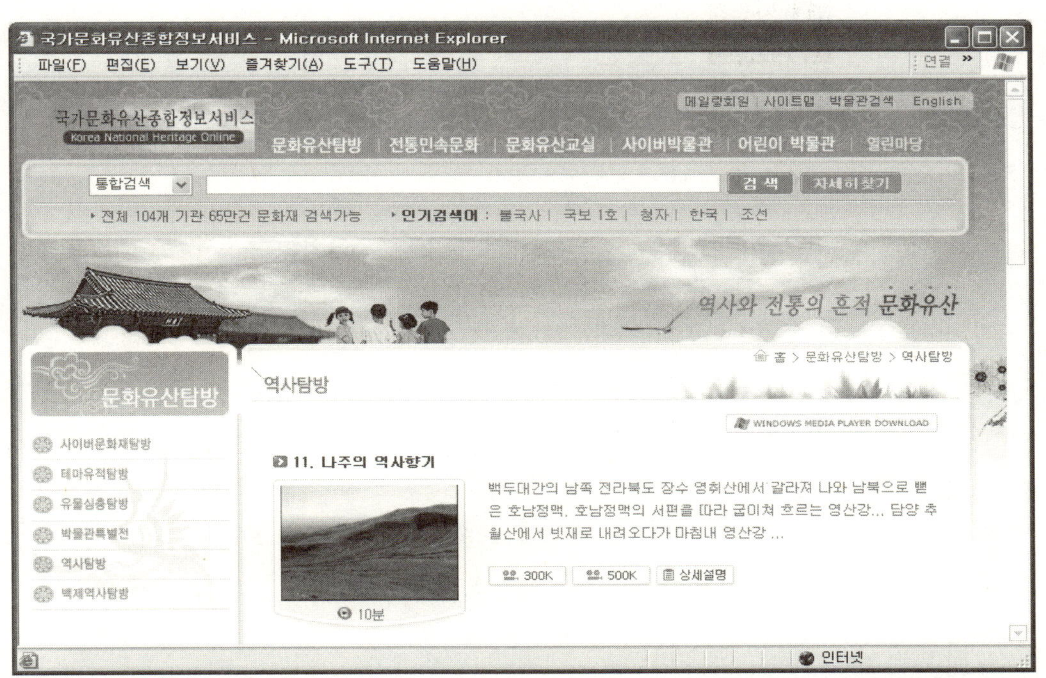

그림 5-42 역사탐방 홈페이지 초기화면

① 10. 신라왕릉 이야기

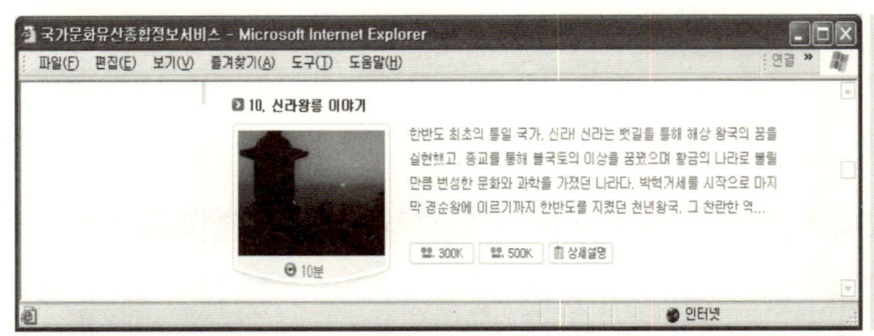

그림 5-43 역사탐방-10. 신라왕릉 이야기

[역사탐방] 메뉴를 클릭하여 [10. 신라왕릉 이야기]를 선택한 후 동영상(300K, 혹은 500K 중 하나를 선택)을 클릭하여 감상한다. 유물에 대한 상세설명을 보기 원하면 [상세설명]을 클릭하면 된다.

(2) 사이버박물관 탐방

본 장에서는 <문화재청>이 운영하고 있는 홈페이지(http://www.heritage.go.kr/index.jsp)인 [국가문화유산종합정보서비스(Korea National Heritage Online)]에서는 VR로 구축된 통합 사이버박물관은 물론 전국에 소재하고 있는 모든 사이버박물관에 대한 정보서비스를 제공하고 있다. 따라서 VR기술을 이용해 구축된 모든 사이버박물관들은 현지 박물관을 방문하지 않고도 독자들이 사용하고 있는 모든 인터넷을 통해서 생생하게 유물들을 탐방할 수 있는 기회를 제공해 줄 것이다.

❶ 통합 사이버박물관 탐방

　[통합 사이버박물관]은 전국 12개 국립 박물관 및 대학 박물관, 공사립 박물관이 소장하고 있는 주요 유물을 한 장소에서 관람할 수 있도록 만든 가상 박물관이다.

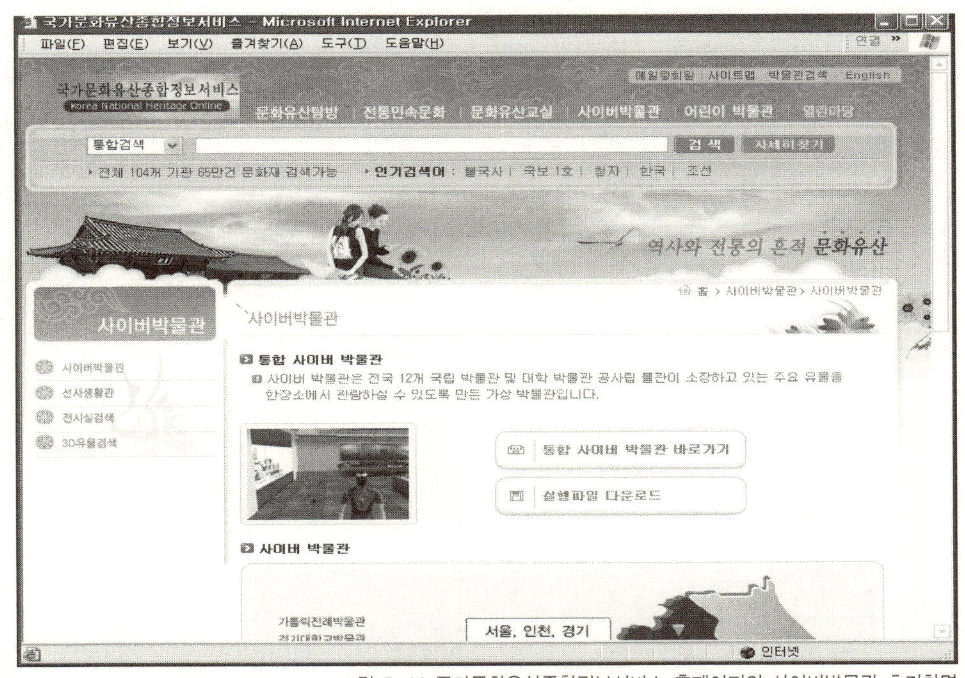

그림 5-44 국가문화유산종합정보서비스 홈페이지의 사이버박물관 초기화면

287

① 통합 사이버박물관 시작하기

다음과 같은 방법으로 통합 사이버박물관을 들어가서 시작한다.

1 화면에서 [통합 사이버박물관 바로가기]를 클릭한다.

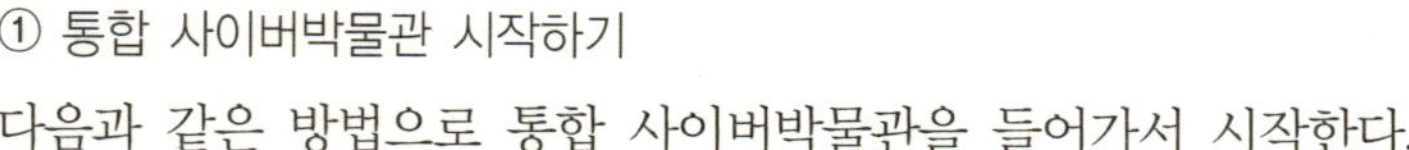

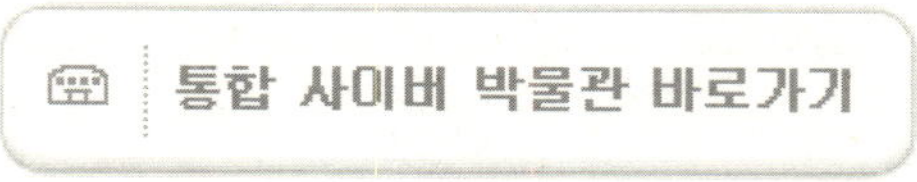

2 입장을 위한 [보조창]이 나타나면 앞으로 자신이 사용할 [아이디]와 [메일 주소]를 입력하고 [확인] 버튼을 클릭하여 사이버박물관으로 입장한다. 아이디는 자신의 영문이름을 적어도 된다.

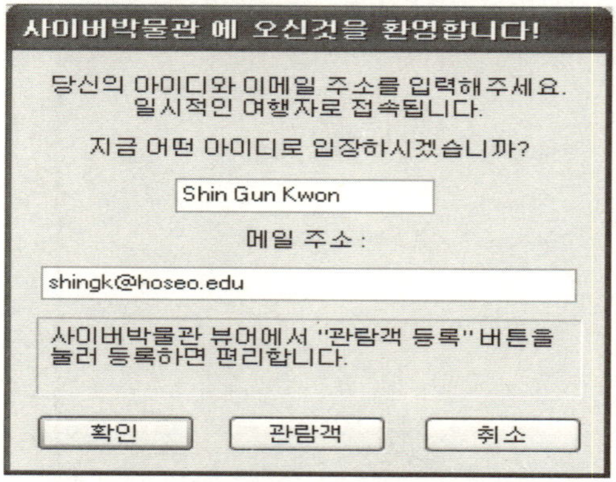

그림 5-45 사이버박물관 입장을 위한 아이디와 메일주소 입력하기

3 초기화면 왼쪽 상단에 있는 [관람객 등록]을 클릭하고 창이 나타나면, 앞으로 사용할 [아이디]와 [패스워드] 그리고 [이메일 주소]를 입력하고 [확인] 버튼을 눌러 사이버전시관으로 이동한다.

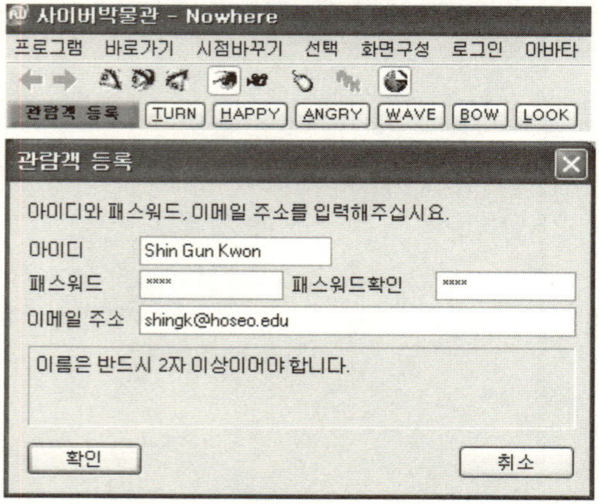

그림 5-46 관람객 등록하기

4 두 번째로 시작하기를 할 때 다음의 창이 나타나면 [패스워드]를 입력한 후 [여행자]를 클릭하여 접속한다.

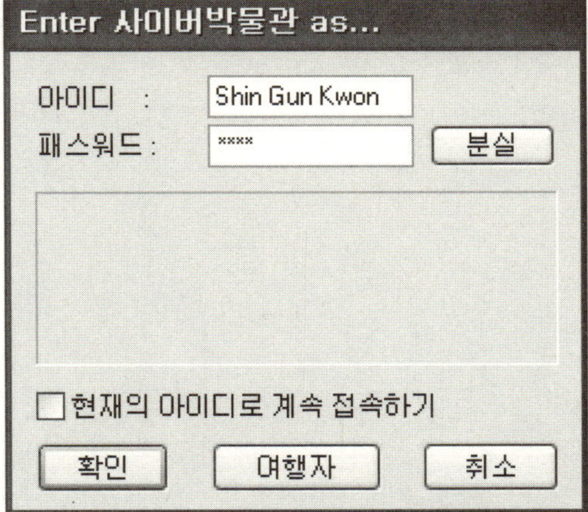

그림 5-47 사이버박물관 접속하기

5 [확인] 버튼을 클릭하여 전시관으로 이동한다.

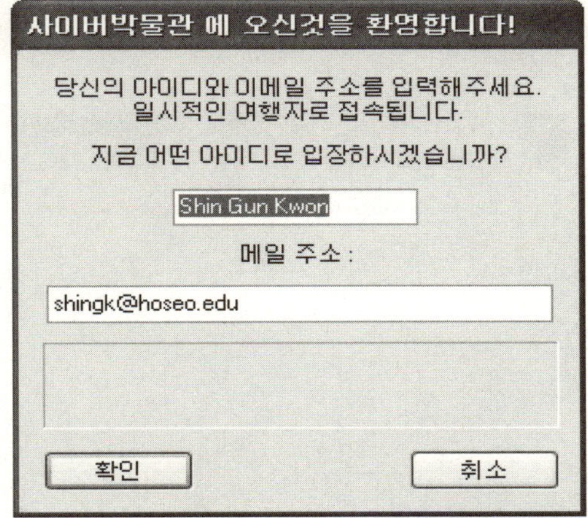

그림 5-48 사이버박물관 시작하기

6 [통합 사이버박물관] 화면에서 오른쪽에 있는 [Map]을 클릭하여 안내 Map이 나타나면 관람하기를 원하는 전시관을 클릭하여 탐방한다. 예컨대, 선사시대를 관람하려면 [선사시대]를 마우스로 클릭하여 들어간다.

② Map 이용법

사이버박물관은 다양한 Map을 제공하여 쉽게 전시관에 접근할 수 있도록 도와주고 있다. 주요 전시관으로는 시대별 전시, 주제별 전시1, 주제별 전시2, 민속관전시가 있다.

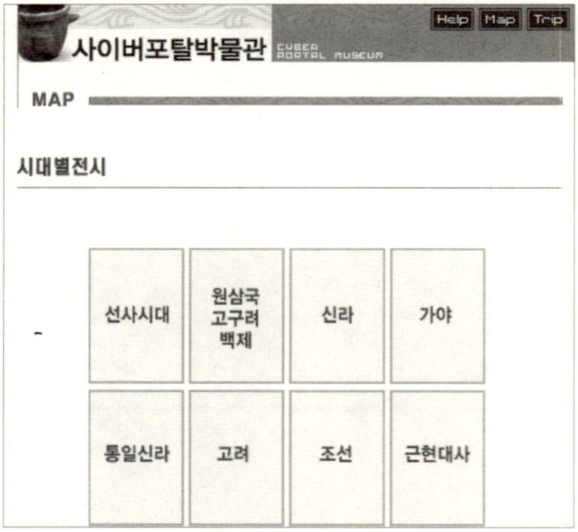

그림 5-49 시대별 전시로 이동하기

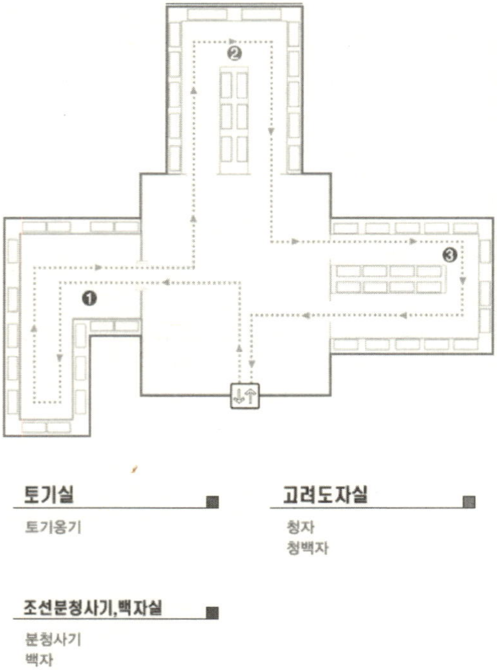

그림 5-50 주제별 전시 1로 이동하기

※ 전시관을 관람하려면 Map에서 번호를 클릭하면 된다.

주제별전시 II

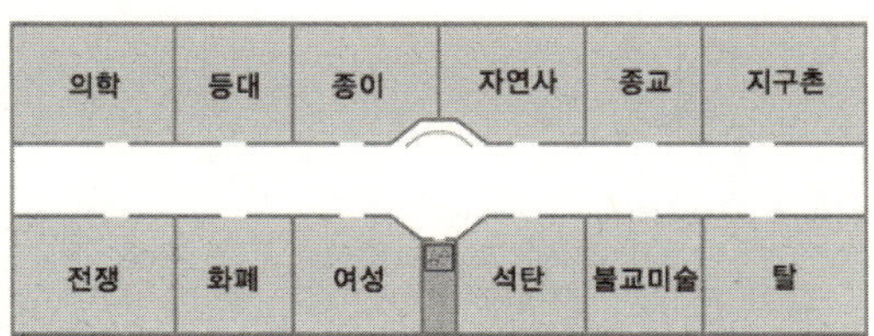

그림 5-51 주제별 전시 2로 이동하기

한민족 생활사 ■

한국 고대의 소리
삼국시대의 생활과 문화
고려의 인쇄.청자문화

일상 · 생활 ■

출산과 교육
관례와 혼례
상례와 제례
교통과 통신
전통놀이와 사회제도
민간신앙

생업 · 의식주 ■

농경
수렵과 어로
공예
의생활
식생활
주생활

민속관전시

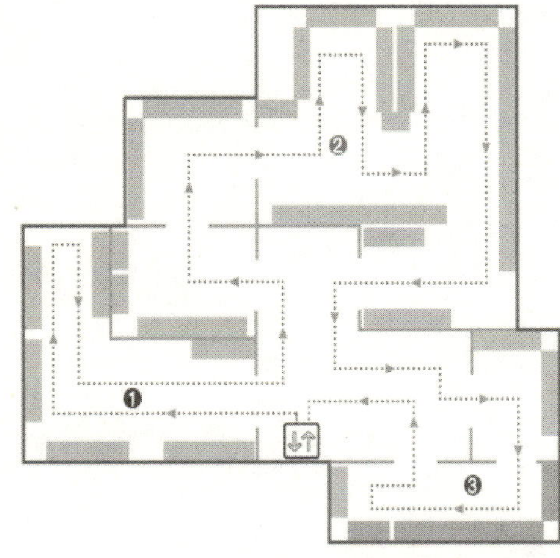

그림 5-52 민속관전시로 이동하기

※ 전시관을 관람하려면 Map에서 번호를 클릭하면 된다.

③ 사이버박물관 키보드 등 조작법

키보드, 마우스 등 다양한 조작법에 대한 설명이다. 전시관을 여행하기 전에 반드시 숙지할 필요가 있다.

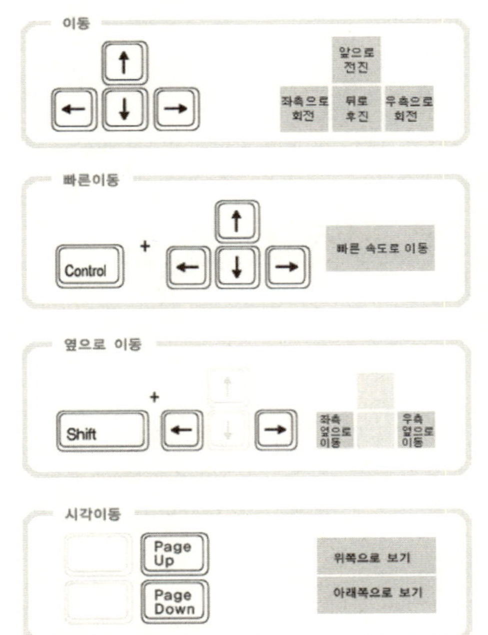

그림 5-53 키보드 조작법

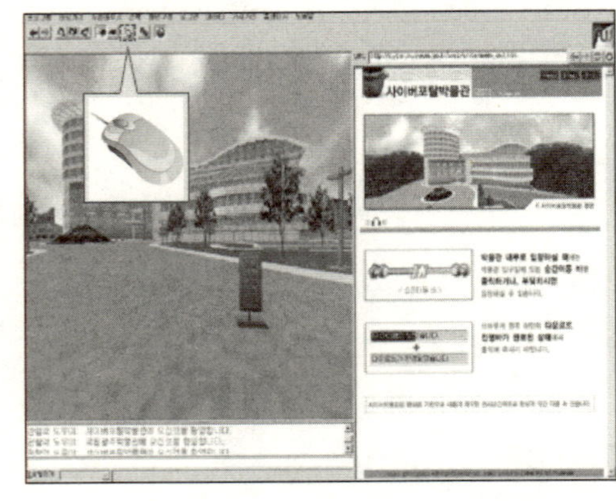

그림 5-54 마우스 조작법

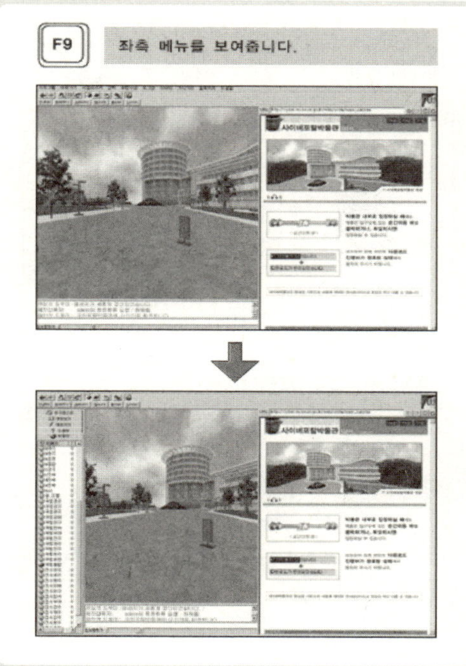

그림 5-55 유용한 단축키

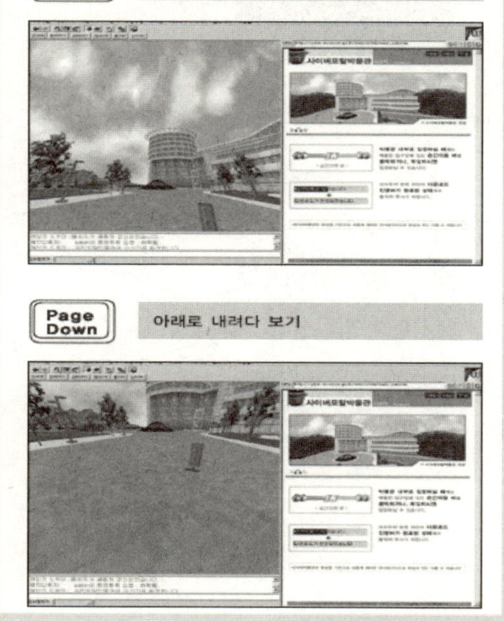

그림 5-56 시점 바꾸기

유물클릭

유물을 클릭하시면 오른쪽 웹창을 통해 자세한 유물 정보및 3D유물을 감상하실 수 있습니다.

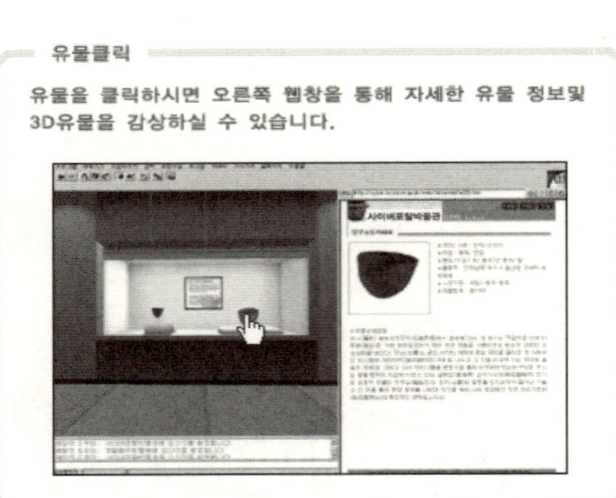

패널클릭

패널을 클릭하시면 오른쪽 웹창을 통해 자세한 정보가 나타납니다.

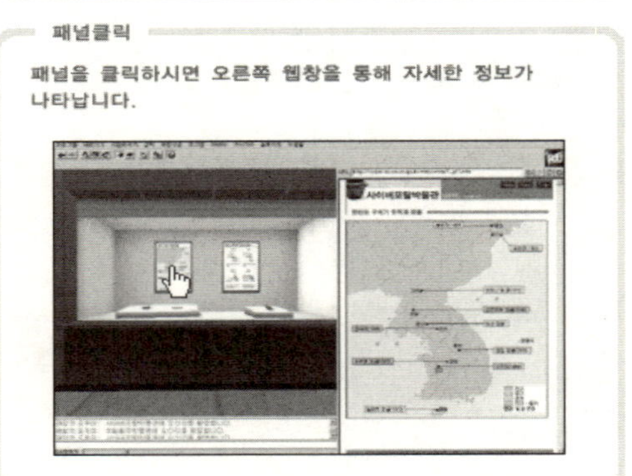

그림 5-57 패널, 유물 감상

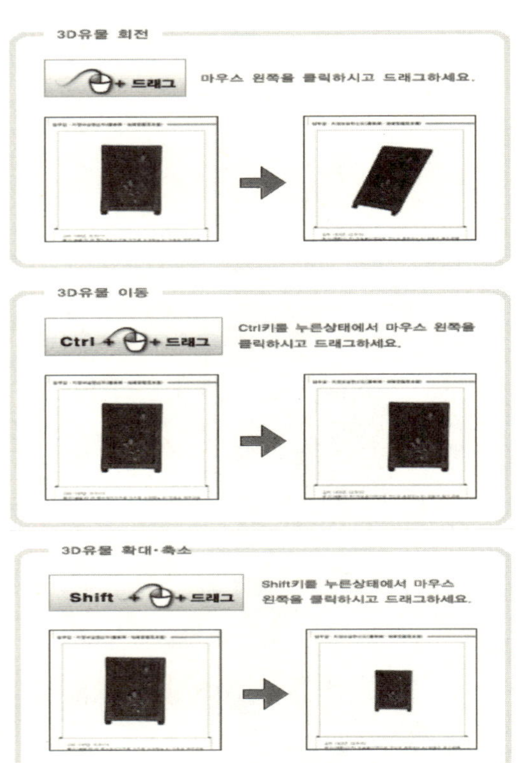

그림 5-58 3D유물 회전

전시실 내부에서 각 전시실로 이동하고 싶을 때에는 오른쪽
웹페이지에서 MAP 버튼을 클릭하면 박물관 전체지도를 보실 수
있습니다. 그 지도에서 각전시실 아이콘을 클릭하시면 그 전시실로
자동이동 하실 수 있습니다.

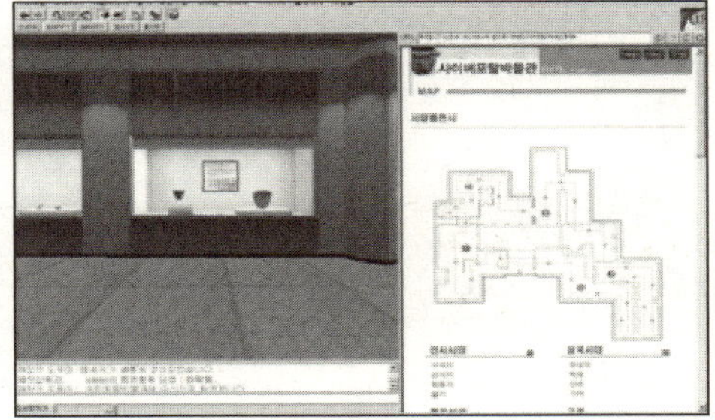

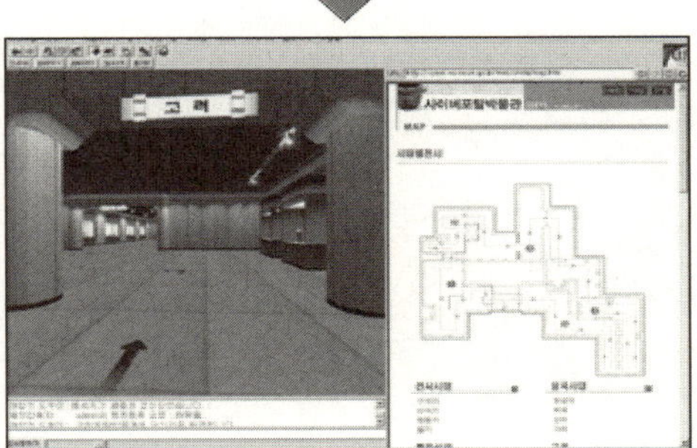

그림 5-59 Map 이용법

HELP (position 표시) [1] [2] [3] [4] [5] [6] [7] [8] [9] [10] [11]

복잡한 전시실 내부에서 이동중에 그 곳의 위치를 표시해 주는
표시기로, 현재 어느위치에 있는지 쉽게 확인할 수 있습니다.

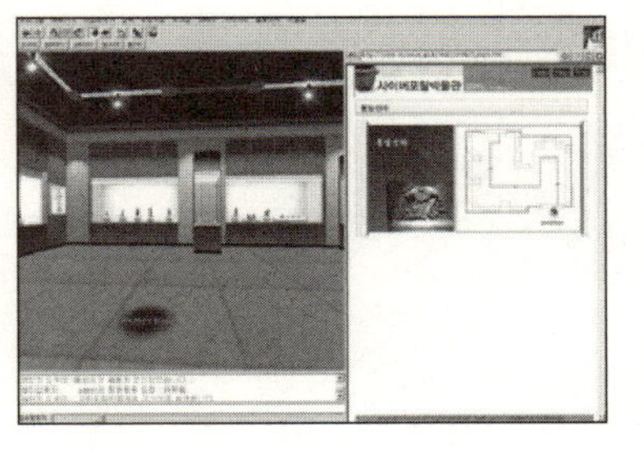

그림 5-60 포지션 표시

오른쪽 웹페이지에서 Trip 버튼을 클릭하면 전국 국립박물관이 표시되어 있는 지도가 나타납니다. 그 지도에서 다른 박물관으로 이동하실 수 있습니다.
아래 그림은 사이버포탈 박물관에서 국립춘천박물관으로 이동한 화면입니다.

메뉴바에서 아바타를 클릭하여 나오는 목록에서 원하는 아바타를 선택하시면 아래 그림처럼 다른 아바타로 바꾸실 수 있습니다.

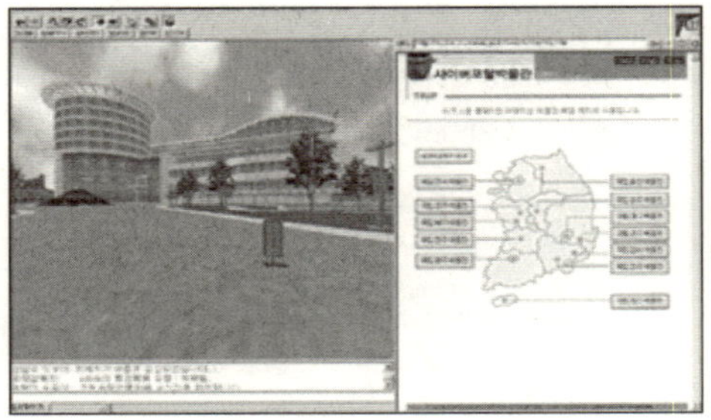

그림 5-61 Trip 이용법

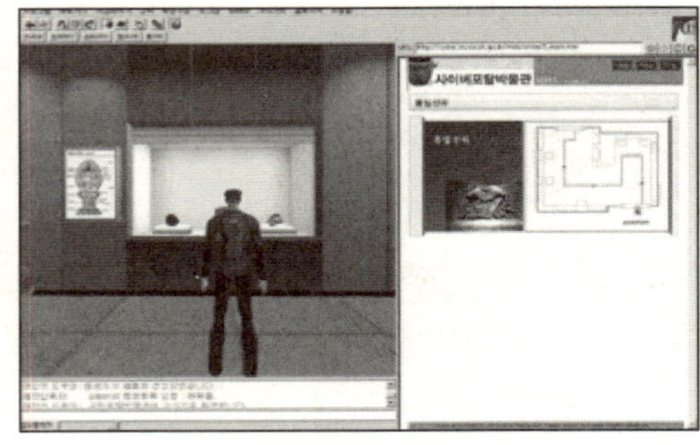

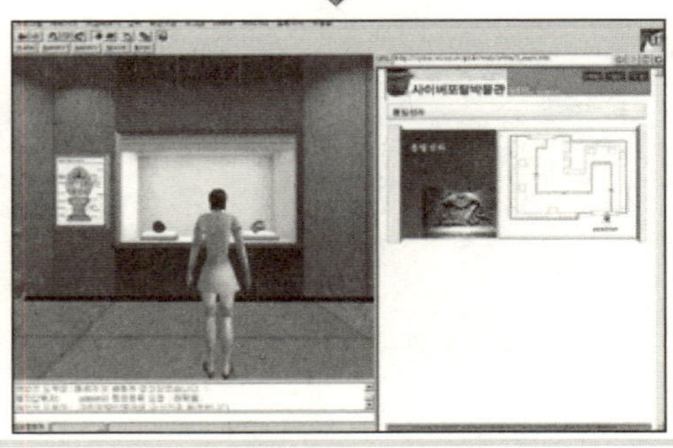

그림 5-62 아바타 바꾸기

HELP (관람객 등록)　　　　[1] [2] [3] [4] [5] [6] [7] [8] [9] [10] [11]

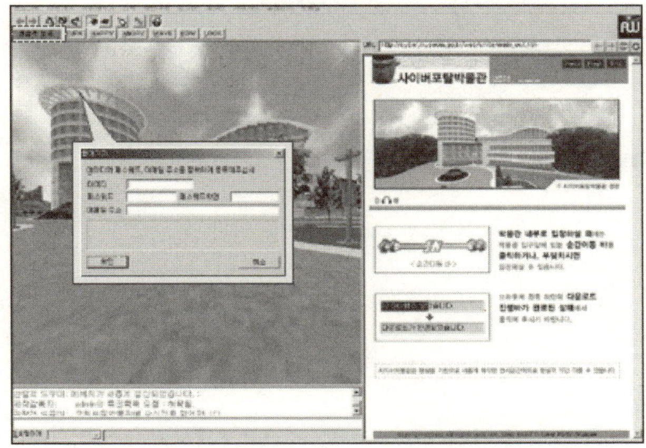

왼쪽 상단에 있는 관람객등록 버튼을 클릭하면 등록창이 뜹니다.

관람객 등록시 좋은점

1. 사이버박물관 접속시 아이디와 패스워드를 다시 묻지 않는다
2. 아바타를 여러 개를 선택할 수 있다.
3. 고유 아이디를 가지므로 상대방과 커뮤니케이션이 용이하다.

그림 5-63 관람객 등록

④ Trip을 이용한 전국의 사이버박물관 탐방하기

그림 5-64 전국의 사이버박물관 탐방하기

전국에 소재하고 있는 거의 모든 박물관은 사이버박물관으로 구축되어 있다. 지역별로 구축되어 있는 원하는 박물관을 들어가려면 지도에서 그 박물관이 소재하고 있는 지역을 클릭하고, 제시된 박물관 중에서 해당 박물관을 클릭하여 들어가면 된다. 사이버박물관으로 들어간 후에는 키보드와 마우스 등을 이용하여 이동하면서 전시관을 탐방할 수 있다.

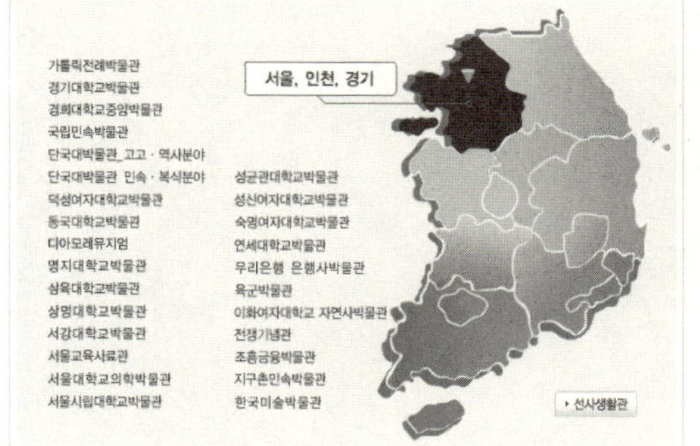

그림 5-65 서울, 인천, 경기지역 사이버박물관

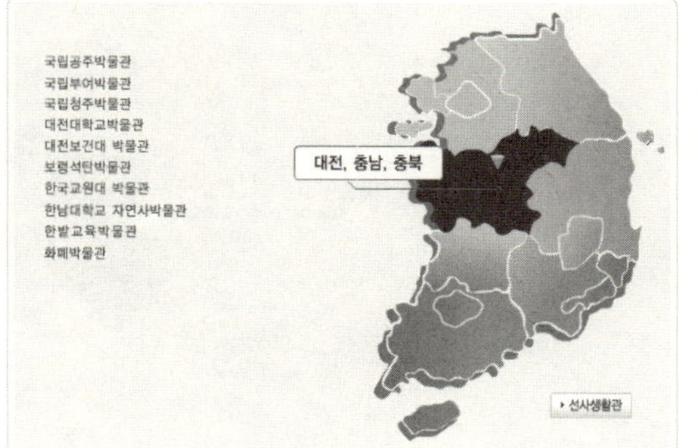

그림 5-66 대전, 충남, 충북지역 사이버박물관

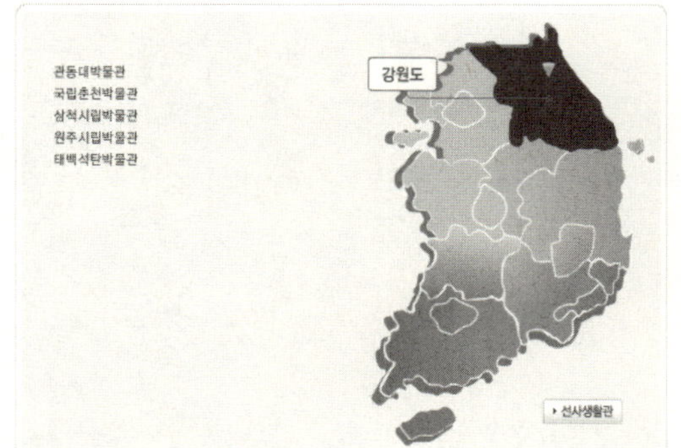

그림 5-67 강원도지역 사이버박물관

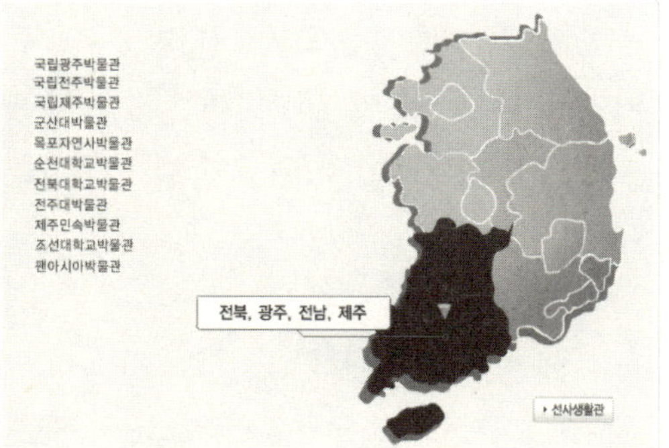

그림 5-68 전북, 광주, 전남, 제주지역 사이버박물관

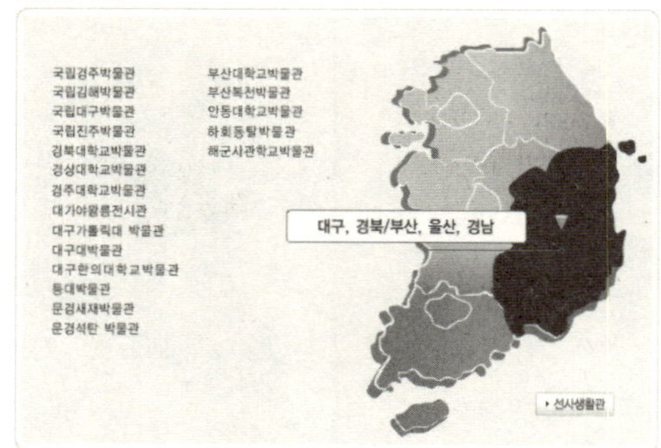

그림 5-69 대구, 경북/부산, 울산, 경남지역 사이버박물관

⑤ 통합 사이버박물관 둘러보기

통합 사이버박물관은 크게 시대별 전시, 주제별 전시 Ⅰ, 주제별 전시 Ⅱ, 민속관전시로 구성되어 있다. 전시관에서는 방대한 양의 유물들을 전시하고 있으므로 본서에서는 샘플로 몇 가지만을 탐방할 것이다. 관심이 있는 독자들은 홈페이지를 방문하여 자세하게 탐방하기 바란다.

가. 시대별 전시 탐방하기

시대별 전시관은 선사시대, 원삼국·고구려·백제, 신라, 가야, 통일신라, 고려, 조선, 근현대사로 구성되어 있다. 시대별 전시관을 탐방하려면 사이버포털박물관(통합 사이버박물관)의 Map을 클릭한 후 시대별 전시의 구성내용 중에서 탐방하고 싶은 시대를 클릭하면 된다.

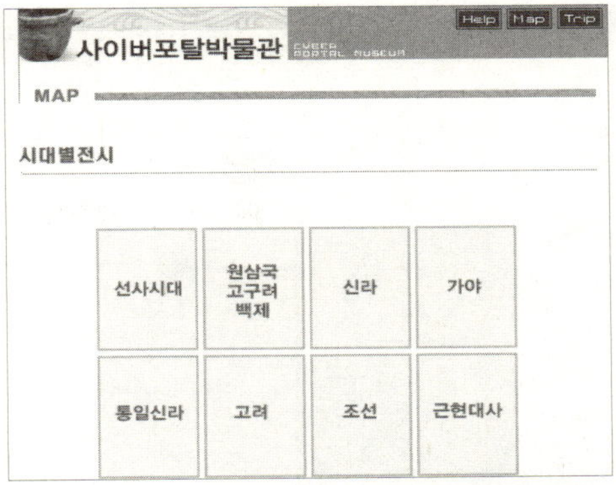

그림 5-70 시대별 전시 들어가기

그림 5-71 선사시대 입구 화면

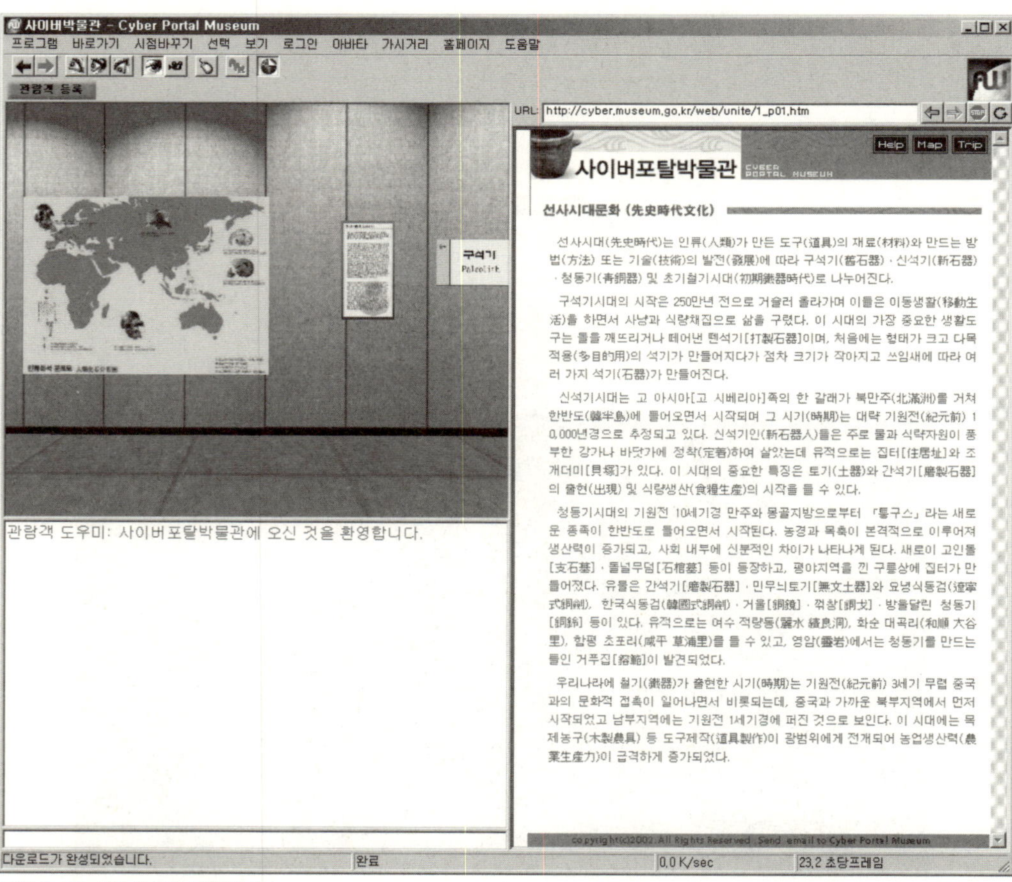

그림 5-72 선사시대관 탐방하기 1

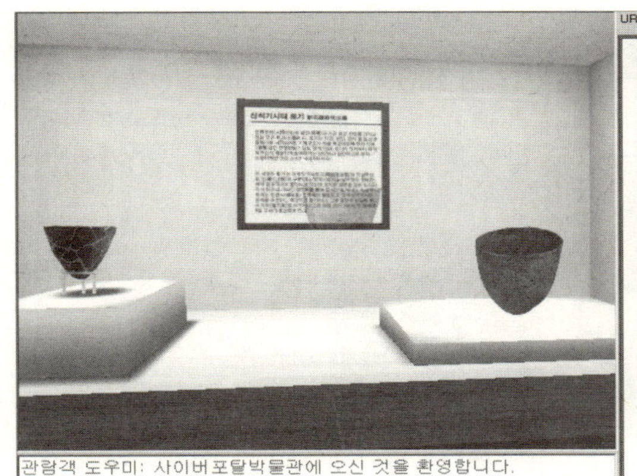

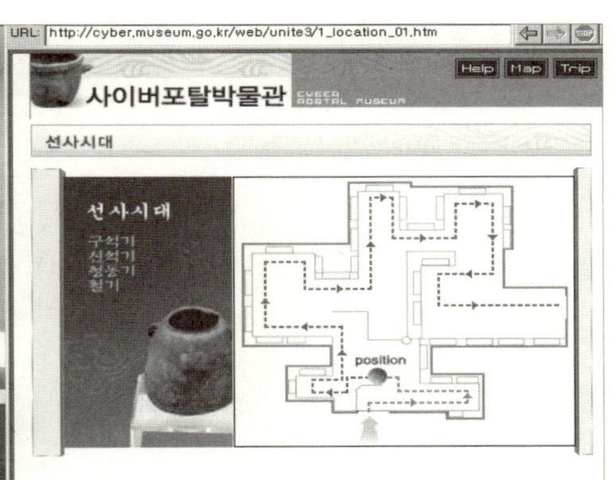

그림 5-73 선사시대관 탐방하기 2

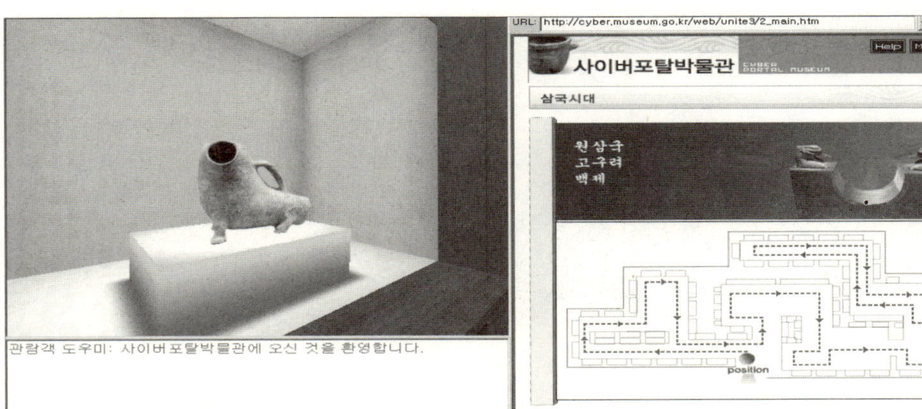

그림 5-74 원삼국·고구려·백제관 탐방하기

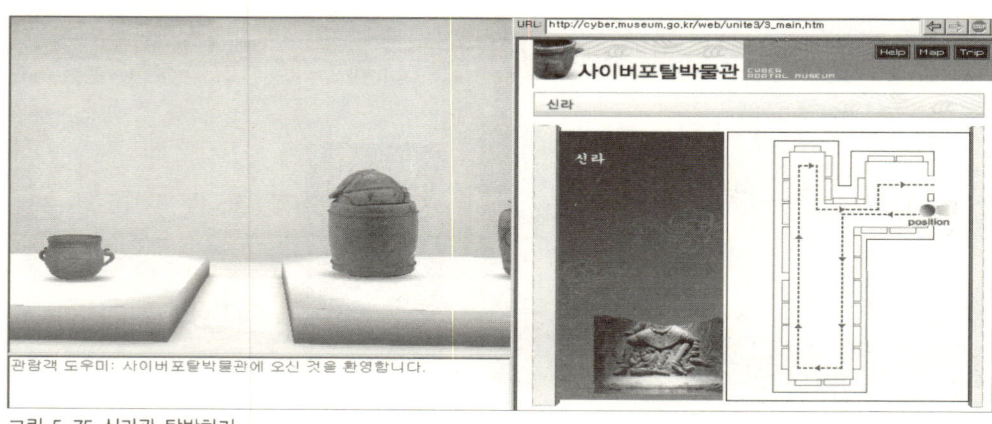

그림 5-75 신라관 탐방하기

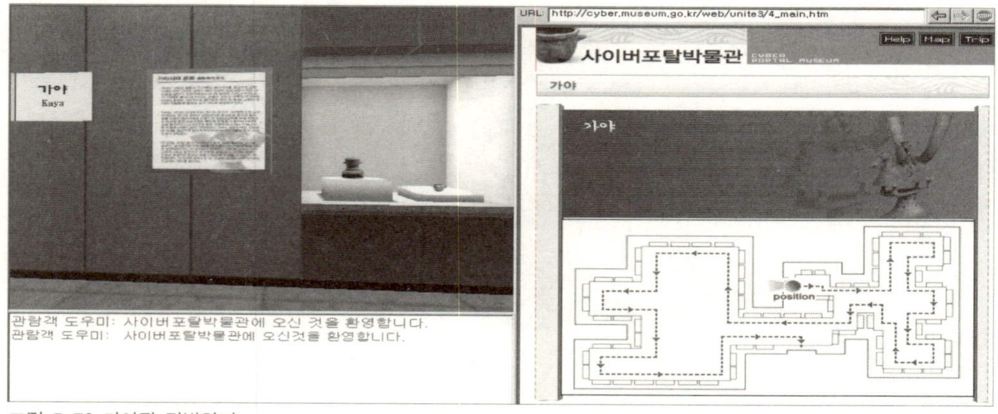

그림 5-76 가야관 탐방하기

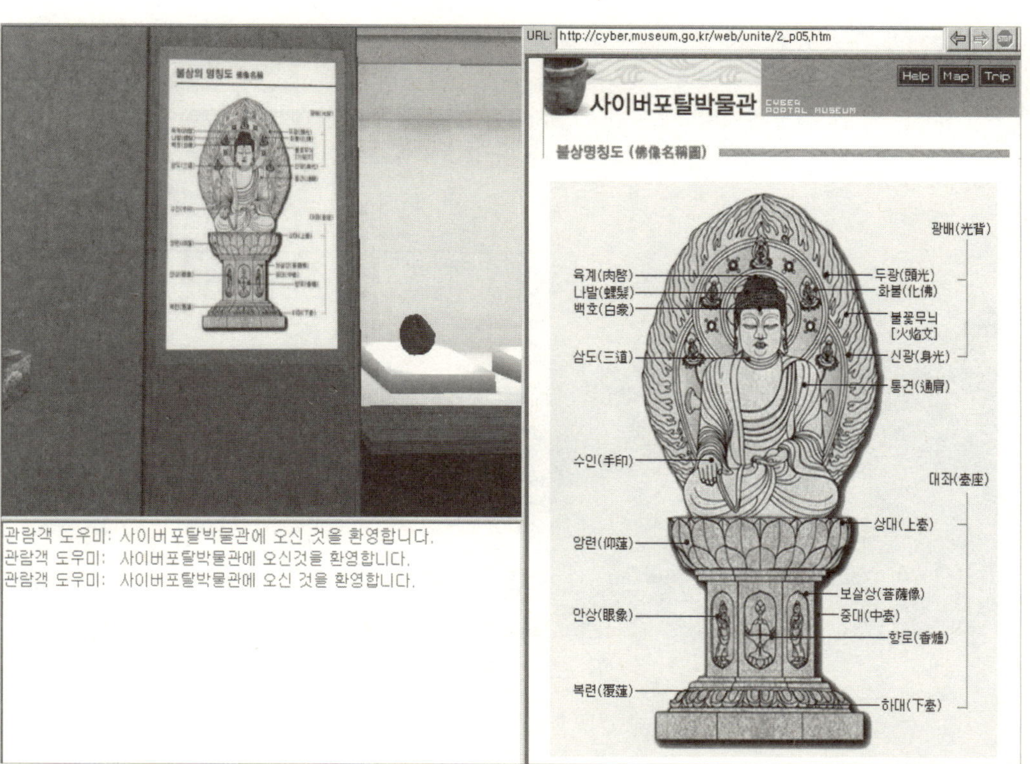

관람객 도우미: 사이버포탈박물관에 오신 것을 환영합니다.
관람객 도우미: 사이버포탈박물관에 오신것을 환영합니다.
관람객 도우미: 사이버포탈박물관에 오신 것을 환영합니다.

그림 5-77 통일신라관 탐방하기

나. 주제별 전시 I 탐방하기

주제별 전시관 I은 토기실, 고려도자실, 조선분청사기·백자로 구성되어 있다. 주제별 전시관을 탐방하려면 사이버포털박물관(통합 사이버박물관)의 Map을 클릭한 후 주제별 전시관 I의 Map에서 탐방하고 싶은 번호를 클릭하면 된다.

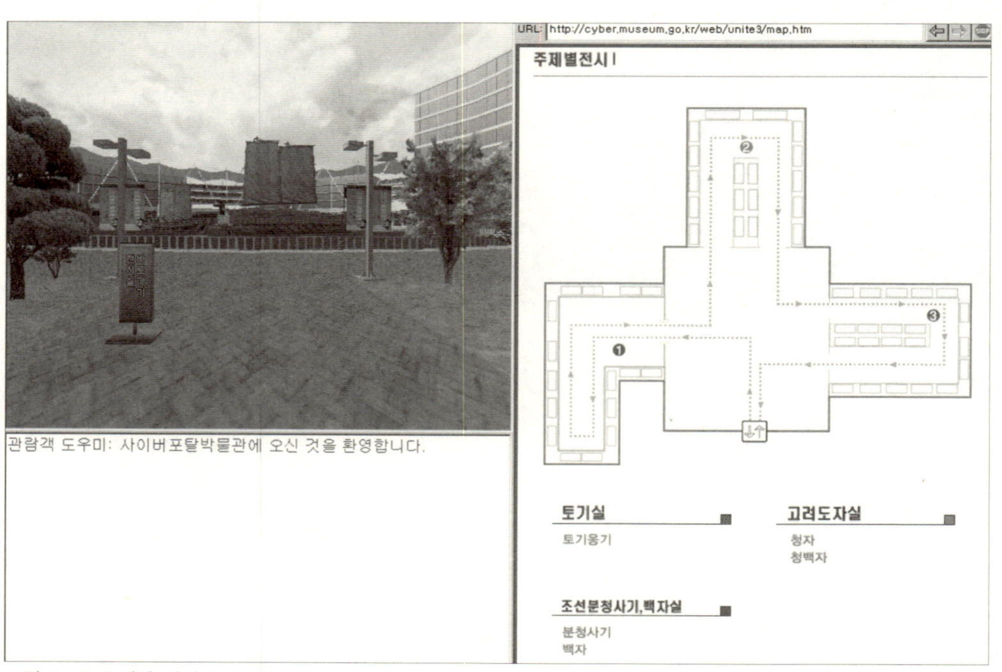

그림 5-78 주제별 전시 I 들어가기

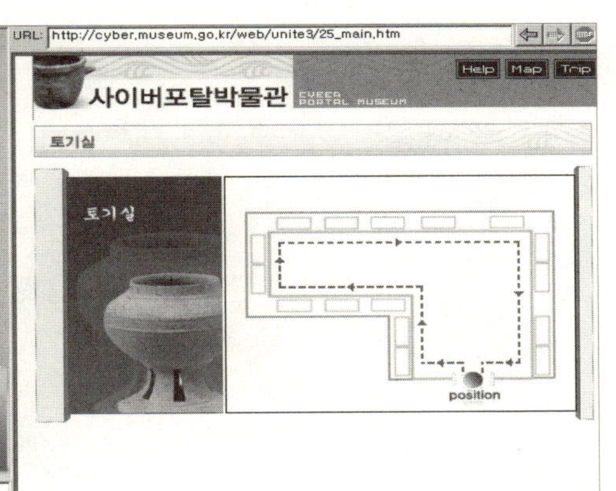

그림 5-79 토기실 탐방하기

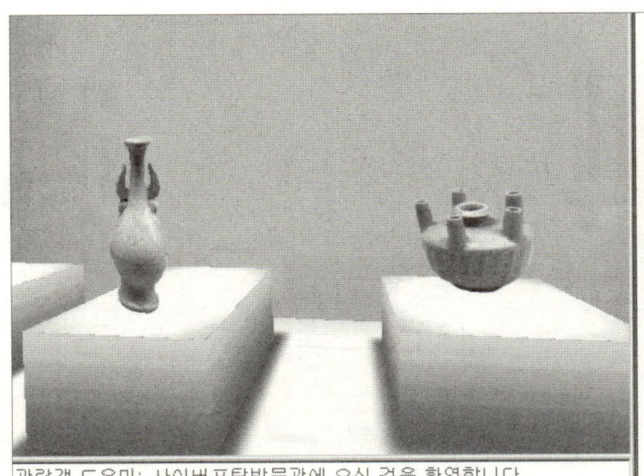

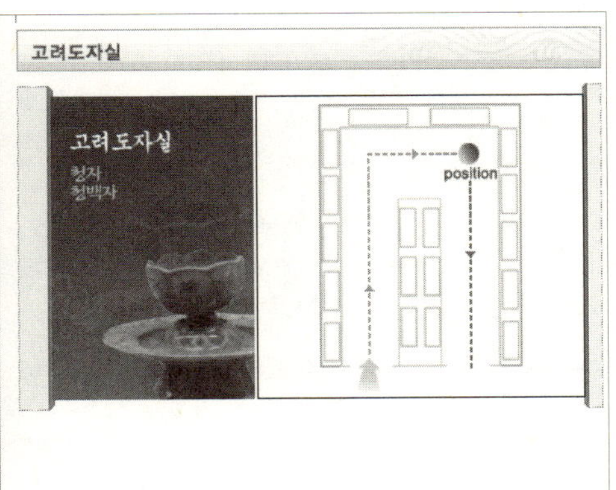

그림 5-80 고려도자실 탐방하기

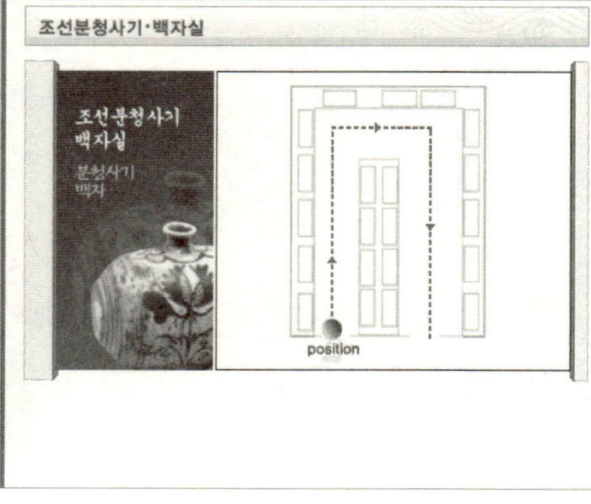

그림 5-81 조선분청사기 · 백자실 탐방하기

다. 주제별 전시 Ⅱ 탐방하기

주제별 전시관 Ⅱ는 의학, 종이, 종교, 전쟁, 여성, 불교미술, 등대, 자연사, 지구촌, 화폐, 석탑, 탈로 구성되어 있다. 주제별 전시관 Ⅱ를 탐방하려면 사이버포털박물관(통합 사이버박물관)의 Map을 클릭한 후 주제별 전시관 Ⅱ의 Map에서 탐방하고 싶은 곳을 클릭하면 된다.

주제별전시Ⅱ

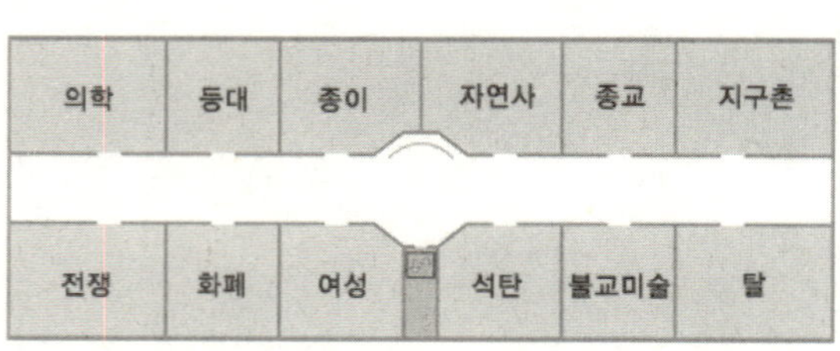

그림 5-82 주제별 전시 Ⅱ 들어가기

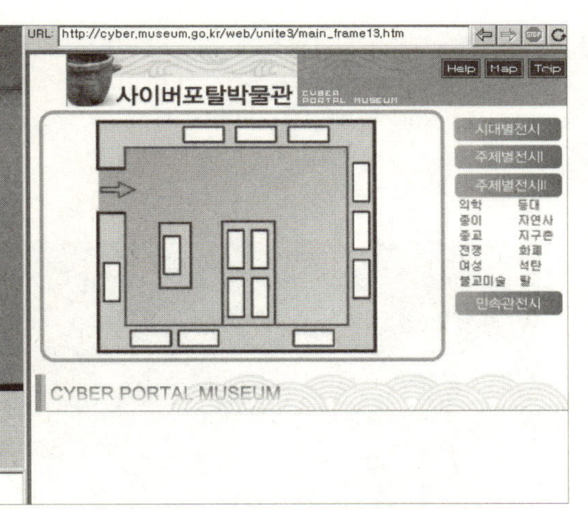

그림 5-83 주제별 전시 II 입구 화면

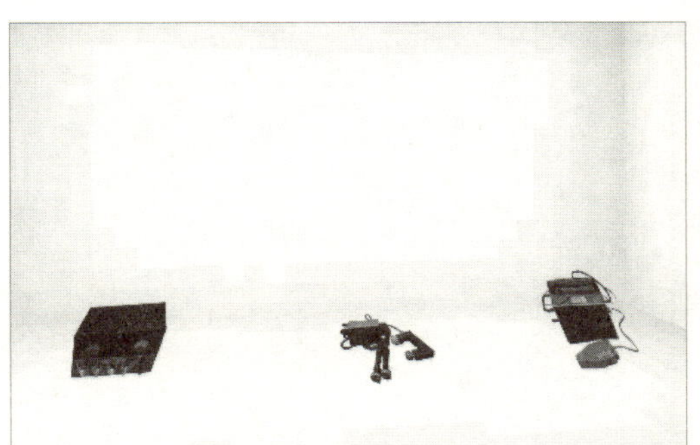

그림 5-84 주제별 전시관 II 탐방하기 1

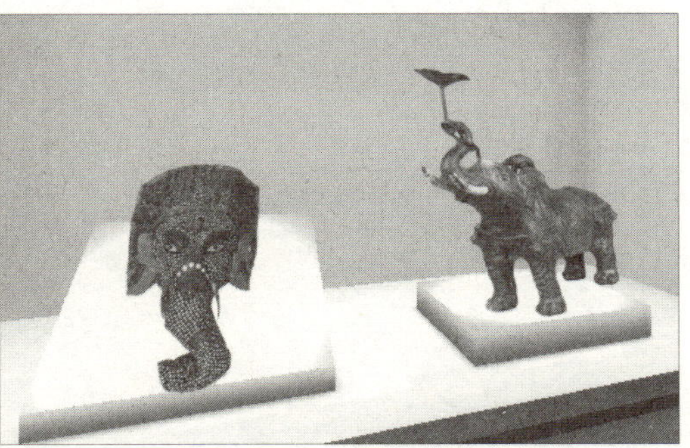

그림 5-85 주제별 전시관 II 탐방하기 2

라. 민속관 전시 탐방하기

민속관 전시관은 한민족생활사, 생업·의식주, 일상·생활로 구성되어 있다. 민속관 전시관을 탐방하려면 사이버포털박물관(통합 사이버박물관)의 Map을 클릭한 후 민속관 전시관의 Map에서 탐방하고 싶은 곳을 클릭하면 된다.

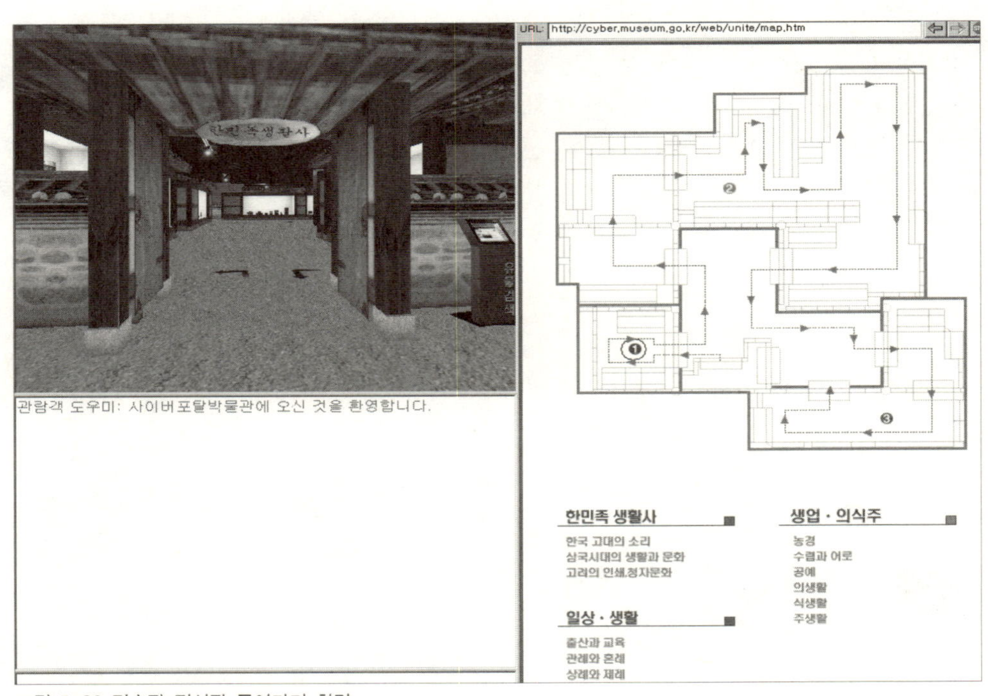

그림 5-86 민속관 전시관 들어가기 화면

그림 5-87 한민족생활사관 입구 화면

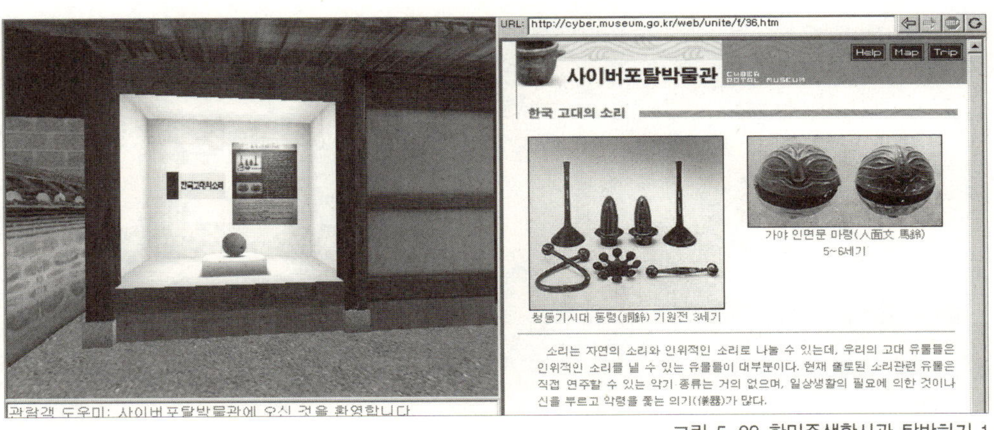

그림 5-88 한민족생활사관 탐방하기 1

그림 5-89 한민족생활사관 탐방하기 2

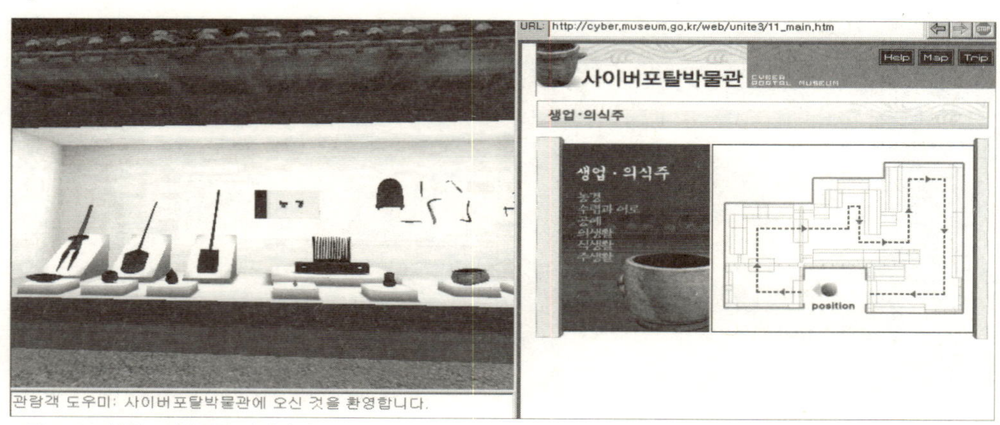

그림 5-90 생업 · 의식주관 탐방하기

그림 5-91 일상·생활관 들어가기 화면

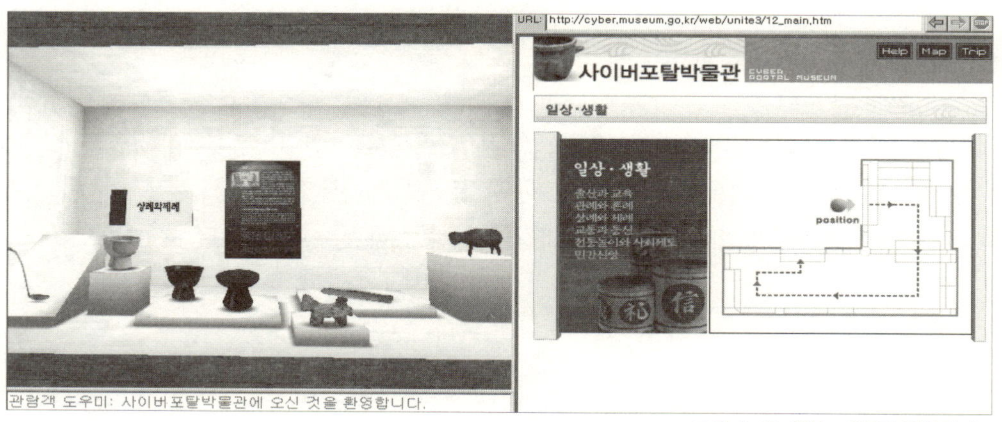

그림 5-92 일상·생활관 탐방하기 1

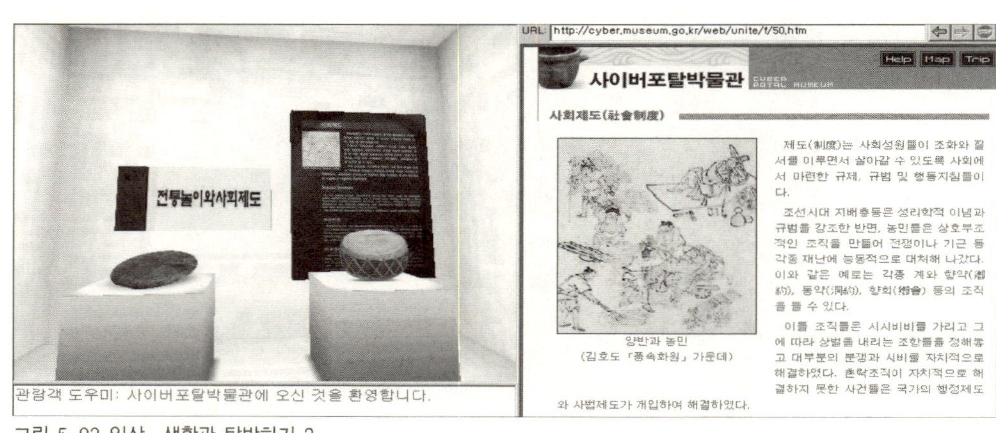

그림 5-93 일상·생활관 탐방하기 2

(3) 사이버국립경주박물관 탐방

국립경주박물관(http://gyeongju.museum.go.kr)은 신라문화와 관련된 다양한 유물들에 관한 정보서비스를 제공하고 있다. 홈페이지의 [전시실] 메뉴에서는 [상설전시]와 [사이버전시]를 제공한다. 초기화면에서 [한국어]를 선택하여 홈페이지 안으로 들어가자.

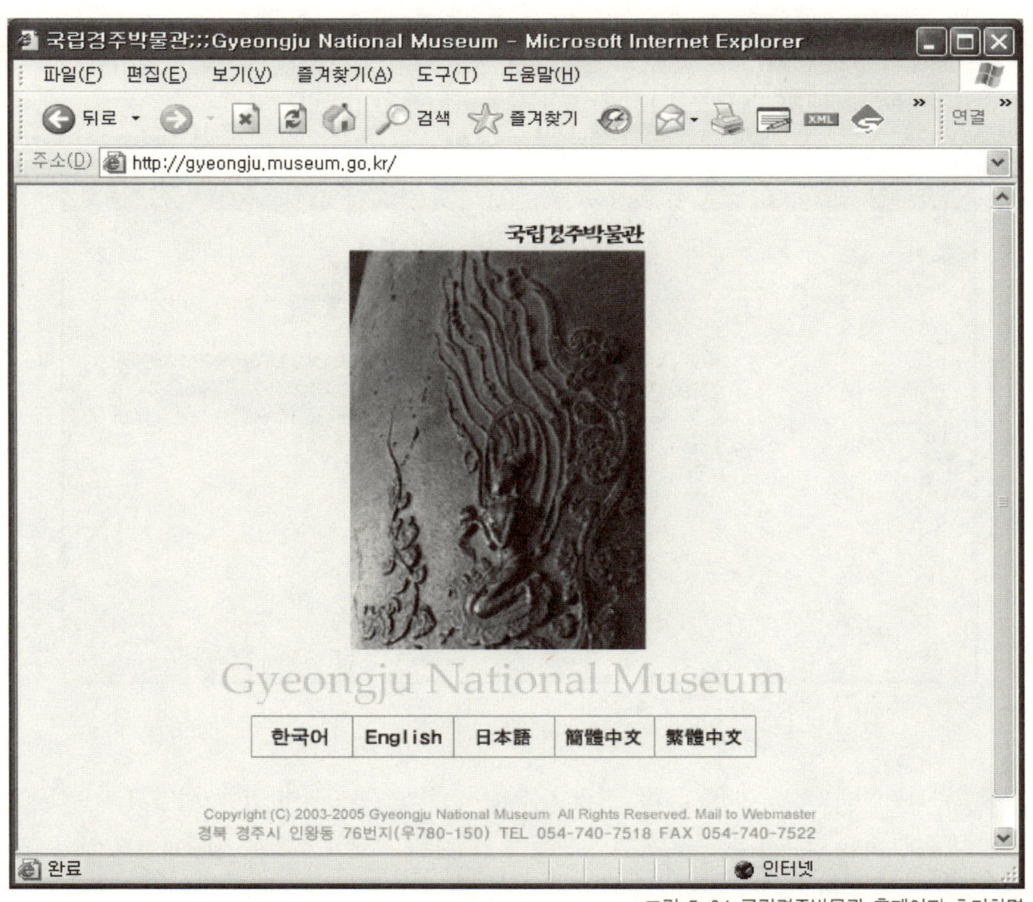

그림 5-94 국립경주박물관 홈페이지 초기화면

❶ 국립경주박물관 [상설전시] 둘러보기

홈페이지의 [전시실] 메뉴에서 [상설전시]를 클릭하여 들어간다.

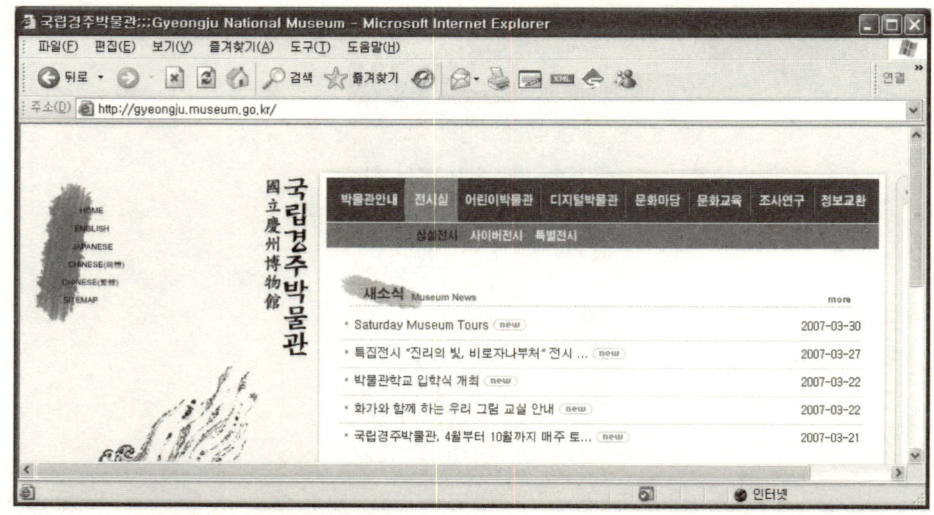

그림 5-95 국립경주박물관 상설전시관 들어가기

상설전시관은 고고관, 미술관, 안압지관, 옥외전시장으로 구성되어 있다. 이미 전시관에 전시된 내용에 대한 상세한 설명을 하였으므로 여기에서는 자세한 설명은 생략하기로 한다. 상설전시관 초기화면에서 [소장품상세보기]를 클릭하면 [상설전시관]으로 들어갈 수 있다.

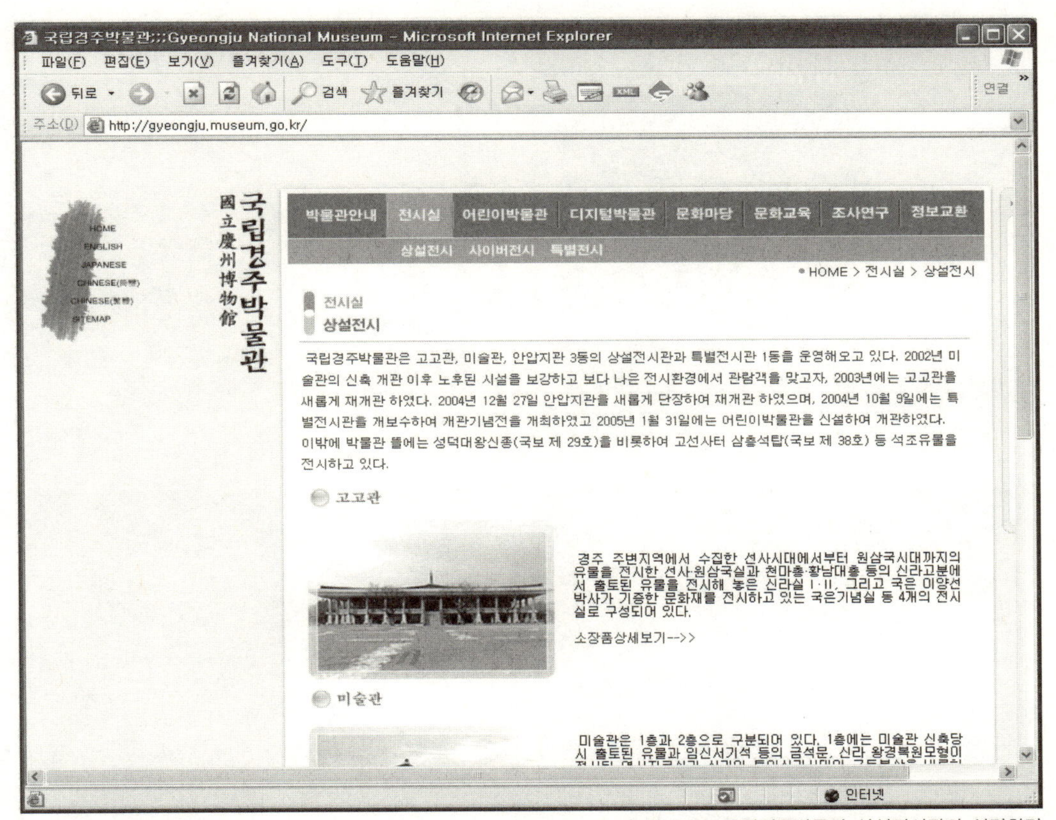

그림 5-96 국립경주박물관 상설전시관의 설명화면

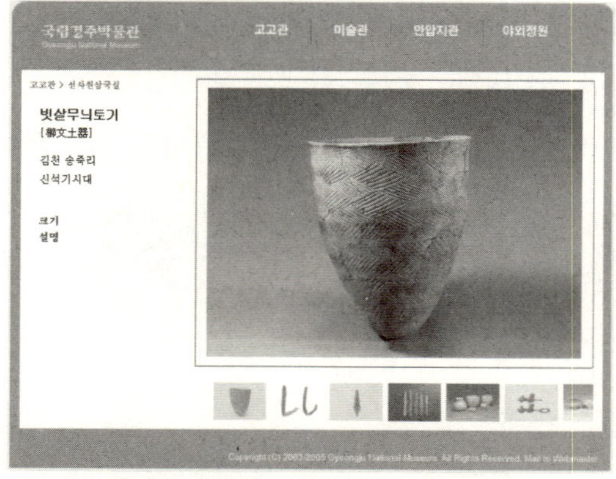

그림 5-97 국립경주박물관 상설전시관의 초기화면

상설전시관은 각각의 유물에 대하여 크기와 설명화면을 제공하고 있다. 예컨대, [고고관]의 [빗살무늬토기]의 크기와 설명 부분을 제시하면 다음과 같다.

상설전시관에서 제공하고 있는 모든 유물에 대한 크기와 설명에 대해서 관심이 있는 독자들은 시간을 내어서 모두 살펴보기 바란다. 거의 모든 내용은 본서의 제4장에서 이미 설명하였으므로 제4장의 내용을 읽어보아도 좋을 것이다.

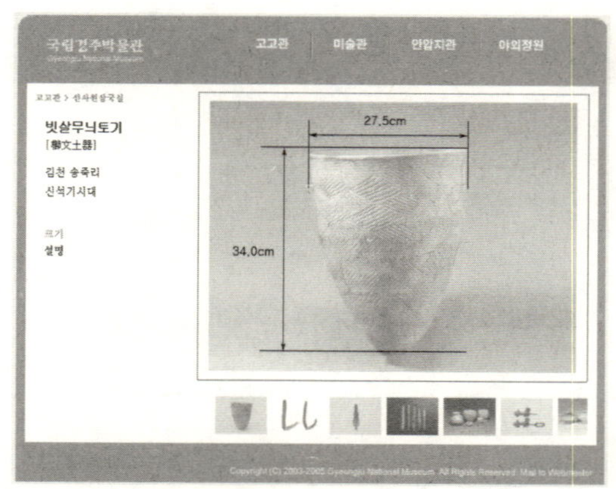

그림 5-98 고고관 빗살무늬토기의 유물 크기 설명 화면

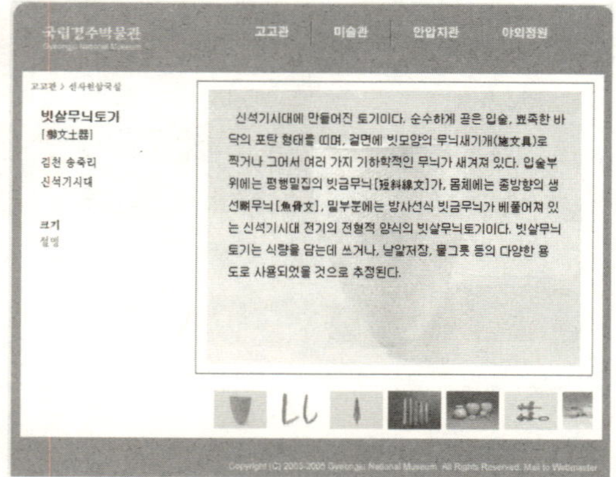

그림 5-99 고고관 빗살무늬토기의 유물 설명 화면

❷ 국립경주박물관 사이버전시 – [사이버국립경주박물관] 둘러보기

국립경주박물관의 모든 전시관과 그 속에 전시되어 있는 유물들은 사이버전시관으로 구축되어 있다. 따라서 독자들은 국립경주박물관의 [사이버전시]에서 VR로 구축되어 있는 전시내용을 각자의 집에 설치되어 있는 컴퓨터의 인터넷 접속을 통해서 둘러보기를 할 수 있다. VR로 구축되어 있는 사이버전시관의 탐방은 생생한 체험의 장을 제공해 줄 수 있을 것이다.

① 국립경주박물관 사이버박물관 객체 VR 찾아가기

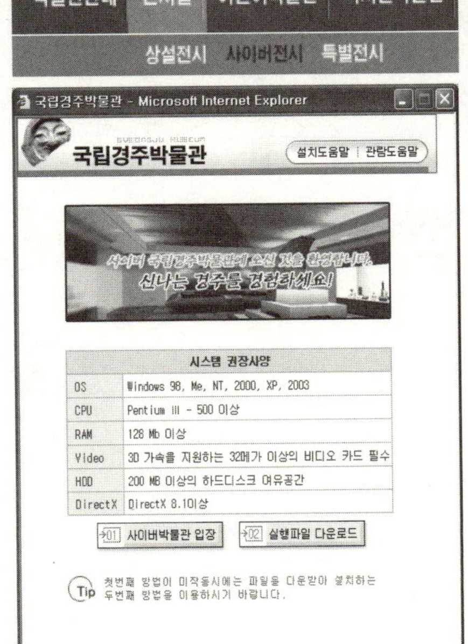

그림 5-100 사이버박물관 입장을 위한 화면

1 국립경주박물관 홈페이지(웹 주소 http://gyeongju.museum.go.kr)의 [전시실] 메뉴의 [사이버전시]를 클릭하여 들어간다.

2 사이버박물관 입장을 위한 화면이 나타나면 화면 좌측 하단에 있는 [사이버박물관 입장]을 클릭한다.

3 그림 5-101과 같은 팝업창이 나타나면 자신의 [패스워드]를 입력한 후 [확인] 또는 [여행자] 버튼을 눌러서 [사이버박물관]으로 입장한다.

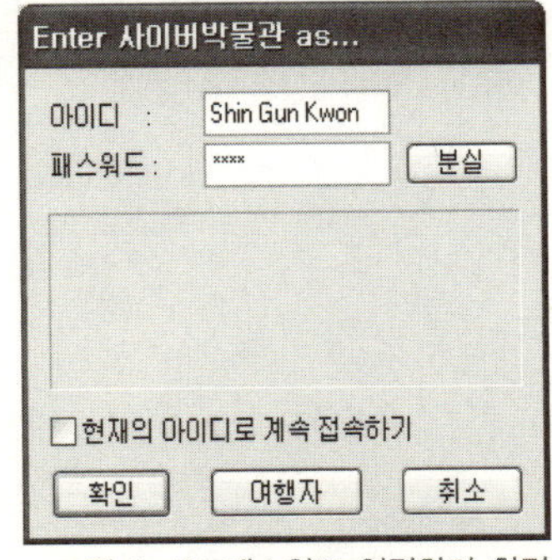

그림 5-101 패스워드 입력하기 화면

319

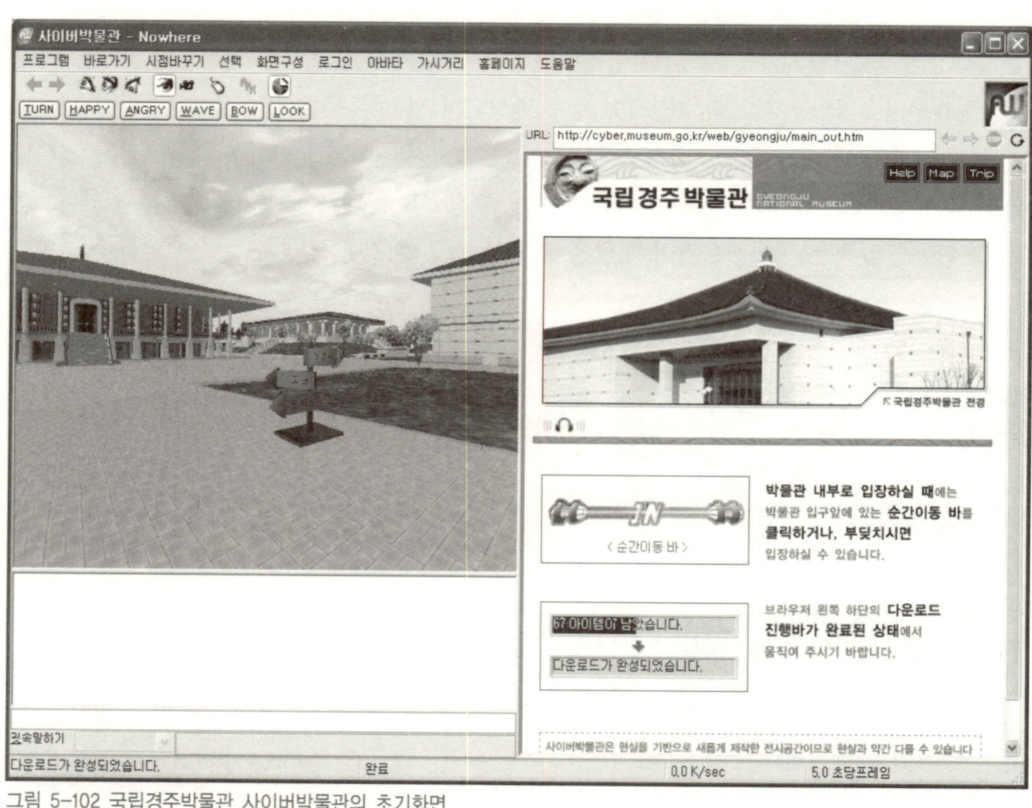

그림 5-102 국립경주박물관 사이버박물관의 초기화면

② 국립경주박물관 사이버박물관 관람하기를 위한 안내 Map

사이버전시관의 초기화면 우측 상단에 있는 Map을 클릭하면 안내 Map이 나타난다. 안내 Map에 표시된 번호를 클릭하면 해당 사이버전시실로 이동된다. 그러면 키보드 방향키와 마우스 등을 이용하여 전시실을 다양한 방식으로 관람할 수 있다. 관람을 위한 키보드와 마우스 등의 작동법은 통합 사이버전시관의 그것과 동일하다.

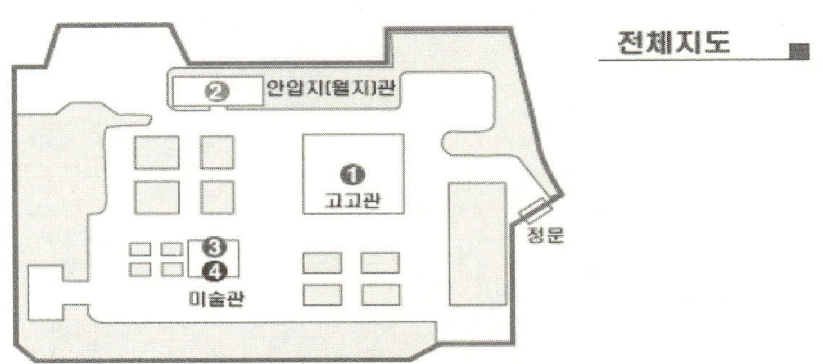

그림 5-103 전시관 입장과 유물 관람을 위한 안내 Map-전체지도

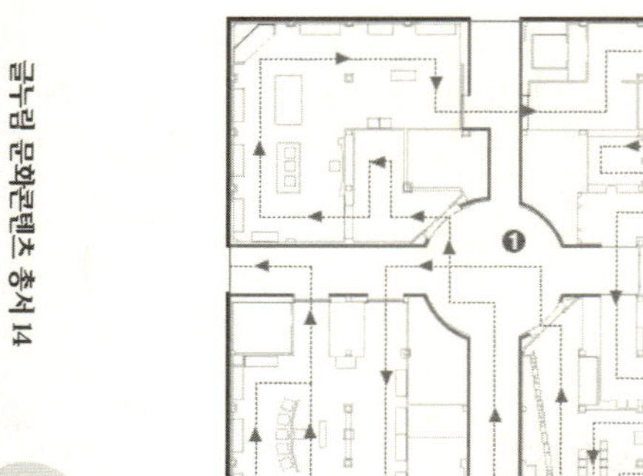

그림 5-104 전시관 입장과 유물 관람을 위한 안내 Map-고고관

그림 5-105 전시관 입장과 유물 관람을 위한 안내 Map - 안압지관

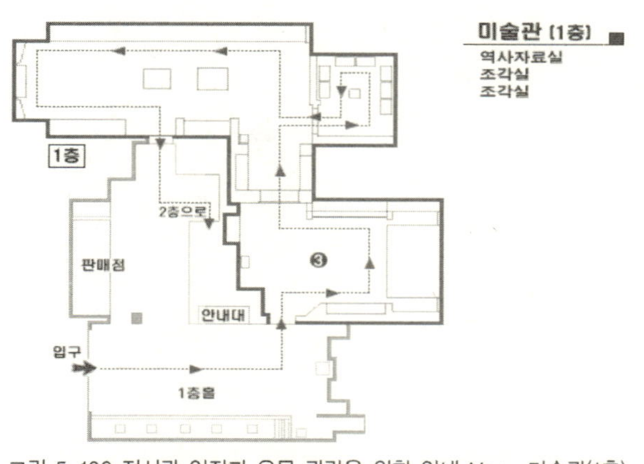

그림 5-106 전시관 입장과 유물 관람을 위한 안내 Map - 미술관(1층)

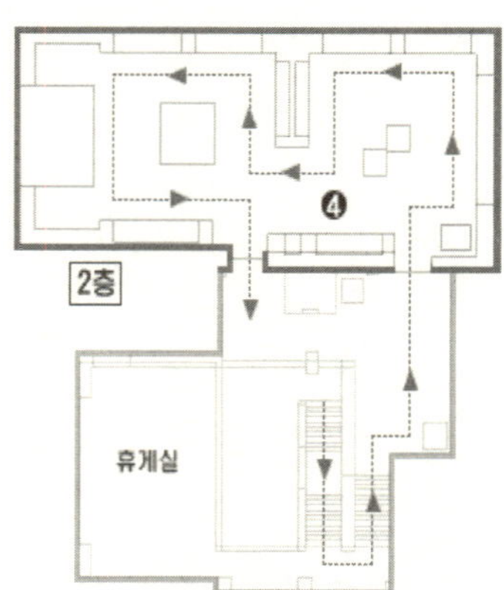

그림 5-107 전시관 입장과 유물 관람을 위한 안내 Map-미술관(2층)

③ 국립경주박물관 사이버박물관 둘러보기를 위한 도움말

키보드, 마우스 작동법 등 모든 도움말은 통합 사이버박물관과 동일하다. 따라서 여기에서는 자세한 설명은 생략하기로 한다.

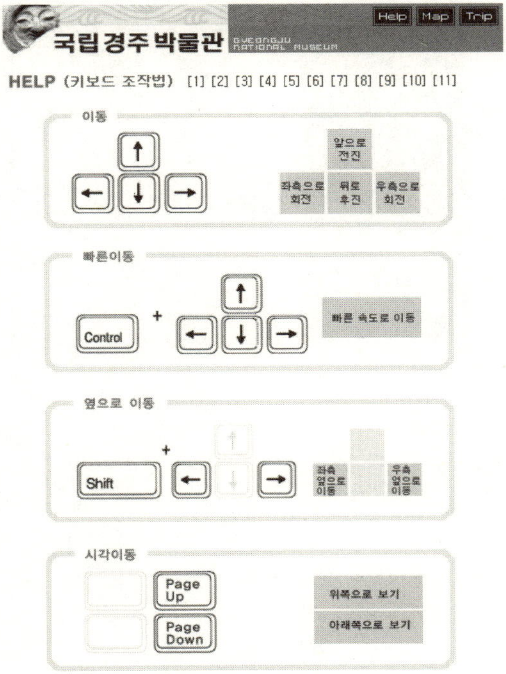

④ 사이버박물관 둘러보기

사이버박물관은 크게 고고관, 안압지관, 미술관(1층), 미술관(2층)으로 구성되어 있다.

가. 고고관 둘러보기

고고관을 둘러보기 위해서는 안내 Map을 클릭한 후 전체지도에서 ❶ 고고관을 클릭한다. 고고관에 입장하면 바닥에 표시되어 있는 안내 방향표시에 따라 키보드와 마우스 조작 등을 통해서 탐방할 수 있다. 고고관은 ① 선사원삼국실, ② 신라실1, ③ 신라실2, ④ 국은기념실로 구성되어 있다. 고고관의 우측상단에 있는 ⟨⟨⟨ ⌒ ⟩⟩⟩ 이 클릭되어 있으면 음성을 청취할 수 있다.

그림 5-108 전시관 입장과 유물 관람을 위한 도움말

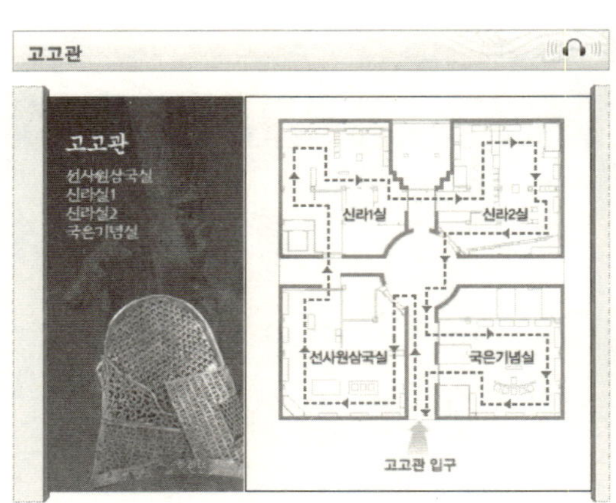

그림 5-109 고고관 탐방하기

그림 5-110 고고관 입구 화면

• 선사·원삼국실 탐방하기

경주와 주변일대에서 출토된 신석기·청동기·초기철기시대의 선사시대부터 원삼국시대까지의 유물이 전시되어 있으며 울산 대곡리 반구대와 영주 가흥리의 바위그림 탁본도 함께 전시되어 있다.

그림 5-111 선사·원삼국실 입구 화면

그림 5-112 반구대 바위그림 탐방보기

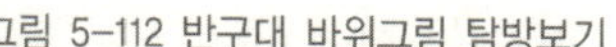

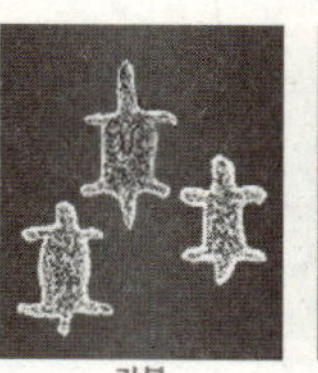

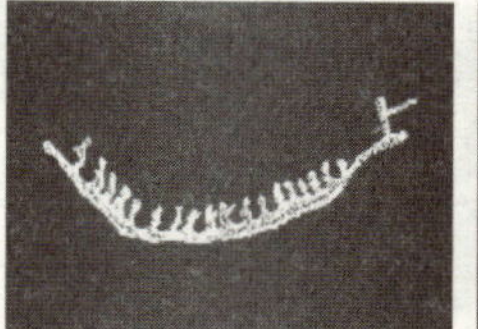

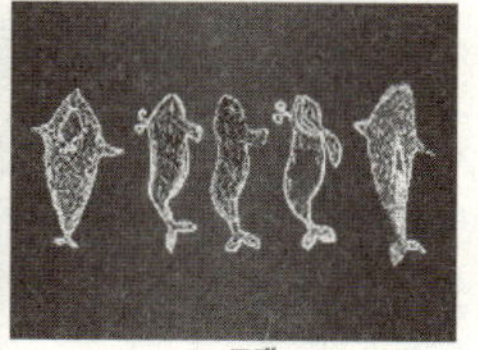

※ 왼쪽 유물 부분 하단에 있는 판넬부분(파란색 부분)을 클릭하면 오른쪽과 같은 설명이 나타난다.

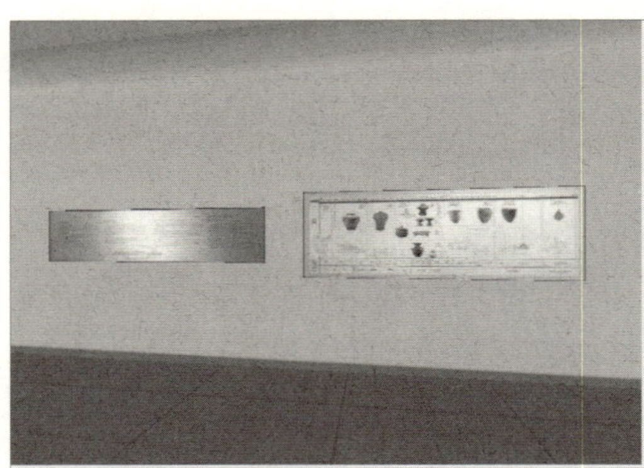

그림 5-113 경주의 선사문화 탐방보기

그림 5-114 원삼국시대 토기 탐방하기

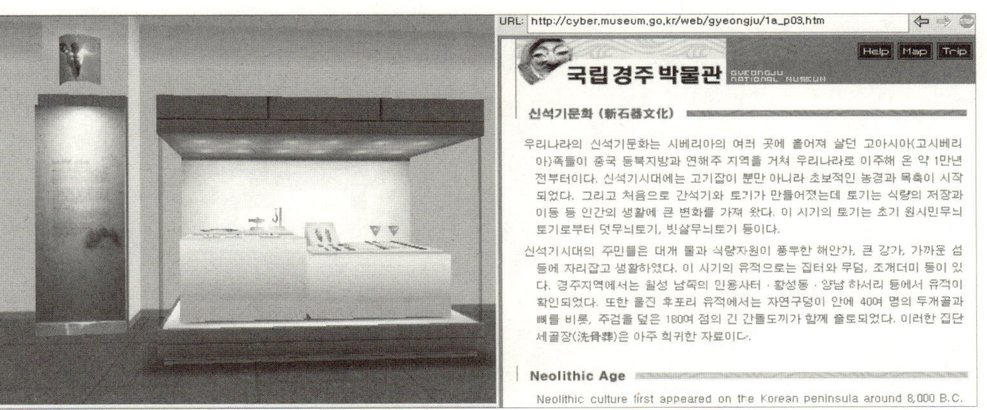

그림 5-115 신석기문화 탐방하기

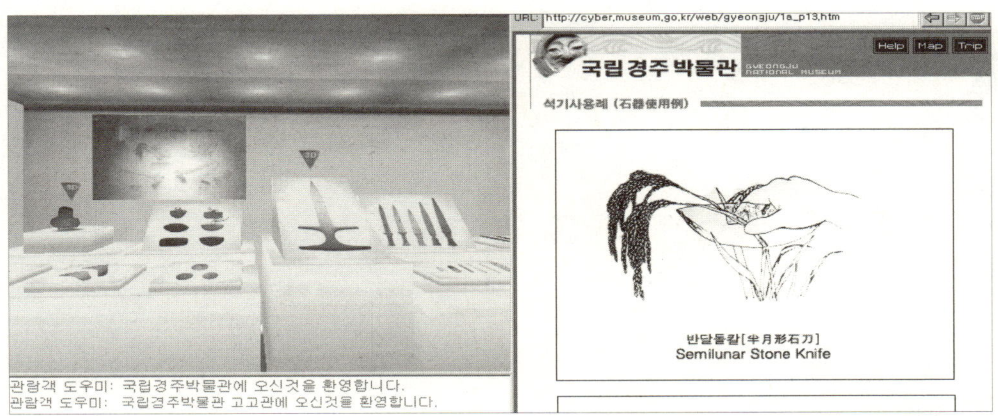

그림 5-116 석기사용례 탐방하기

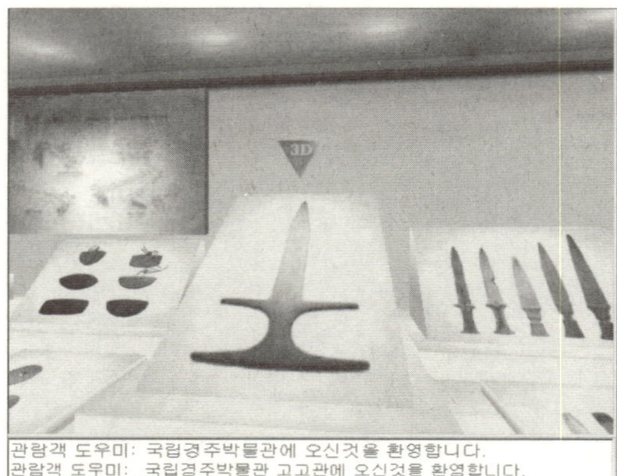
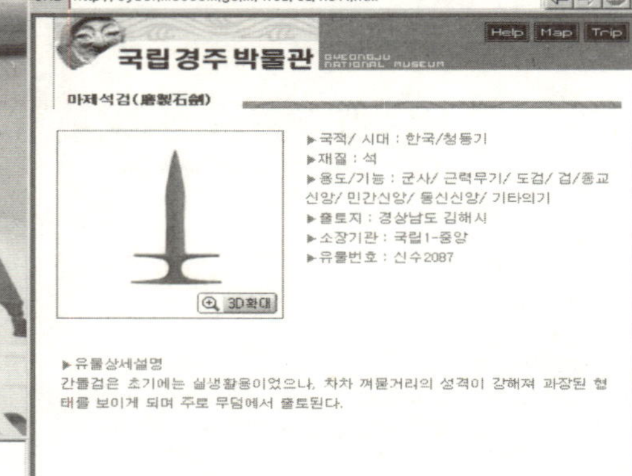

그림 5-117 타제석검 탐방하기

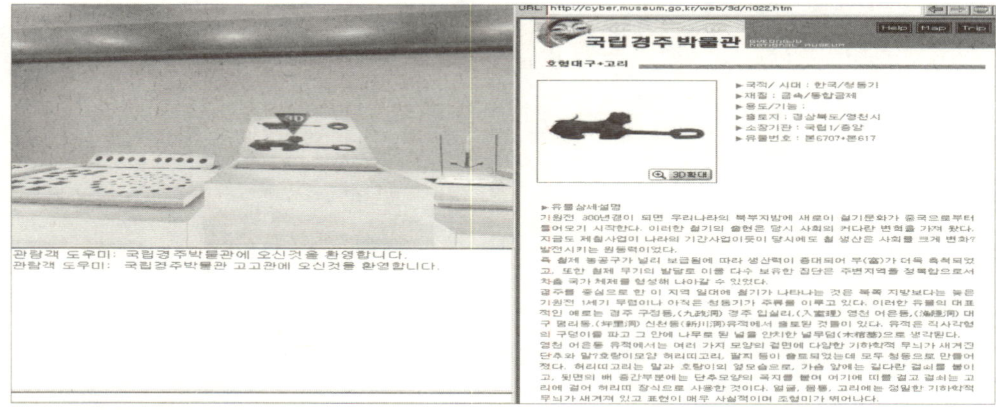

그림 5-118 호형대구 고리 탐방하기

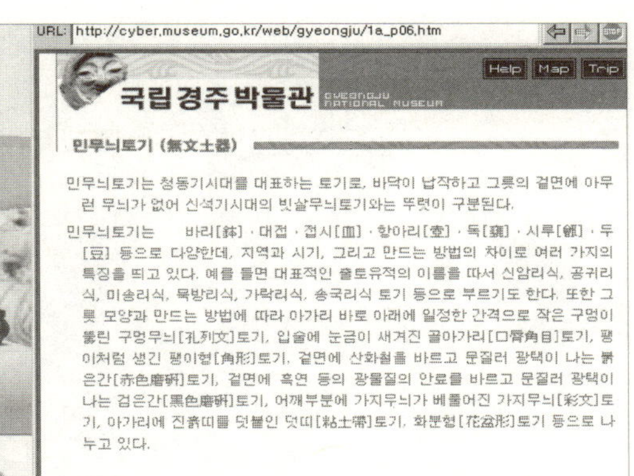

그림 5-119 민무늬토기 탐방하기

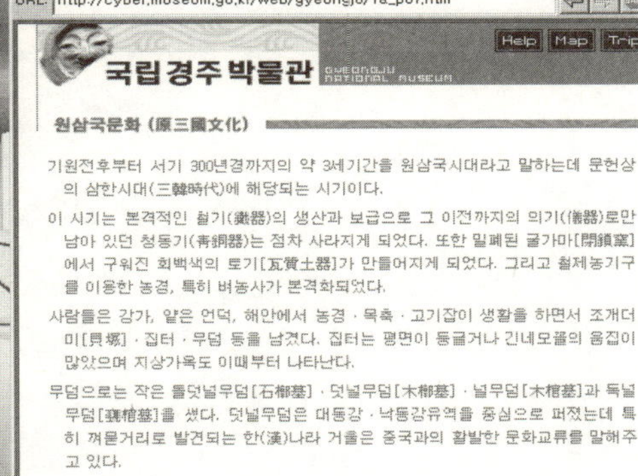

그림 5-120 원삼국문화 탐방하기

그림 5-121 농기구 탐방하기

그림 5-122 무기류 탐방하기

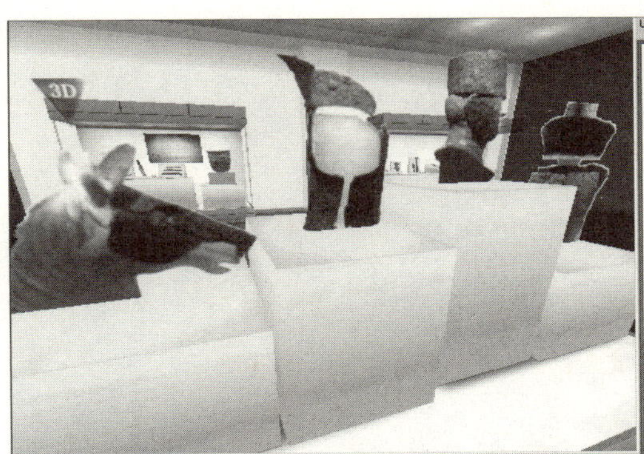
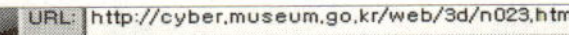

그림 5-123 마주 탐방하기

그림 5-124 농기구 탐방하기

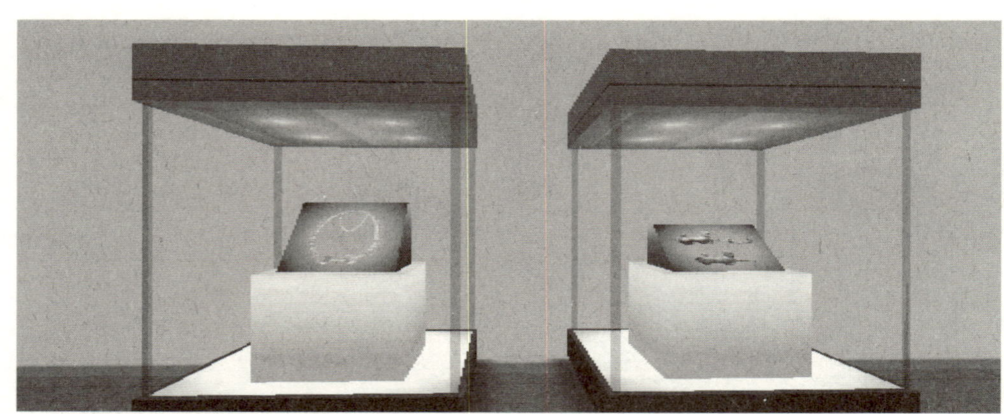

그림 5-125 선사·원삼국실 탐방하기 1

그림 5-126 선사·원삼국실 탐방하기 2

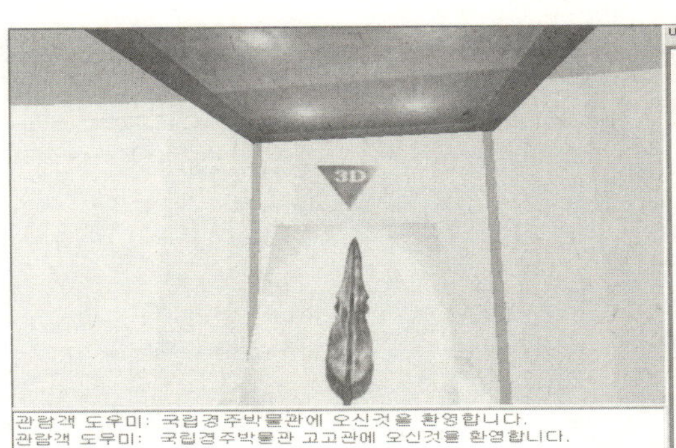

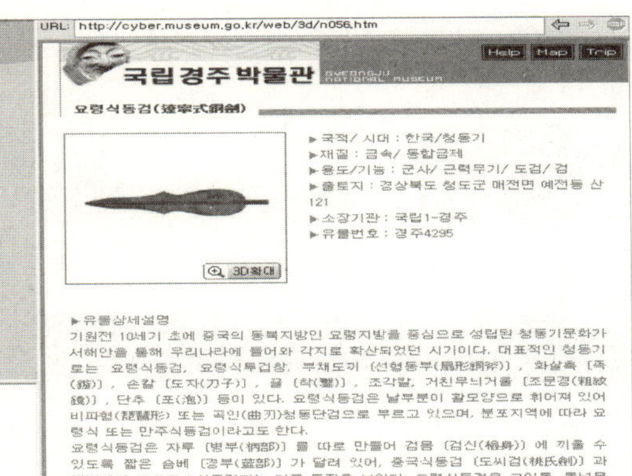

그림 5-127 요령식동검 탐방하기

• 신라실 Ⅰ과 Ⅱ 탐방하기

경주일대의 고분과 각 유적에서 출토된 신라 금관을 비롯한 금장신구 등과 원삼국시대부터 통일신라시대까지의 명품들을 종류별로 엄선하여 전시하고 있다. 이들 유물은 신라가 '황금의 나라'로 불렸던 이유를 잘 대변해 준다.

그림 5-128 신라실 Ⅰ 입구 화면

그림 5-129 황금의 나라, 신라 탐방하기

그림 5-130 계란 탐방하기

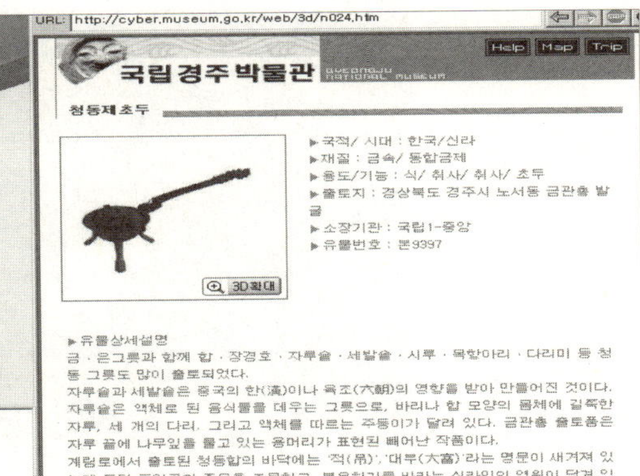

그림 5-131 청동제 초두 탐방하기

그림 5-132 금 · 은 그릇 탐방하기

그림 5-133 굽다리접시 탐방하기

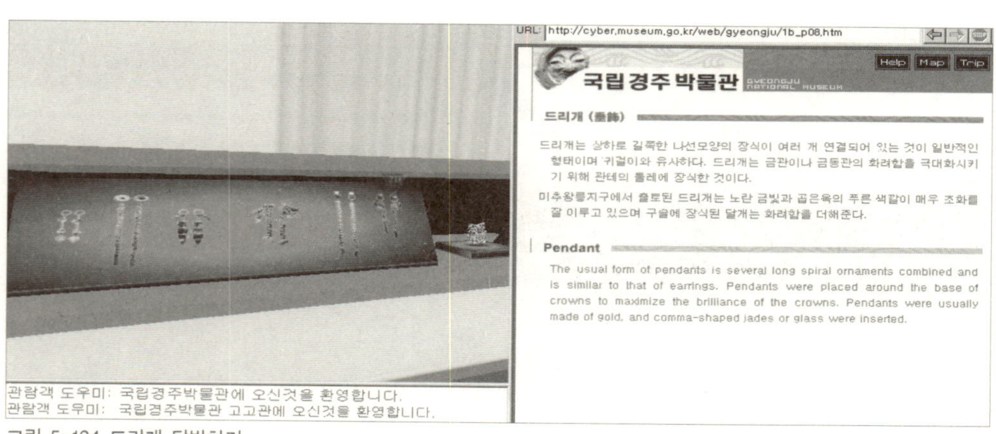

그림 5-134 드리개 탐방하기

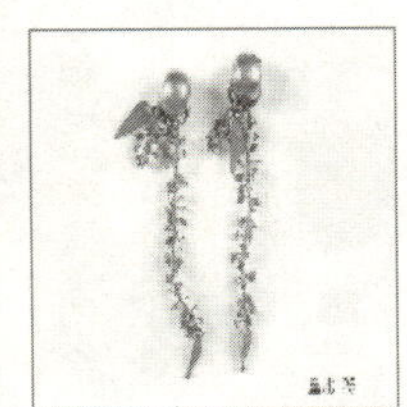

URL: http://cyber.museum.go.kr/web/2d/10_035.htm

그림 5-135 금제 굵은고리드리개 탐방하기

그림 5-136 금관 탐방하기

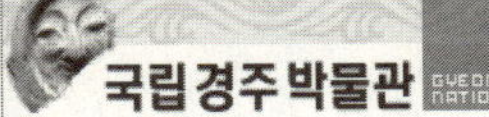

URL: http://cyber.museum.go.kr/web/2d/10_042.htm

Help Map Trip

국립경주박물관 GYEONGJU NATIONAL MUSEUM

교동(校洞) 금관(금冠)

▶국적/ 시대 : 한국(韓國) / 신라(新羅)
▶재질 : 금속(金屬) / 금제(金製)
▶용도기능 : 의(衣) / 관모(冠帽) / 관(冠) / 금관(金冠)
▶출토(소)지 : 경상북도(慶尙北道) 경주시(慶州市) 교동(校洞) 64
▶참고문헌 : 『국립경주박물관』 1997. 도판 233
▶소장기관 : 국립1(國立1) / 경주(慶州)
▶유물번호 : 경주(慶州) 2619

▶유물상세정보
경주시 교동(校洞)의 폐고분(廢古墳)에서 도굴되었다가 압수한 금관(金冠)이다. 신라의 금관 중 가장 형태가 단순하며 오래된 것이다.
금판을 길쭉한 띠모양으로 오려 관테[臺輪]를 만든 다음 별도로 만든 3개의 솟음장식[립飾]을 관테의 안쪽에 덧대고 금못을 '∴'모양으로 박아 고정하였다. 관테에는 상하로 2줄의 달개[瓔珞]를, 솟음장식에는 한줄씩의 둥근 달개를 금실에 꿰어 매달았다. 솟음장식은 중심줄기와 2개의 가지로 이루어진 나뭇가지모양인데 형태상으로 보면 부산 복천동 10·11호분에서 나온 금동관과 유사하며 신라의 전형적인 관(冠)인 '출(出)'모양 금관의 시원적인 모습으로 추정된다. 관테의 지름이 14cm에 불과하여 금령총(金鈴塚) 출토 금관처럼 소년용일 가능성이 있다.

그림 5-137 교동 금관 탐방하기

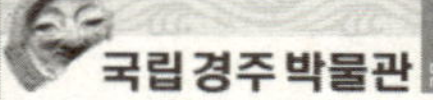

그림 5-138 천마총 금제나비모양관장식 탐방하기

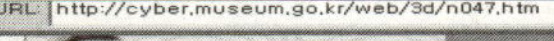

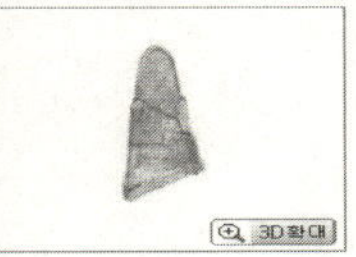

그림 5-139 천마총 금제관모 탐방하기

그림 5-140 유리그릇 탐방하기

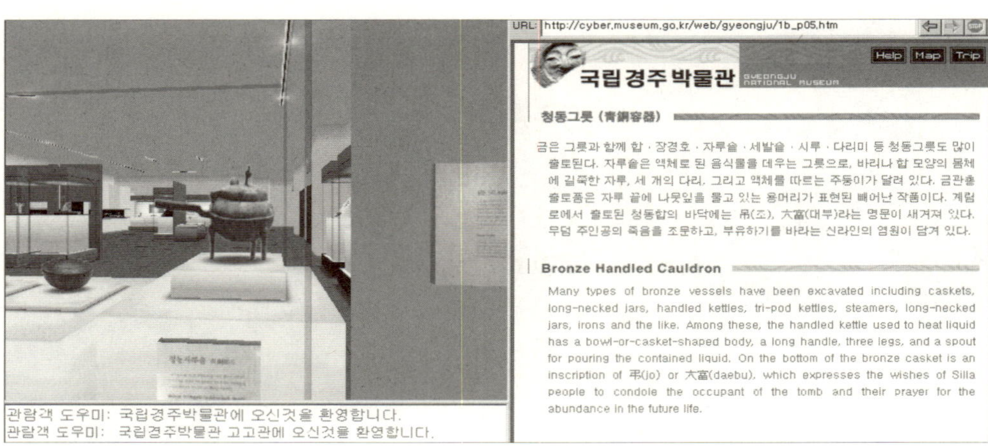

그림 5-141 청동그릇 탐방하기

그림 5-142 금제감장보검 탐방하기

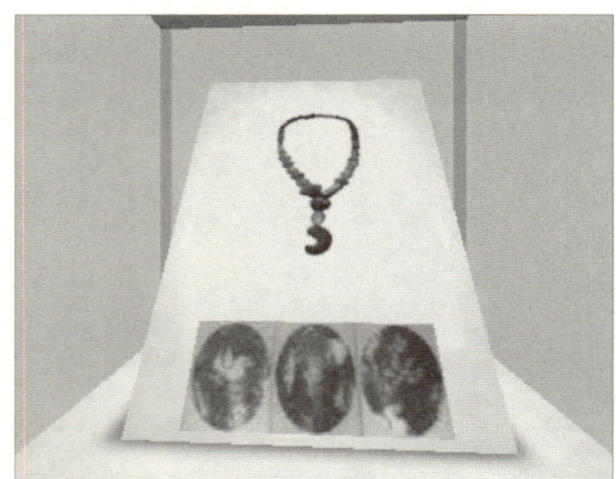

그림 5-143 유리옥 목걸이 탐방하기

URL: http://cyber.museum.go.kr/web/2d/10_044.htm

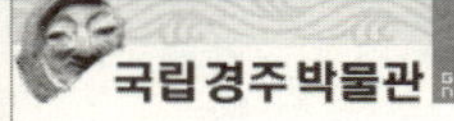

천마총금관(天馬塚금冠)

▶국적/ 시대 : 한국(韓國) / 신라(新羅)
▶재질 : 금속(금屬) / 금제(금製), 유리/보석(琉璃/寶石) / 옥(玉)
▶크기 : 높이(높이) : 32.5 cm
▶지정구분 : 국보(國寶) 188호
▶용도기능 : 의(衣) / 관모(冠帽) / 관(冠) / 금관(금冠)
▶출토(소)지 : 경상북도(慶尙北道) 경주시(慶州市) 황남동(皇南洞) 천마총(天馬塚)
▶문양장식 : 기하문(幾何文) / 점열문(點列文), 기하문(幾何文) / 파상문(波狀文)
▶참고문헌 : 『『국립경주박물관』 1997. 도판 219
▶소장기관 : 국립1(國立1) / 경주(慶州)
▶유물번호 : 경주(慶州) 2274

▶유물상세정보

신라의 금관(금冠) 중 가장 화려한 것인데 곱은옥[曲玉]과 달개[瓔珞]가 가득 달려있다. 구조는 넓은 관테[臺輪]에 3개의 나뭇가지모양장식[出字形립飾]과 2개의 사슴뿔장식[녹角形립飾]을 접합한 것이다.

관테에는 상하 가장자리에 2줄의 점열무늬[點列文]와 파상무늬[波狀文]가 장식되어 있는데 파상무늬 사이사이에 원권무늬[圓圈文]가 찍혀 있다. 부문과 달개[瓔珞]는 금령총(금鈴塚)과 마찬가지로 3열이며 나뭇가지모양 장식의 작은 가지도 4단이며 각 단마다 경옥제 곡옥과 달개가 매달려 있다. 작은 가지의 좌우가 90도에 가깝게 각지며 솟음장식[립飾]의 가장자리에도 2줄의 점열무늬를 장식하였다.

전면(前面)에는 2줄의 수하식(垂下飾)을 매달았는데 금령총과 더불어 세환에 코일상의 중간식과 펜촉형수하식을 장식하였다.

그림 5-144 천마총금관 탐방하기

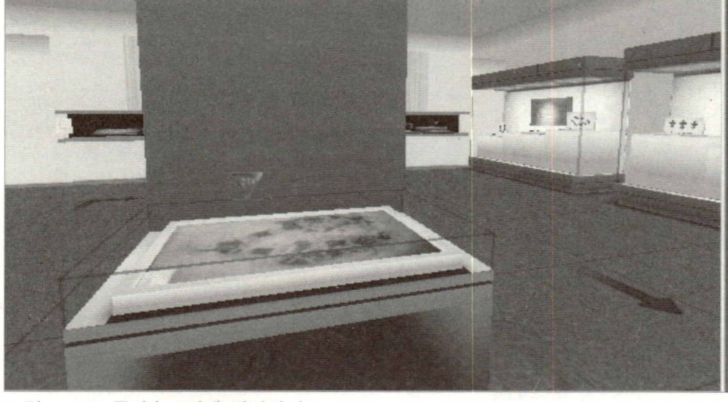

그림 5-145 목가슴드리개 탐방하기

그림 5-146 금반지 탐방하기

그림 5-147 금반지 탐방하기

그림 5-148 금동신발 탐방하기

그림 5-149 상형토기 탐방하기

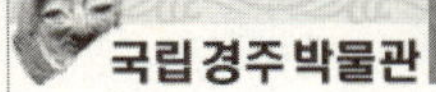
URL: http://cyber,museum,go,kr/web/2d/10_048,htm

국립 경주 박물관 GYEONGJU NATIONAL MUSEUM

금제달개달린굽다리접시(금製瓔珞附高杯)

▶국적/ 시대 : 한국(韓國) / 신라(新羅)
▶재질 : 금속(金屬) / 금제(金製)
▶크기 : 높이(높이) : 9.1 cm / 입지름(입지름) : 10.4 cm / 받침지름(받침지름) : 6.6 cm
▶지정구분 : 보물(寶物) 626호
▶용도기능 : 사회생활(社會生活) / 의례생활(儀禮生活) / 상장(喪葬) / 고대부장품(古代副葬品) 식(食) / 음식기(飮食器) / 음식(飮食) / 배(杯)
▶출토(소)지 : 경상북도(慶尙北道) 경주시(慶州市) 황남동(皇南洞) 황남대총(皇南大塚) 북분(北墳)
▶참고문헌 : 『황남대총북분발굴조사보고서(皇南大塚北墳發掘調査報告書)』, 도판(圖版) 121-3.
▶소장기관 : 국립1(國立1) / 경주(慶州)
▶유물번호 : 황북(皇北) 305

▶유물상세정보
금제달개달린굽다리접시(금製瓔珞附高杯)로 깨진 곳은 없는 상태이다. 아가리는 안에서 밖으로 말아 접시와 붙어 있고 그 아래에는 7개의 하트모양 달개(瓔珞)가 달려 있다. 접시 바닥 안쪽에는 아래에 연결된 굽다리의 윗부분과 가운데에서 삐져 나온 5개의 못이 보인다. 굽다리는 2줄의 돌출된 선으로 나누어져 있고 나누어진 위 아래에 각각 5개씩의 창이 엇갈리게 뚫려 있다. 굽다리의 끝부분은 얇은 금판을 덧대어 마무리 되었다.

그림 5-150 금제 달개달린 굽다리접시 탐방하기

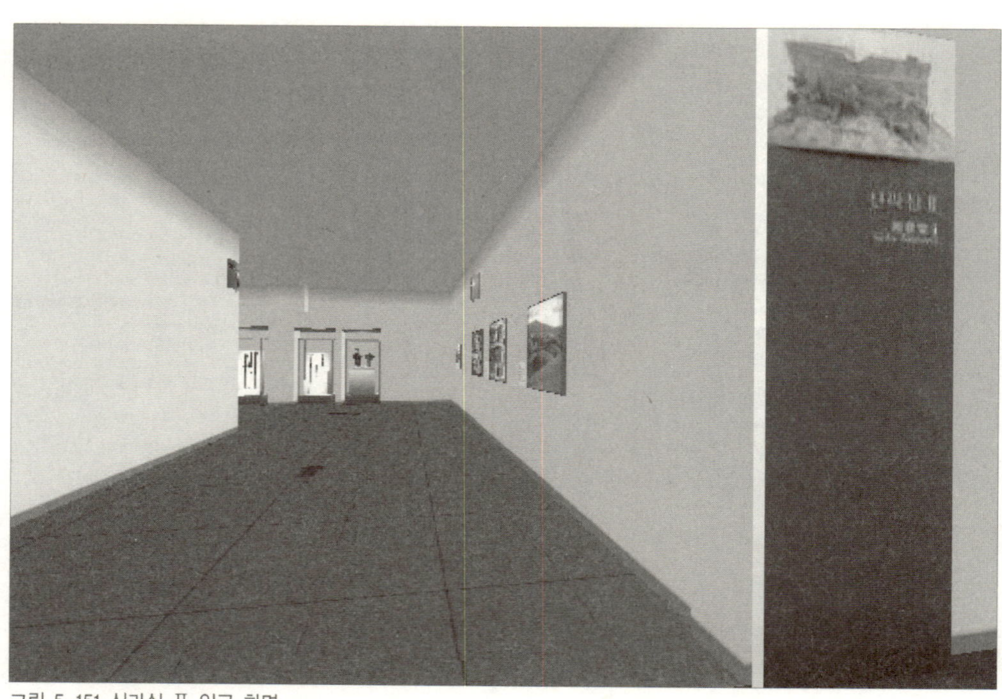

그림 5-151 신라실 II 입구 화면

그림 5-152 널무덤 · 덧널무덤 탐방하기

그림 5-153 돌무지덧널무덤 탐방하기

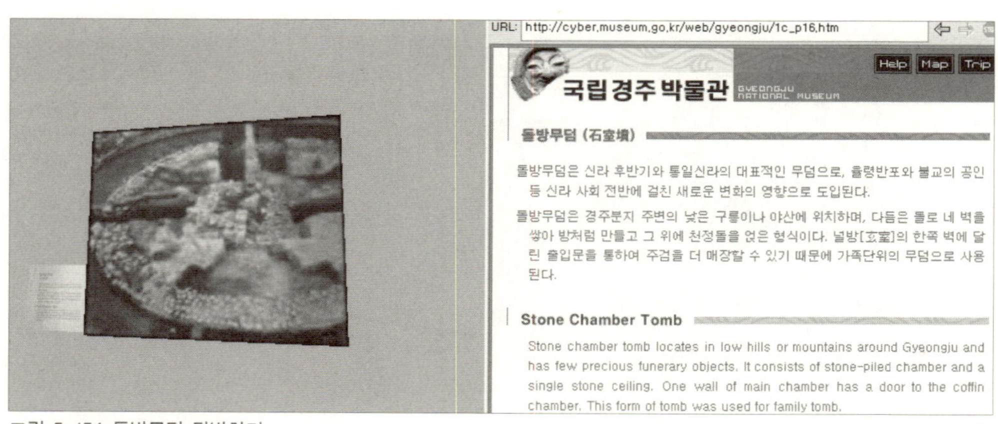

그림 5-154 돌방무덤 탐방하기

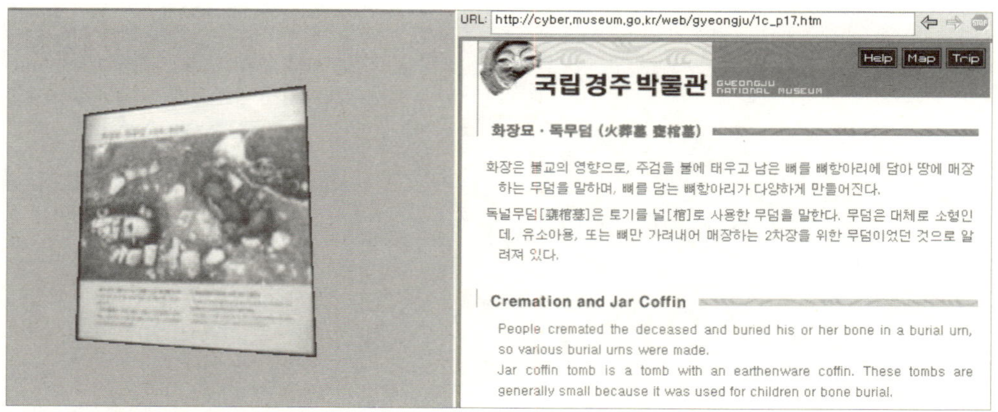

그림 5-155 화장묘 · 독무덤 탐방하기

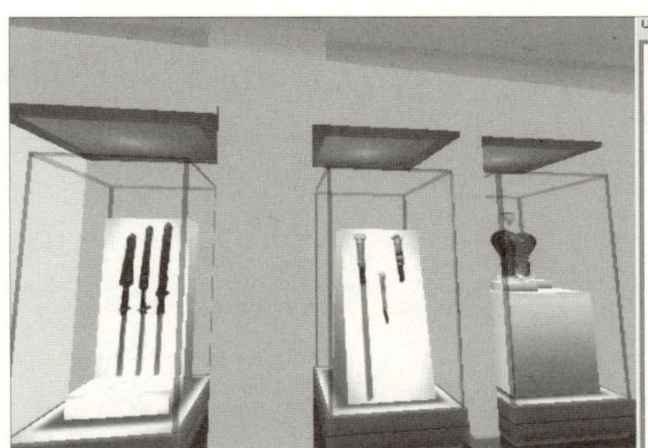

그림 5-156 팔목가리개 등 탐방하기

그림 5-157 항아리 등 탐방하기

351

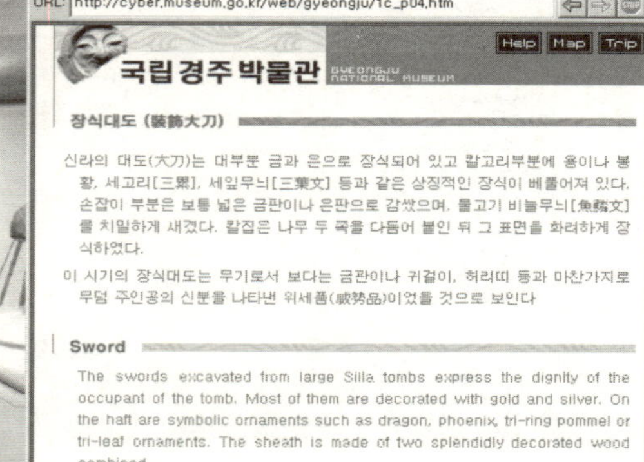

그림 5-158 장식대도 탐방하기

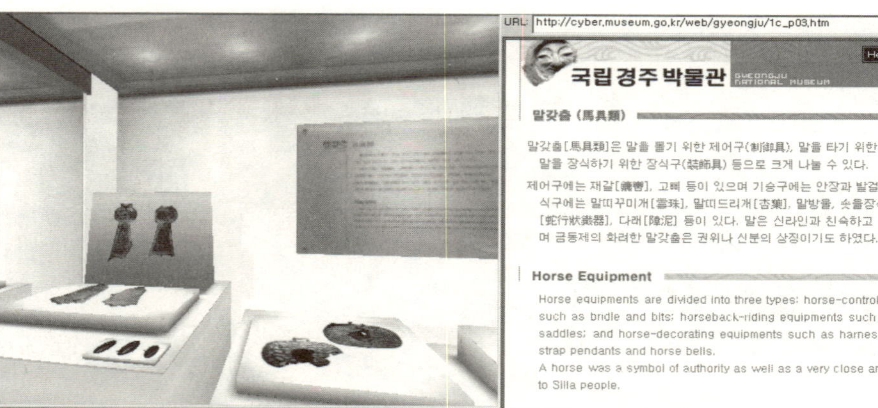

그림 5-159 말갖춤 탐방하기

그림 5-160 신라의 문자 탐방하기

그림 5-161 토기의 생산 탐방하기

철·철기의 생산 (鐵鐵)

신라의 무덤에는 많은 수량의 철제품이 부장되었는데 이러한 철은 어디서, 어떻게 생산되었을까?

이에 대해서는 황성동 제철유적이 대답해 주고 있다. 황성동유적에서는 종합제철 공단과 같은 제련·용해·주조·단야 등 철과 철기의 생산과 관련된 공정이 확인 되어 우리나라 고대 철생산의 형태와 기술을 복원할 수 있는 중요한 자료를 제공 하여 주고 있다. 제련작업에서 가장 중요한 일 가운데 하나는 노(爐)의 내부로 바 람을 불어넣는 일이다. 송풍관은 풀무로 일으킨 바람을 노(爐)로 보내는 토관인 데 그 형태는 일자형과 ㄱ자형이 있다. 또한 철기의 생산을 직접적으로 보여주는 것으로는 거푸집과 단조에 쓰인 모루돌, 그리고 박편 등이 조사되었다.

이와 같이 신라 철 생산기술의 비약적인 발전은 철 생산의 전문화, 대량 생산의 체 제 형성 등으로, 신라가 고대국가로 성장·발전할 수 있었던 밑거름이 되었다.

그림 5-162 철기의 생산 탐방하기

그림 5-163 신라인의 생활모습 탐방하기

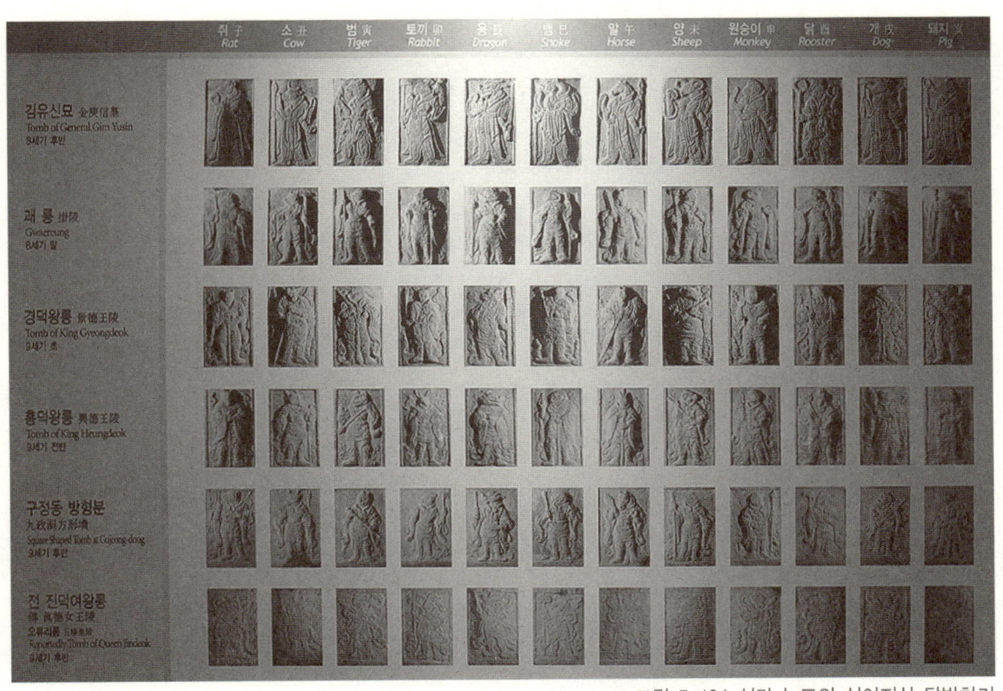

그림 5-164 신라 능묘의 십이지상 탐방하기

그림 5-165 십이지상 탐방하기

그림 5-166 감형토기 탐방하기

뼈항아리 (骨壺)

신라사회에 불교가 정착되면서 화장이 크게 유행, 뼈를 담는 뼈항아리가 다양하게 제작되었다. 뼈항아리는 사람의 시신을 화장한 뒤 가려낸 뼈를 담아 땅에 매장할 때 쓴 그릇이다.

초기의 뼈항아리는 일상생활에 쓰던 토기를 그대로 이용하였다. 그러나 차츰 뼈를 담기 위한 전용 뼈항아리가 생산되면서 뚜껑과 몸체를 아래 위로 붙들어 매는 고리가 생겨나고 화려한 무늬가 베풀어지다가, 후기에는 무늬 없는 뼈항아리가 주류를 이룬다. 항아리 모양 이외에도 탑모양, 집모양 등 여러 가지 모양으로 만들어진다. 그리고 조양동에서 출토된 중국의 삼채(三彩)와 남산에서 출토된 청자(靑磁)항아리를 이용한 뼈항아리도 있다.

이러한 뼈항아리들은 대부분 땅 속에 직접 묻었던 것들이나, 일부는 화강석으로 된 돌상자[石函]에 넣어 땅에 묻기도 하였으며, 화곡리의 화장묘에서는 돌상자 주위에 흙으로 만든 작은 십이지를 함께 묻은 예도 조사되었다.

그림 5-167 뼈항아리 탐방하기

돌방무덤 (石室墳)

신라의 돌방무덤은 6세기 중기로 추정되는 보문리 부부총(普門里夫婦塚)의 부인묘[婦墓]에서 처음 나타나기 시작하여, 이제까지 지배층의 상징물이었던 돌무지덧널무덤을 대신하여 신라후반기 지배층의 주된 묘제로 자리잡는다. 포함 냉수리고분은 고구려 돌방무덤 평면구조의 특징과 경주지역 돌무지덧널무덤의 봉토축조 방식이 결합된 형태로 경주지역의 돌방무덤이 채용되는 과정을 보여 주고 있다.

7세기 초를 전후한 충효동고분·동천동고분·서악동고분 등은 신라식의 전통으로 발전된 돌방무덤이라고 할 수 있다. 이 돌방무덤들은 고구려초기의 영향을 계속 이어간 것이 아니라, 신라가 가야지역을 점령하고 그 지역의 고분문화 요소를 흡수함으로서 백제계통의 특성을 받아들인 것이다. 이러한 고신라의 돌방무덤들은 통일기를 거쳐 더욱 발전하게 된다.

A New Form of Tomb: Stone Chamber Tomb

그림 5-168 돌방무덤 탐방하기

그림 5-169 대외교류 탐방하기

그림 5-170 당삼채뼈항아리 탐방하기

그림 5-171 3D 부분 클릭하여 탐방하기

※ 3D 표시되어 있는 유물의 경우에는 클릭하여 해당 유물을 이용자가 돌려가면서 〈그림 5-171〉과 같이 작동시켜 볼 수 있다.

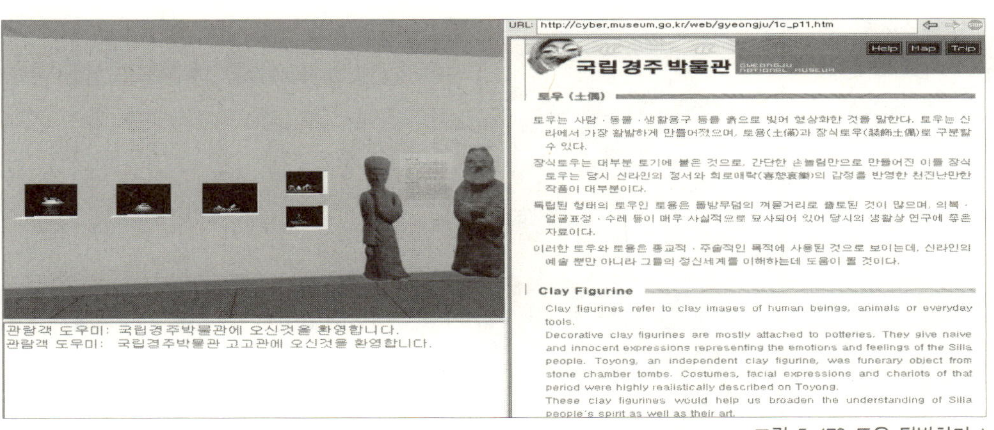

국립경주박물관 GYEONGJU NATIONAL MUSEUM

토우 (土偶)

토우는 사람·동물·생활용구 등을 흙으로 빚어 형상화한 것을 말한다. 토우는 신라에서 가장 활발하게 만들어졌으며, 토용(土俑)과 장식토우(裝飾土偶)로 구분할 수 있다.

장식토우는 대부분 토기에 붙은 것으로, 간단한 손놀림만으로 만들어진 이들 장식토우는 당시 신라인의 정서와 희로애락(喜怒哀樂)의 감정을 반영한 천진난만한 작품이 대부분이다.

독립된 형태의 토우인 토용은 돌방무덤의 껴묻거리로 출토된 것이 많으며, 의복·얼굴표정·수레 등이 매우 사실적으로 묘사되어 있어 당시의 생활상 연구에 좋은 자료이다.

이러한 토우와 토용은 종교적·주술적인 목적에 사용된 것으로 보이는데, 신라인의 예술 뿐만 아니라 그들의 정신세계를 이해하는데 도움이 될 것이다.

Clay Figurine

Clay figurines refer to clay images of human beings, animals or everyday tools.
Decorative clay figurines are mostly attached to potteries. They give naive and innocent expressions representing the emotions and feelings of the Silla people. Toyong, an independent clay figurine, was funerary object from stone chamber tombs. Costumes, facial expressions and chariots of that period were highly realistically described on Toyong.
These clay figurines would help us broaden the understanding of Silla people's spirit as well as their art.

그림 5-172 토우 탐방하기 1

그림 5-173 토우 탐방하기 2

그림 5-174 토우 탐방하기 3

관람객 도우미: 국립경주박물관에 오신것을 환영합니다.
관람객 도우미: 국립경주박물관 고고관에 오신것을 환영합니다.

그림 5-175 독무덤 탐방하기

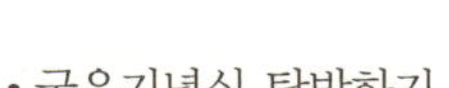

• 국은기념실 탐방하기

이양선 박사가 생전에 수집한 귀중한 문화재 666점을 기증한 높은 뜻을 기려 마련한 전시실로서 유명한 국보 275호인 말탄무사모양토기가 눈에 띈다.

그림 5-176 국은기념실 입구 화면

URL: http://cyber.museum.go.kr/web/gyeongju/1d_p01.htm

Help Map Trip

국립경주박물관 GYEONGJU NATIONAL MUSEUM

국은 이양선과 문화재 (菊隱 李養璿文化財)

이 전시실은 고(故) 이양선박사가 국립경주박물관에 기증한 666점의 문화재 가운데 선별, 전시하여 놓은 곳이다.

기증문화재는 청동기시대로부터 조선시대에 이르며, 금속제품, 옥·석제품, 토도제품, 뼈·뿔제품 등 모든 재질이 망라되어 있다. 또한 이 박사는 함께 발견된 유물[一括遺物]에 대한 중요성을 인식, 수집한 유물의 출토지까지 직접 확인한 것들이 많을 뿐만 아니라, 그 출토지 또한 대구와 경주를 비롯한 영남지역에 한정되어 있기 때문에 이 지역의 고대사 연구에 기여하는 바가 매우 크다.

기증유물 가운데 '말을 탄 무사'는 국보(國寶)로, '죽동리출토 유물'과 '청동 방울이'는 보물(寶物)로 각각 지정되었다.

약력
1916. 1. 평남 대동군 출생
1929~1934: 평남 숭실중학교 졸업
1934~1938: 세브란스 의학전문학교 졸업
1938~1946: 평양기독병원 이비인후과 전문의
1950~1981: 경북대학교 의과대학 교수
1981~1992: 대구가톨릭병원 이비인후과 과장
1992~1999: 이양선 이비인후과의원 개원
1999. 12 별세(83세)

그림 5-177 국은 이양선과 문화재 탐방하기

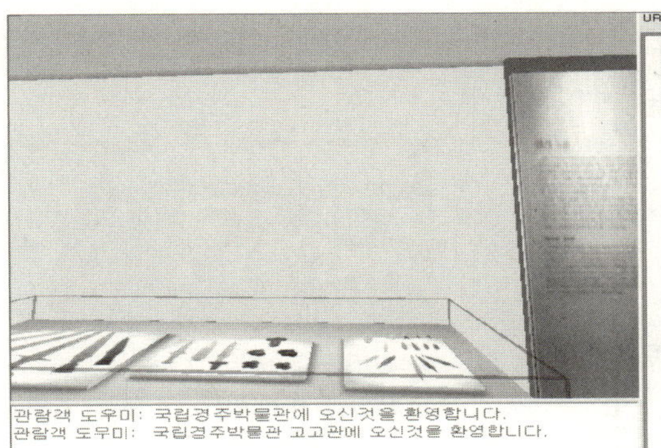
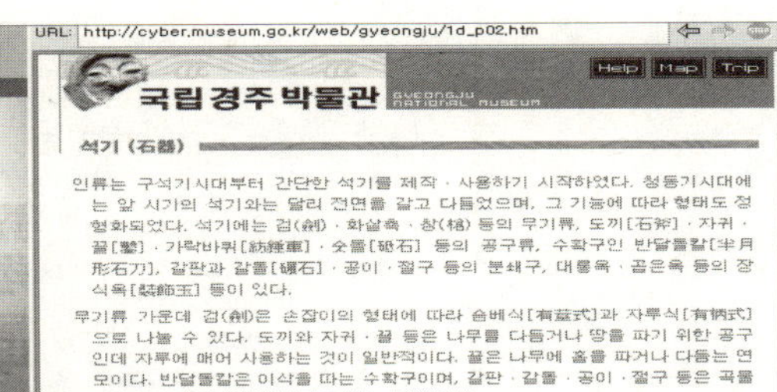

관람객 도우미: 국립경주박물관에 오신것을 환영합니다.
관람객 도우미: 국립경주박물관 고고관에 오신것을 환영합니다.

그림 5-178 석기 탐방하기

관람객 도우미: 국립경주박물관에 오신것을 환영합니다.
관람객 도우미: 국립경주박물관 고고관에 오신것을 환영합니다.

그림 5-179 청동기 탐방하기

청동장신구 (青銅裝身具)

청동제품으로 만들어진 장신구로는 말모양허리띠고리, 청동단추, 청동거울 등이 있다.

말모양허리띠고리는 초기철기시대부터 원삼국시대까지 호랑이모양허리띠고리와 함께 제작, 사용되었다. 허리띠고리는 앞쪽에서 허리띠의 두 끝을 연결해주는 요즘의 버클과 같은 것이다. 전시된 띠고리는 말의 옆모습을 표현하였으며 가슴 앞에는 길다란 걸이쇠가 있는데, 뒷면의 배 중간부분에 단추모양의 꼭지를 붙여 여기에 띠를 걸고 걸이쇠는 고리에 걸어, 허리띠장식으로 사용한 것이다.

청동단추는 죽동리유적, 영천 어은동유적에서 출토된 것이 있다. 특히 어은동유적에서는 여러 가지 기하학 무늬의 단추와 함께, 개구리모양의 단추가 출토되어 주목을 끈다. 이러한 단추는 말모양허리띠고리와 함께 권위를 상징하던 의기로 보인다.

그림 5-180 청동장신구 탐방하기

그림 5-181 단도마연토기 탐방하기

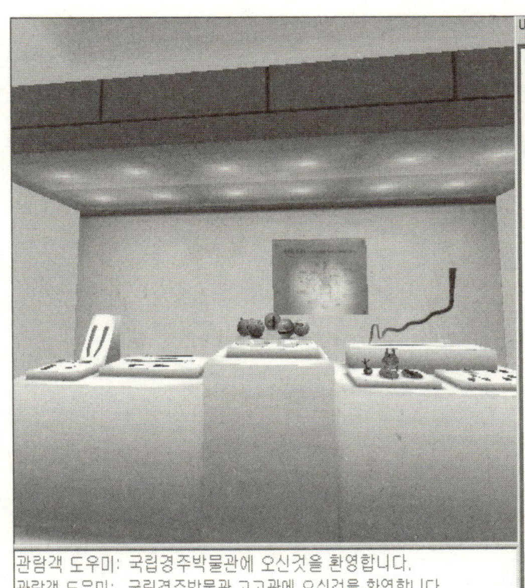

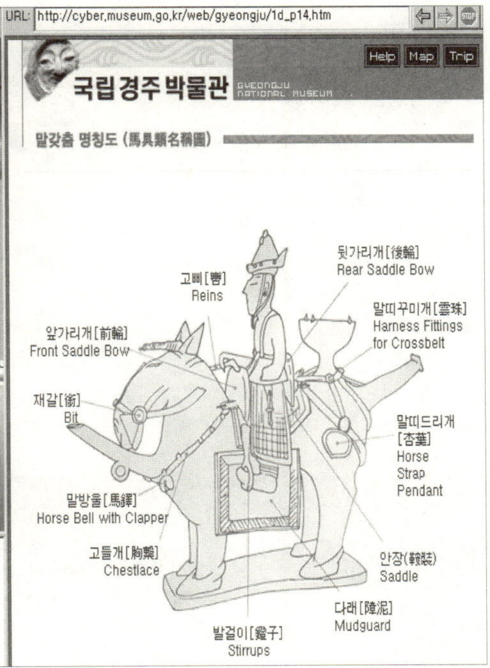

그림 5-182 말갖춤 명칭도 탐방하기

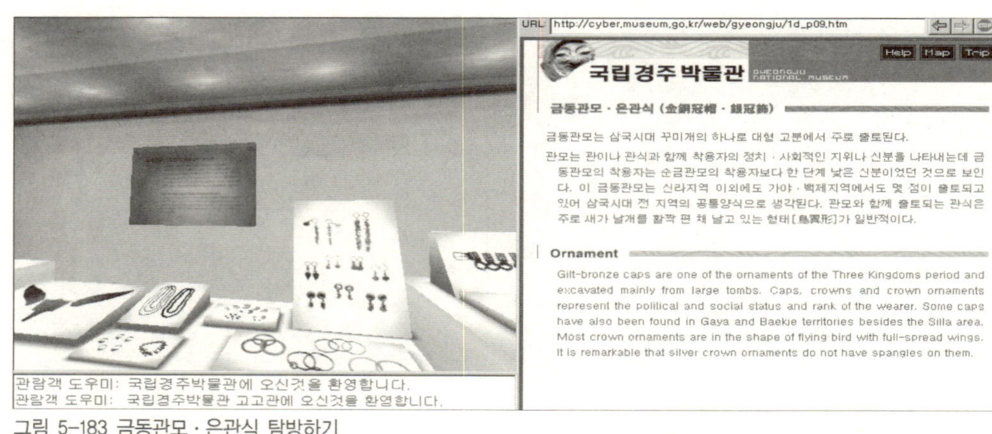

그림 5-183 금동관모 · 은관식 탐방하기

그림 5-184 기와 탐방하기

그림 5-185 불교공예품 탐방하기

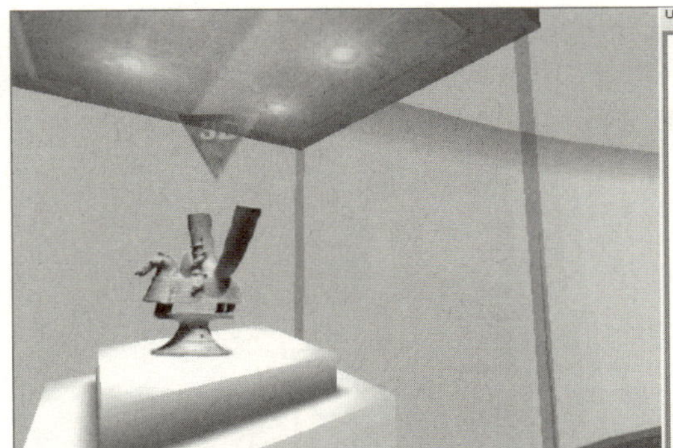

그림 5-186 기마인물형토기 탐방하기

나. 안압지관 둘러보기

안압지관을 둘러보기 위해서는 안내 Map을 클릭한 후 전체지도에서 ❷ 안압지관을 클릭한다. 안압지관에 입장하면 바닥에 표시되어 있는 안내 방향표시에 따라 키보드와 마우스 조작 등을 통해서 탐방할 수 있다.

• 안압지관 탐방하기

안압지는 월성의 동쪽 동궁터 안에 있었던 인공연못으로, 처음에는 월지라 했으나 조선시대에 안압지로 불려졌다. 안압지관은 발굴조사에서 출토된, 3만여 점의 유물 가운데 700여 점을 엄선하여 전시하고 있다.

안압지관에는 안압지 발굴 당시 나온 3만여 점의 유물 가운데 대표적인 유물을 선정하여 전시하고 있다. 이들 유물은 고분 유물과는 달리 생활유적에서 출토된 유물로, 당시 신라시대 궁중생활의 면모를 알 수 있게 하는 실생활용품들이며 그 종류도 다양하다. 아울러 이 유물들은 통일신라문화를 밝혀줄 뿐 아니라, 그 당시 당(唐) 및 일본과의 문화교류를 연구하는데 귀중한 자료가 되고 있다.

실생활과 관계된 금속공예품, 통일신라 불상 연구에 귀중한 자료가 되고 있는 불상과 불구류, 목제 건축부재·목간(木簡) 등을 비롯한 목제품, 철제품, 토제품 등 다양한 유물이 전시되고 있다. 특히 출토 유물의 대부분을 차지하는 와전류(瓦塼類)는 통일신라 와전의 집합체라 할 수 있다.

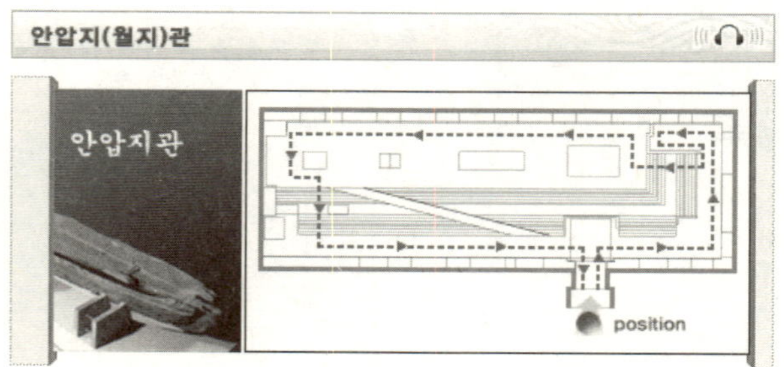

그림 5-187 안압지관 탐방하기

금속공예품(金屬工藝品)

안압지에서 출토된 그릇, 숟가락, 금동가위, 문고리, 뒤꽂이 등은 신라의 고분에서 출토된 화려한 껴묻거리와는 성격이 아주 다른, 통일신라시대의 궁중에서 실제로 썼던 생활용품들이다.

특히 그릇과 숟가락, 국자는 당시의 식생활상을 알 수 있는 귀중한 자료들이다. 그 가운데 청동접시는 경주 조양동(朝陽洞) 출토의 삼채골호(三彩骨壺)의 뚜껑과 유사하다.

금동가위는 초의 심지를 자르기 위한 것으로 날을 오므리면 바닥이 막힌 원통(圓筒)이 될 수 있도록 고안(考案)되어 있어서 잘라낸 초 심지가 밑으로 떨어지지 않는다. 이와 같은 형식의 가위가 일본(日本)의 쇼소인[正倉院]에도 소장되어 있어, 양국의 고대문화 교류관계를 잘 보여준다.

장신구류로는 비녀, 거울, 뒤꽂이, 반지 등이 있다. 특히 사정당북의문(思正堂北宜門)이라는 글자가 새겨진 자물쇠는 동궁(東宮)안의 문이들을 밝히는데 중요한 단서를 제공해 준다. 이밖에 생활장식품으로는 벽걸이 · 도깨비무늬문고리 · 봉황장식 등이 있는데, 세부까지 뛰어난 솜씨로 맞새김[透彫]하거나 세밀하게 조각한 것들이다

그림 5-188 금속공예품 탐방하기

금동제 봉황장식(金銅鳳凰裝飾)

▶ 국적/ 시대 : 한국/통일신라
▶ 재질 : 금속/ 금동제
▶ 용도/기능 :
▶ 출토지 : 경상북도 경주시 인왕동 안압지
▶ 소장기관 : 국립1-경주
▶ 유물번호 : 안1417

3D확대

▶ 유물상세설명

이 장식은 몸체와 양쪽 날개가 별도로 주조하여 조립한 것이다. 봉황의 머리 위에 뒤로 젖힌 뿔이 있고 입에 물고 있는 둥근 고리에 무엇을 걸었던 것으로 추정되고 있다. 불룩한 가슴에는 비늘이 있으며, 그 양쪽에 활짝 편 날개를 달았는데 날개는 움직여진다. 발 밑에는 둥근 받침이 있고, 부리에는 고리가 물려 있는 것으로 보아 어딘가에 부착했던 장식으로 추정되나 정확히 어디에 사용되었는지는 알 수 없다.

그림 5-189 금동제 봉황장식 탐방하기

그림 5-190 금동제 귀면 문고리장식 탐방하기

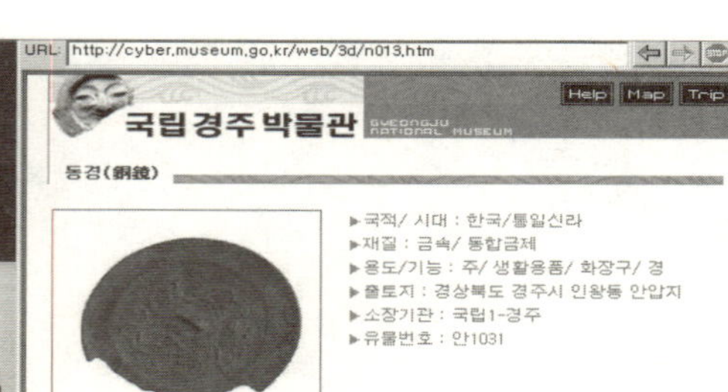

그림 5-191 동경 탐방하기

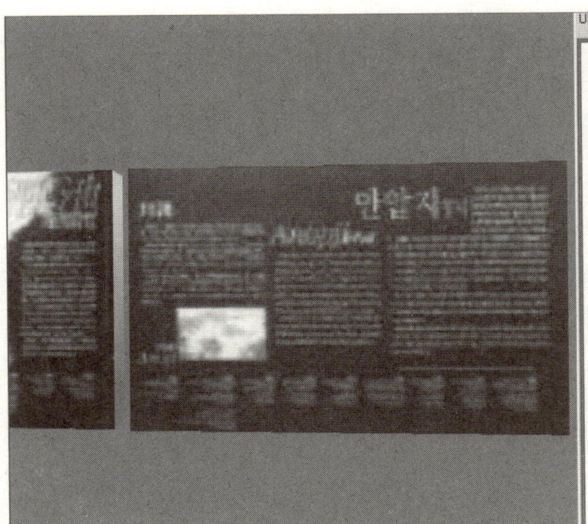

관람객 도우미: 국립경주박물관에 오신것을 환영합니다.
관람객 도우미: 국립경주박물관 월지관에 오신것을 환영합니다.

URL: http://cyber.museum.go.kr/web/gyeongju/2_p05.htm

국립경주박물관 GYEONGJU NATIONAL MUSEUM

Help | Map | Trip

안압지(월지)

안압지는 신라 제30대 문무왕(文武王 : A.D. 661~681)이 삼국을 통일한 기념으로 궁궐 안에 만들었던 신라 최대의 인공연못으로, 당시에는 "월지(月池)"라고 불렀다. 통일신라가 망한(935년) 뒤, 세월이 흘러 폐허가 된 이 연못 안에 주변의 흙이 흘러 들어 갈대가 자라고 기러기[雁]와 오리[鴨]들이 날아드는 것을 보고, 조선시대의 시인(詩人)과 묵객(墨客)들이 "안압지(雁鴨池)"라고 불렀던 것으로 짐작된다. 안압지와 주변의 건물터에 대한 발굴조사를 실시한 결과, 연못 안에서 3개의 섬[島]이 확인되었고, 남쪽 물을 대는 시설과 북쪽의 배수시설은 연못의 수위(水位)를 조절하였던 시설이었음을 알 수 있었다. 그리고 연못의 서쪽 호안석축(護岸石築)에 인접하여 세웠던 5개소의 누각터[樓閣址] 등 건물자리 26동, 담장터 8개소, 배수로시설 2개소를 비롯하여, 정교하게 쌓은 호안석축(護岸石築)이 본래의 모습대로 노출되면서 안압지 전체의 모습이 드러나게 되었다. 연못의 면적은 15,658㎡(4,728), 그 둘레는 1,005m이다.

연못 서쪽의 건물터와 인접된 연못 바닥 펄층에서 3만여점의 유물이 집중적으로 출토되었는데 종류가 매우 다양하여 통일신라시대의 문화연구를 위한 보고(寶庫)가 되고 있다. 이들 유물은 경주지역의 고분(古墳)에서 출토된 유물과는 성격이 다른 통일신라시대의 화려했던 궁중생활의 단면을 보여주는 실생활용품들이다.

1985년도에 안압지 출토품만 전시하기 위해 세운 이 전시관에는 통일신라 궁중문화의 우수한 수준을 살필 수 있는 기회를 제공하고자 지금까지 발견된 가장 오래된 나무배[木船]를 비롯하여 700여점의 유물을 재질별, 종류별로 구분하여 전시해 놓았으며, 발굴조사를 통해 확인된 안압지의 복원모형도 함께 전시되어 있다.

그림 5-192 안압지 설명 탐방하기

월지와 동궁(月池·東宮)

축소모형

월지는 신라가 삼국통일을 이룬 후 문무왕(文武王)이 만든 동궁(東宮:太子宮)의 궁원(宮苑)으로서, 원래 이름은 월지였으나 조선시대 이래 안압지라고 불려왔다. 『삼국사기』 문무왕 14년(674)조를 보면 궁성 안에 못을 파고 산을 만들어 화초를 기르고 진귀한 새와 짐승을 길렀다고 하는데, 월지는 바로 그때 판 못으로 추정된다. 월지와 주변 건물터에서는 신라 특유의 기와와 벽돌, 판상(板狀)의 금동여래삼존상(金銅如來三尊像)과 금동보살상(金銅菩薩像) 등의 우수한 불교미술품이 발견되었다. 또한 발굴조사 결과 동서 200m, 남북 180m의 큰 연못에 크고 작은 3개의 섬이 배치되었고 못의 서편에는 궁궐이 이었음이 확인되었는데, 현재 남아있는 임해전(臨海殿)은 이 건물터의 일부였던 것으로 생각된다. 이렇게 못 가운데 3개의 섬과 북쪽과 동쪽으로 12봉 우리를 만든 것은 동양의 신선사상을 배경으로 하여 삼신산(三神山)과 무산십이봉(巫山十二峰)을 상징한 것으로 해석된다.

그림 5-193 월지와 동궁 탐방하기

URL: http://cyber.museum.go.kr/web/2d/10_024.htm

국립 경주 박물관 CYEONGJU NATIONAL MUSEUM

Help Map Trip

금동아미타삼존판불좌상(금銅阿彌陀三尊板佛坐像)

▶ 국적/ 시대 : 한국(韓國) / 통일신라(統一新羅)
▶ 재질 : 금속(金屬) / 금동제(金銅製)
▶ 크기 : 너비(너비) : 20 cm
▶ 용도기능 : 종교신앙(宗敎信仰) / 불교(佛敎) / 예배(례拜) / 불상(佛像)
▶ 출토(소)지 : 경상북도(慶尙北道) 경주시(慶州市) 인왕동(仁旺洞) 안압지(雁鴨池)
▶ 문양장식 : 식물문(植物文) / 연화문(련花文), 식물문(植物文) / 당초문(唐草文)
▶ 참고문헌 : 『국립경주박물관』 1997. 도판 333
▶ 소장기관 : 국립1(國立1) / 경주(慶州)
▶ 유물번호 : 안압지(雁鴨池) 1454

그림 5-194 금동아미타삼존판불좌상 탐방하기

토제품(土製品)

안압지에서 출토된 통일신라시대의 토기들은 왕실에 사용되었던 것이기 때문에 대부분 특수한 용도로 쓰였거나 화려한 것들이 많다.

토기로는 굽다리접시[高杯]·완·뚜껑접시가 대부분이다. 이 밖에도 등잔(燈盞)·뼈단지[骨壺]·장군형토기·시루·풍로·매병모양토기[梅瓶形土器] 등이 있다. 그리고 녹유토기편(綠釉土器片)과 당(唐)나라 청자·백자편, 또는 신라에서 만든 것으로 보이는 청자편들도 출토되었다.

특히 그릇 표면에 「언(言)」「정(貞)」「다(茶)」라는 묵서(墨書)와 일정한 간격으로 구름과 꽃무늬가 그려진 회백색의 대접이 매우 주목된다. 풍로(風爐)는 아궁이와 연통(煙筒)을 갖추고 있으며, 안쪽의 표면과 천장에는 불에 그을린 흔적이 남아 있어서 실제로 사용했던 것임을 알 수 있다.

또한 157개나 출토된 등잔 가운데에는 불을 밝혔던 기름찌꺼기가 눌어붙어 있는 것도 섞여 있다. 그릇의 안팎에 먹글씨가 있거나 도장이 찍힌 토기와 석간주(石間?)가 배어있는 단청용(丹靑用) 그릇도 발견되었다.

그림 5-195 토제품 탐방하기

백자소문완

▶국적/ 시대 : 중국/당
▶재질 : 도자기/ 청자
▶용도/기능 : 식/ 음식기/ 음식/ 완
▶출토지 : 경상북도 경주시 인왕동 안압지
▶소장기관 : 국립1-경주
▶유물번호 : 안1248

🔍 3D확대

▶유물상세설명

이 백자완은 기면의 내면전체와 외면 중하부까지만 시유된 백자로 색깔은 탁한 편이다. 이 유물 역시 안압지에서 출토된 다른 자기들과 함께 당나라와 통일신라와의 교류상황을 짐작케 해주는 작품의 하나이다.

그림 5-196 백자소문완 탐방하기

그림 5-197 큰 항아리 탐방하기

그림 5-198 월지와 동궁 모형 탐방하기

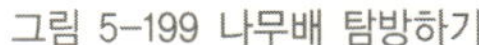

나무배(木船)

길이[長] 620cm 너비[幅] 60~110cm

나무배[木船]는 안압지(雁鴨池)의 남쪽 호안석축 바로 앞에서 뒤집어진 상태로 출토되었다. 세 쪽의 나무를 통째로 파내어 배 모양을 만든 뒤, 비녀장 모양의 참나무 막대기를 배 안쪽 바닥의 앞뒤에 하나씩 가로질러 조립한 배이다. 이 나무배는 통나무배에서 구조선(構造船)으로 넘어가는 반구조선(半構造船)형태로, 우리나라에서는 제일 오래된 배이다.

그림 5-199 나무배 탐방하기

그림 5-200 기와로 된 지붕 탐방하기

375

다. 미술관(1층) 둘러보기

　미술관(1층)은 역사자료실, 조각실 Ⅰ, 조각실 Ⅱ로 구성되어 있다. 역사자료실은 왕경을 중심으로 찬란하고 화려했던 통일신라시대의 유물, 왕경 모형, 도로유구 등이 전시되어 있다. 또한 경주지역에서 출토된 임신서기석, 남산신성비 등 금석문들도 함께 전시되어 있다. 특히 신라왕경의 복원 모형을 통해 당시에 이미 도시계획이 상당히 발달하였음을 엿볼 수 있다. 조각실 Ⅰ은 삼국시대와 통일신라시대에 많이 제작된 소형 금동불상이 주제별·시기별로 전시되어 있어 금동불상의 양식적 변화과정 및 명칭을 한눈에 파악할 수 있다. 조각실 Ⅱ는 삼국시대부터 통일신라시대까지의 석조유물(불교조각, 능묘조각)을 전시하고 있다. 장창골 석조미륵삼존불을 비롯하여 송화산 석조미륵반가사유상, 서악동고분 출토 신장상 문비석 등 신라 석조미술이 최고수준에 달했음을 느낄 수 있다.

　미술관(1층)을 둘러보기 위해서는 안내 Map을 클릭한 후 전체지도에서 ❸ 미술관(1층)을 클릭한다. 미술관(1층)에 입장하면 바닥에 표시되어 있는 안내 방향표시에 따라 키보드와 마우스 조작 등을 통해서 탐방할 수 있다.

그림 5-201 미술관(1층) 들어가기 화면

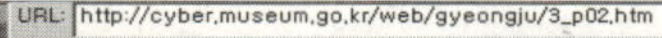
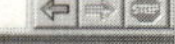
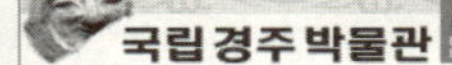

URL: http://cyber.museum.go.kr/web/gyeongju/3_p02.htm

국립경주박물관
GYEONGJU NATIONAL MUSEUM

월성 동남쪽 궁터(月城東南便宮址)

현재의 국립경주박물관자리는 신라의 정궁(正宮)이었던 월성(月城) 동남쪽의 궁역(宮域)에 해당되는 지역이다. 이렇게 판단할 수 있는 1974년도에 지금의 고고관(考古館)과 정문을 신축할 당시, 대형건물터[大形建物址]와 연못 등 궁성과 관계되었던 것으로 보이는 시설이 확인된 바 있다. 그리고 1998년도에 실시한 신축 미술관(新築美術館)터에 대한 발굴조사에서도 일반 우물과 다른 큰 규모의 우물터[井戶址]가 발견되었으며, 2000년 7월부터 3개월에 걸쳐 실시한 신축 미술관 부대시설(附帶施設)에 대한 발굴조사에서도 길이 10m에 너비 1.4m 가량되는 담장 자리와 우물터가 확인되었다.

이 가운데 2개소의 도로유구(道路遺構)와 우물터가 크게 주목된다. 도로유구는 남북방향 너비 23m의 남북도로(南北道路)와 동서방향 너비 15m~16m 가량의 동서도로(東西道路)였다. 특히 남북도로는 이제까지 국내에서 확인된 도로유구 가운데 가장 큰 초대형 규모로서 신라 왕경의 도성구조(都城構造)를 이해하는데 있어서 중요한 자료가 되고 있다. 우물터는 신축 미술관, 그리고 안압지관[월지관, 月池館] 앞에서 각각 발견되었는데, 측벽(側壁)를 석축(石築)한 원형(圓形)우물이었으며, 목제두레박를 비롯하여 토기(土器) 등 많은 유물이 출토되었다.

그림 5-202 경주 동남쪽 궁터 탐방하기

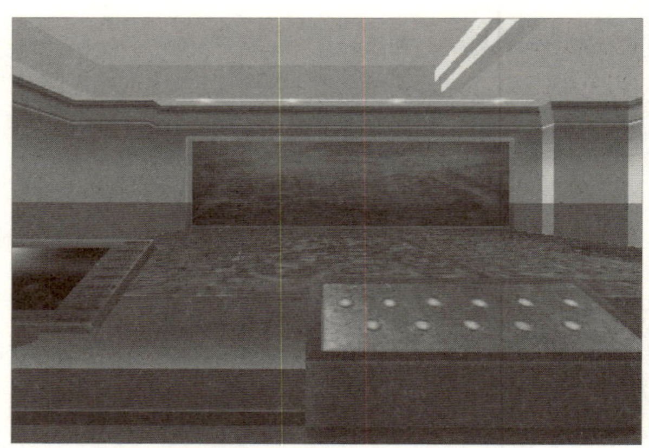

그림 5-203 신라 왕경의 복원 모형도 탐방하기

그림 5-204 김인문 묘비 탐방하기

김인문묘비(金仁問墓碑)

▶국적/ 시대 : 한국(韓國) / 통일신라(統一新羅)
▶재질 : 석(石) / 화강암(花崗岩)
▶크기 : 현재높이(현재높이) : 63 cm / 너비(너비) : 94.6 cm / 현재두께(현재두께) : 17 cm
▶용도기능 : 사회생활(社會生活) / 의례생활(儀禮生活) / 상장(喪葬) / 묘지(墓誌)
▶출토(소)지 : 경상북도(慶尙北道) 경주시(慶州市) 서악리(西岳里) 서원루문하(書院樓門下)
▶참고문헌 : 『국립경주박물관(國立慶州博物館)』 1997. 도판(圖版) 145
▶소장기관 : 국립1(國立1) / 경주(慶州)
▶유물번호 : 경주(慶州) 173

문무왕비(文武王碑)

▶국적/ 시대 : 한국(韓國) / 통일신라(統一新羅)
▶재질 : 석(石) / 화강암(花崗岩)
▶크기 : 높이(높이) : 55 cm / 높이(높이) : 28 cm / 너비(너비) : 94 cm
▶용도기능 : 사회생활(社會生活) / 기념(記念) / 비(碑) / 기념비(紀念碑)
▶출토(소)지 : 경상북도(慶尙北道) 경주시(慶州市) 동부동(東部洞)
▶참고문헌 : 『국립경주박물관(國立慶州博物館)』 1997. 도판(圖版) 143
▶소장기관 : 국립1(國立1) / 경주(慶州)
▶유물번호 : 경주(慶州) 388

그림 5-205 문무왕비 탐방하기

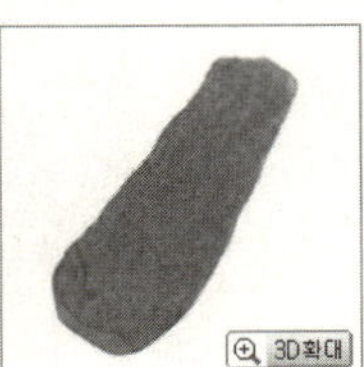

임신서기석(壬申誓記銘石)

▶국적/ 시대 : 한국/신라
▶재질 : 선사/고대/ 기타
▶용도/기능 : 석/ 화강암
▶출토지 : 경상북도 경주시 월성군 견곡면 김장리
▶소장기관 : 국립1-경주
▶유물번호 : 경주282

▶유물상세설명
1935년 경주시 월성군(月城郡) 현곡면(見谷面) 금장리(金丈里) 석장사지(石丈寺址) 부근에서 발견되었으며 비문(碑文)의 첫머리에 '壬申年'이라는 간지(干支)가 있고 내용 중에 충성을 서약하는 내용이 있어, '임신서기석(壬申誓記石)'이라 호칭되고 있다. 비문은 왼쪽이 아랫쪽에 비해 약간 넓으며 구획선이 없이 5행(行) 74자(字)를 새겼다. 내용은 화랑도의 기본정신에 따른 충도(忠道)의 실천을 서약하는 것으로 되어 있다. 비석의 제작연대인 '壬申年'이 언제인지는 명확하지 않은 상태이나 화랑도가 번창하던 552년, 또는 612년으로 보는 견해가 있다.

그림 5-206 임신서기석 탐방하기

그림 5-207 산천왕상전 탐방하기

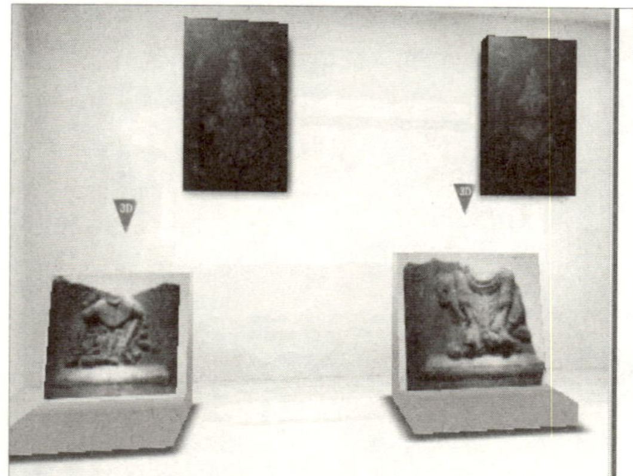

녹유사천왕상전(綠釉四天王像塼)

통일신라 679년경 (統一新羅 679年頃)
사천왕사터 (四天王寺址)

사천왕은 원래 인도 재래의 방위신(方位神)이었는데 불교에서 천신(天神)으로 받아들였다고 한다. 사방을 지키며 수미산(須彌山) 중턱에 사왕천(四王天)의 주신(主神)으로, 동방 지국천왕(持國天王), 남방 증장천왕(增長天王), 서방 광목천왕(廣目天王), 북방 다문천왕(多聞天王)을 일컫는다. 그리고 위로는 제석천(帝釋天)을 섬기고 아래로는 팔부중(八部衆)을 거느리면서 불법귀의의 중생들을 지켜주는 신이다.

이 녹유사천왕상전은 경주 낭산(狼山)의 남쪽 기슭에 위치한 사천왕사터[四天王寺址]에서 발견된 것으로 경주 감은사(感恩寺) 석탑에서 나온 금동사리외함의 사천왕상과 매우 닮았다.

그림 5-208 녹유사천왕상전 탐방하기

신라의 불교문화(新羅佛敎文化)

신라가 불교를 국교로 공인한 것은 법흥왕(法興王) 14년(527)으로, 지정학적으로 삼국가운데 가장 늦게 전래되었으나 왕실과 귀족세력의 옹호아래 호국불교(護國佛敎)로서 크게 발전하였다.

신라(新羅) 말인 7세기부터 만들어지기 시작한 석불(石佛)은 인도나 중국과는 달리, 견고한 화강암을 재료로 삼았기 때문에 독창적인 조각기법을 개발·발전시킬 수 있었다. 그리고, 고구려·백제 와의 정치적인 역학구조 속에서도 문화적으로는 상호 교류를 가져, 독자적인 불교문화를 전개해 나갔다.

통일신라시대는 삼국시대의 복잡하고 다양한 문화 현상이 통합되는 한편, 중국의 성당(盛唐) 문물을 적극적으로 수용, 새로운 문화가 꽃피었던 시기이다. 8세기 중엽에 이루어진 석굴암은 불교의 사상과 석조미술의 결정체이자 동양문화사의 기념비적 작품으로 손꼽힌다. 뿐만 아니라 성덕대왕신종(聖德大王神種)은 '한국종'으로 불리는 독창적인 형태로, 외형의 아름다움과 웅장한 소리, 그리고 명문(銘文)으로 하여 세계적인 걸작품이라고 할 수 있다.

통일신라 말기인 9세기에는 불교미술도 형식화·지방화된 양식이 나타나기 시작하였으며, 철불의 조성이 늘어나고 승려들이 사리를 봉안한 발각원당형의 부도(浮屠)가 새롭게 등장한다.

그림 5-209 신라의 불교문화 탐방하기

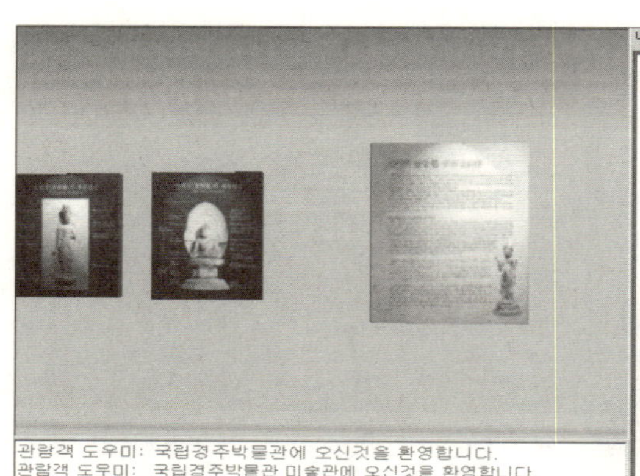

그림 5-210 신라의 금동불 탐방하기

그림 5-211 청동제미륵보살반가상 탐방하기

금동여래입상(金銅如來立像)

▶국적/ 시대 : 한국/통일신라
▶재질 : 금속/ 금동제
▶용도/기능 : 종교신앙/ 불교/ 예배/ 불상
▶출토지 : 경상북도 칠곡군 지천면 연서리 180-1
▶소장기관 : 국립1-경주
▶유물번호 : 경주6959

▶유물상세설명
통일신라시대 불상의 특징은 풍만한 몸매와 몸에 밀착된 얇은 법의(法衣), 옷 밖으로 드러난 육감적이고 관능적인 미(美)라고 할 수 있는데, 이는 중국 당나라의 영향을 받아 만들어진 것이다. 이러한 모습은 8세기 말로 접어 들면서 점차 변하기 시작한다. 즉 이전의 과장된 풍만함과 사실적인 인체의 표현은 사라지고 도식적(圖式的)이고 형식적인 모습으로 바뀐다. 얼굴은 넙적한 평면이 되고, 허리의 굴곡도 보이지 않는 등 편불화(扁佛化)된다. 또한 법의도 사실성이 결여되어 어떻게 착용하였는지 잘 알 수 없게 애매하게 표현하고, 옷주름의 선(線)도 음각 실선으로 바뀌는 관념적인 상(像)이 등장한다. 이 불상은 이런 변화가 나타나기 시작하는 단계의 것으로 아직 얼굴과 가슴에는 원만함과 볼륨감이 남아 있으나, 법의 표현은 매우 도식적이다. 수인(手印:손갖춤, 양손의 모양)이 불분명하여 존명(尊名)은 정확히 알 수 없으나. 통일신라 후반에 크게 유행하였던 아미타여래(阿彌陀如來)가 아닌가 한다.

그림 5-212 금동여래입상 탐방하기

그림 5-213 금동불두 탐방하기

그림 5-214 금동보살입상 탐방하기

신라의 불교조각(新羅佛敎彫刻)

신라는 불교의 공인(527)이 늦었지만 이내 호국불교로 발전하여, 황룡사(皇龍寺) 장육존상(丈六尊像)과 같은 금동불상을 비롯한 수많은 석불들이 만들어졌다. 신라석불은 7세기부터 조성되기 시작하여 통일신라에 이르기까지 크게 유행하였으며 경주 남산을 중심으로 수많은 작품을 남기고 있다. 특히 우리나라의 석불은 인도·중국과는 달리 견고한 화강암을 조각재료로 독창적인 조각기법을 개발·발전시켰다. 한편 금동불에 있어서는 7세기대에 유행했던 삼곡(三曲)자세의 우견편단(右肩偏袒) 약사불은 신라 지역에서만 발견되는 독특한 불상 형식이다.

통일신라시대의 불상은 삼국의 서로 다른 양식적 특징이 종합되는 한편, 인도 굽타양식의 영향으로 성립된 중국의 성당(盛唐)양식을 수용하여 생동감 넘치는 사실적인 조각양식으로 발전하였다. 이러한 경향은 조각사상 기념비적 작품으로 평가받는 8세기 중엽의 석굴암 조각으로 그 절정을 이루게 된다.

9세기부터 통일신라의 불상은 독자적인 양식으로 전개되었다. 중국이나 일본에서는 유행하지 않던 항마촉지인(降魔觸地印)의 불좌상이 하나의 보편적인 형식으로 자리잡게 되며, 또한 중국과 일본의 비로자나불(毘盧遮那佛)은 보살 모습을 하고 있음에 반해 신라에서는 불[如來] 모습의 비로자나불이 성행하였다.

그림 5-215 신라의 불교조각 탐방하기

석조미륵반가사유상(石造彌勒半跏思惟像)

신라 7세기 (新羅 7世紀)
경주 송화산 (慶州 松花山)

경주 송화산(松花山)의 김유신묘(金庾信墓) 부근에서 발견된 것으로 머리와 양팔은 결실되었지만 오른쪽 다리는 반가의 모습이다.

벗은 상체에는 장식이 없는 둥근 목걸이를 했으며 하체에 두른 옷자락은 허리에서 묶은 뒤 왼쪽으로 띠매듭[緩帶]을 아래로 늘어뜨리고 있다. 선이 굵은 옷주름은 대좌를 따라 흘러내리고 끝부분에서 Ω자형을 이룬다. 대좌(臺座)의 아래부분은 원형이나, 위 부분은 사각의 형태를 이루며 원형대좌에서 피어오른 연꽃위에 왼발을 올려놓고 있다.

경북대학교 박물관에 소장되어 있는 경북 봉화 북지리(慶北 奉化 北枝里) 출토 석조반가사유상과 비견할 만한 수작이다.

그림 5-216 석조미륵반가사유상 탐방하기

그림 5-217 석조미륵삼존불상 탐방하기

그림 5-218 석조불입상 탐방하기

그림 5-219 금동약사불입상 탐방하기

그림 5-220 부처얼굴 탐방하기

그림 5-221 신라의 능묘조각 탐방하기

라. 미술관(2층) 둘러보기

미술관의 2층에는 신라부터 고려시대까지의 각종 금속공예품이 전시된 금속공예실과 황룡사터 출토유물을 전시해 놓은 황룡사실이 있다. 금속공예실은 감은사 동탑에서 출토된 사리장엄구를 비롯하여 신라부터 고려시대까지의 금속공예품들과 와전류를 통해 뛰어난 신라인의 공예기술을 이해할 수 있다. 황룡사는 553년에 창건된 대표적인 신라의 호국사찰로서 진흥왕 14년에 새 궁궐을 지으려다가 황룡(黃龍)이 나타나 계획을 바꾸어 절을 지었다고 한다. 고려 고종 25년(1238년)에 몽골군의 침입으로 불타고 현재는 그 터만 남아 있다. 황룡사실에는 황룡사터에서 출토된 사리구, 불상, 지진구, 기와 등이 전시되어 있다. 또한 복원된 황룡사 모형을 통해, 거대한 황룡사 9층 목탑의 모습과 당시 최고조에 달했던 목조건축 기술을 엿볼 수 있다.

미술관(2층)을 둘러보기 위해서는 안내 Map을 클릭한 후 전체지도에서 ❹ 미술관(2층)을 클릭한다. 미술관(2층)에 입장하면 바닥에 표시되어 있는 안내 방향표시에 따라 키보드와 마우스 조작 등을 통해서 탐방할 수 있다.

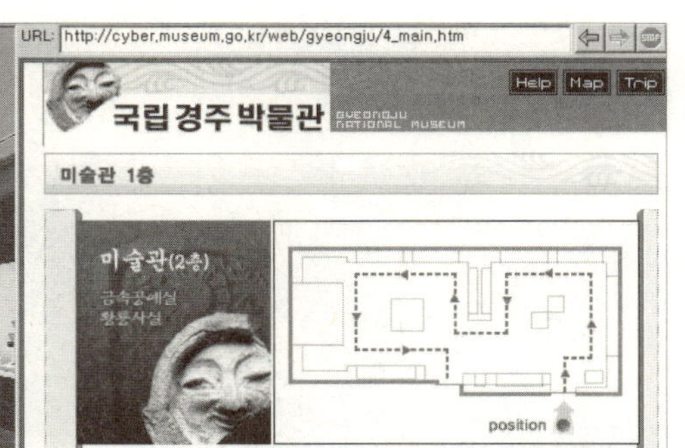

그림 5-222 미술관(2층) 들어가기 화면

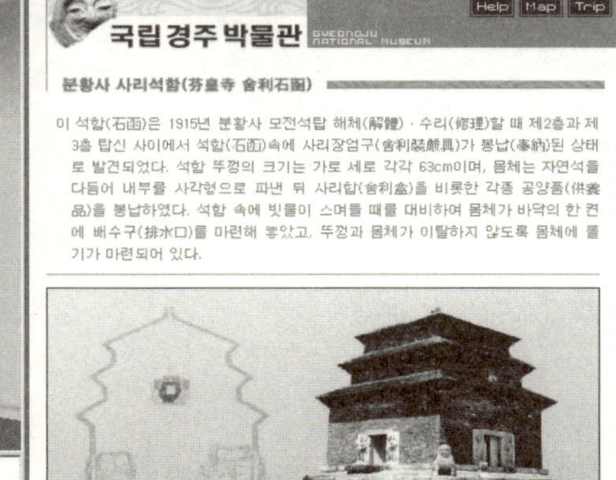

분황사 사리석함(芬皇寺 舍利石函)

이 석함(石函)은 1915년 분황사 모전석탑 해체(解體)·수리(修理)할 때 제2층과 제 3층 탑신 사이에서 석함(石函)속에 사리장엄구(舍利莊嚴具)가 봉납(奉納)된 상태로 발견되었다. 석함 뚜껑의 크기는 가로 세로 각각 63cm이며, 몸체는 자연석을 다듬어 내부를 사각형으로 파낸 뒤 사리합(舍利盒)를 비롯한 각종 공양품(供養品)을 봉납하였다. 석함 속에 빗물이 스며들 때를 대비하여 몸체가 바닥의 한 켠에 배수구(排水口)를 마련해 놓았고, 뚜껑과 몸체가 이탈하지 않도록 몸체에 뜰기가 마련되어 있다.

그림 5-223 분황사 사리석함 탐방하기

그림 5-224 신라의 금속공예 탐방하기

신라의 금속공예(新羅金屬工藝)

신라에는 일찍부터 금속공예 기술이 축적되어 있었기 때문에 불교를 받아들인 뒤, 이와 관련된 금속공예품의 제작이 급속도로 발달하게 되었다. 특히 신라의 불교금속공예품 가운데 대표적인 종류로서는 범종과 사리기를 들 수 있다.

한국종의 전형(典型)이 된 신라종은 천판(天板) 위에 용모양의 고리(용뉴)와 음통(音筒)이 있는데 이것은 중국이나 일본종에서는 볼 수 없는 커다란 특징이다. 특히 종의 내부에 관통되어 있는 음통은 종의 울림과 관계된 중요한 장치일 것으로 보인다. 종의 몸통에는 보상당초무늬의 윗띠[上帶]와 아랫띠[下帶] 그리고 4개의 유곽(乳廓), 주악(奏樂)이나 공양천인상(供養天人像)이 있고 연꽃으로 된 2개의 종치는 자리인 당좌가 있는 것이 신라종의 기본형태이다. 사리장엄구(舍利裝嚴具)는 탑(塔) 속에 봉안하는 불사리(佛舍利)를 보호 · 장엄(莊嚴)하기 위한 용기(容器)이다. 신라의 사리장엄구는 금 · 은 · 동 · 수정 · 유리 · 곱돌 등 여러 가지의 재료로 제작하였으며 그 형태 또한 매우 다양하다.

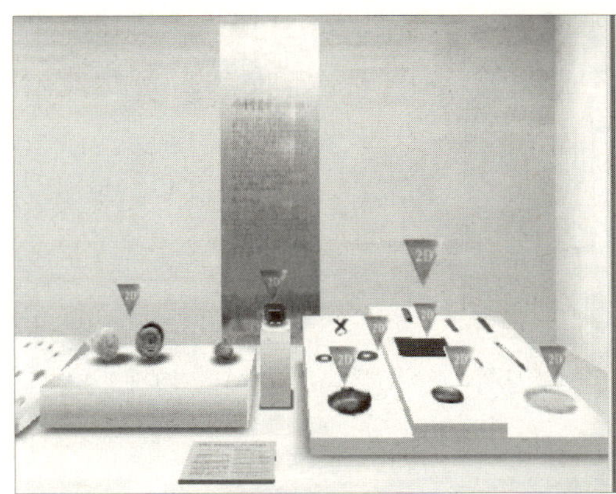

분황사 사리장엄구(芬皇寺 舍利裝嚴具)

신라 634년, 고려 (新羅 634年, 高麗)

경주 분황사모전석탑 (慶州 芬皇寺模塼石塔)

분황사 모전석탑(模塼石塔)은 선덕여왕(善德女王) 3년(634)에 세워진 것으로 추정되며 본래는 9층이었으나, 지금은 3층만 남아있다.

사리장엄구는 1915년 탑을 수리할 때 2층 탑신 중앙에 놓여 있었던 석합(石函) 속에서 발견되었다. 사리기로는 창건 당시에 봉안했던 녹유리 사리병 조각과, 고려시대에 탑을 수리하면서 넣은 은합이 있는데, 은합 속에는 천에 싼 사리 5과(五顆)가 들어 있었다. 공양품으로는 금동제(金銅製) 장식(裝飾)조각, 바늘통, 가위, 향유병(香油瓶), 금(金), 은(銀)바늘, 조개, 옥(玉), 상평오수전(常平五銖錢)·숭녕중보(崇寧重寶) 등이 있다.

그림 5-225 분황사 사리장엄구 탐방하기

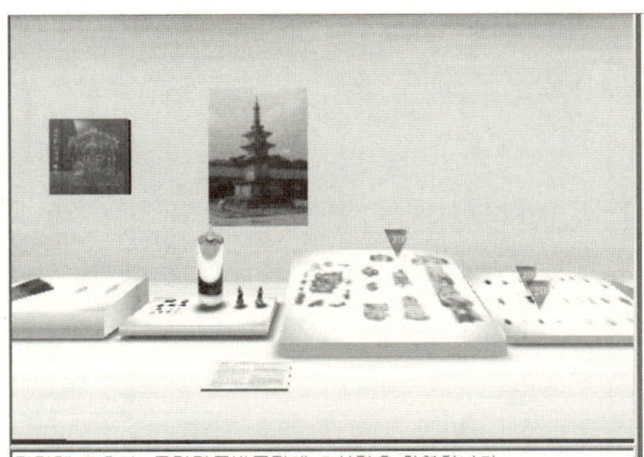

관람객 도우미: 국립경주박물관에 오신것을 환영합니다.
관람객 도우미: 국립경주박물관 미술관에 오신 것을 환영합니다.

옥류 및 도제장식품(玉類及陶製裝飾品)

▶국적/ 시대 : 한국(韓國) / 신라(新羅)

▶재질 : 유리/보석(琉璃/寶石) / 옥(玉), 도자기(陶磁器)

▶용도기능 : 종교신앙(宗敎信仰) / 불교(佛敎) / 장엄(莊嚴) / 사리구(舍利具)

▶출토(소)지 : 경상북도(慶尙北道) 경주시(慶州市) 구황동(九黃洞) 분황사탑중(芬皇寺塔中)

▶참고문헌 : 「국립경주박물관(國立慶州博物館)」 1997. 도판(圖版) 38

▶소장기관 : 국립1(國立1) / 경주(慶州)

▶유물번호 : 경주(慶州) 63-11

▶유물상제정보

분황사 사리구에서는 곱은옥을 비롯하여 마노, 비치, 호박 등 700여점에 달하는 다양한 종류의 옥류가 발견되었다. 이들 옥은 그 일부로 형태는 일정하지 않으나 소형 구멍이 뚫려져 있어 장식구로 사용되었다고 추정될 뿐 정확한 용도는 알 수 없다.

그림 5-226 옥류 및 도제장식품 탐방하기

그림 5-227 무구정광대다라니경 탐방하기

서동리 사리장엄구(西洞里 舍利裝嚴具)

통일신라 9세기 (統一新羅 9世紀)
경북 봉화 서동리탑 (慶北 奉化 西洞里塔)

경북 봉화군 춘양면 서동리의 춘양중학교 교정에는 통일신라 삼층석탑 2기가 나란히 서 있다. 1962년에 탑을 해체 수리할 때 동탑의 초층탑신 사리공 속에서 발견되었다. 중앙에는 건립 당시의 것으로 추정되는 곱돌사리항아리가 놓여 있었고, 그 주위로 99기의 작은 흙탑[土塔]이 봉안되어 있었다. 사리항아리 속에는 녹색 유리 사리병이 있었고, 그 속에는 사리 3과(顆)가 들어 있었다. 흙탑은 틀에서 찍어낸 뒤 호분(胡粉)을 발랐으며, 바닥에 원추형 구멍을 뚫어 다라니경(陀羅尼經)을 넣은 뒤 둥근 나무마개로 막았으나 대부분 부식되었다.

그림 5-228 서동리 사리장엄구 탐방하기

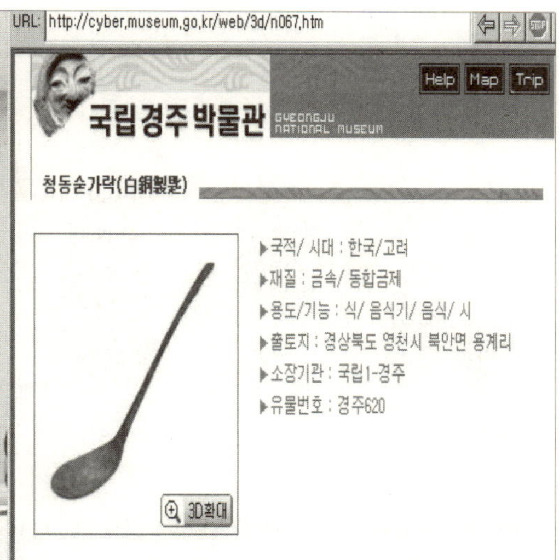

그림 5-229 청동 숟가락 탐방하기

범종(梵鐘)

범종이란 절에서 시간을 알릴 때나 대중을 모이게 하고 의식을 행할 때 쓰이는 종을 말한다. 범종의 장엄하고도 청명한 소리는 듣는 이의 마음을 깨끗이 하여 참회토록 하고 불교의 무한한 이상과 신앙심을 불러일으키게 한다. 또한 범종소리를 통해 지옥에서 고통받는 중생들까지 구제할 수 있다는 대승불교의 심오한 사상을 내포하고 있다는 점에서 사찰에서는 일찍부터 가장 중요하게 사용된 불교 의식 법구의 하나였다.

한국종의 전형(典型)이 된 신라종의 천판(天板) 위에 용모양의 고리[용뉴]와 음통(音筒)이 있는데 이것은 한국범종에서만 볼 수 있는 특징이다. 종의 몸통에는 보상당초무늬의 윗띠[上帶]와 아랫띠[下帶] 그리고 4개의 유곽(乳廓), 주악(奏樂)이나 공양천인상(供養天人像)이 있고 연꽃으로 된 2개의 종치는 자리인, 당좌(撞座)가 있는 것이 신라종의 기본형태이다. 이러한 양식을 지닌 대표적인 통일일신라시대의 종으로는 상원사종(上院寺鐘, 725)·성덕대왕신종(聖德大王神鐘, 771)등이 있다.

그림 5-230 범종 탐방하기

그림 5-231 청동합 탐방하기

청동합(靑銅盒)

▶국적/ 시대 : 한국(韓國) / 신라(新羅)
▶재질 : 금속(金屬) / 동합금제(銅合金製)
▶크기 : 뚜껑높이(뚜껑높이) : 6 cm / 뚜껑지름(뚜껑지름) : 11.8 cm / 높이(높이) : 7.6 cm / 입지름(입지름) : 12 cm / 바닥지름(바닥지름) : 6.8 cm
▶용도기능 : 사회생활(社會生活) / 의례생활(儀禮生活) / 제례(祭禮) / 제기(祭器)식(食) / 음식기(飲食器) / 음식(飲食) / 합(盒)
▶출토(소)지 : 경상북도(慶尙北道) 경주시(慶州市) 구황동(九黃洞) 황룡사지(皇龍寺址) 심초석(心礎石) 하부(下部)
▶참고문헌 : 『황룡사지(皇龍寺址) 발굴보고서(發掘報告書)』 도판(圖版) 237-1. 『국립경주박물관』 1997. 도판 70 (右)
▶소장기관 : 국립1(國立1) / 경주(慶州)
▶유물번호 : 황룡(皇龍) 16

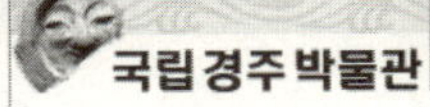

URL: http://cyber.museum.go.kr/web/3d/n075.htm

Help Map Trip

국립경주박물관
GYEONGJU NATIONAL MUSEUM

명문청동거울-신라646년(靑銅四神文鏡)

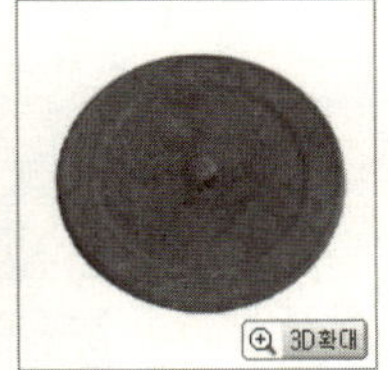

3D확대

▶ 국적/ 시대 : 중국/수
▶ 재질 : 금속/금동제
▶ 용도/기능 : 주/생활용품/화장구/경
▶ 출토지 : 경상북도 경주시 구황동 황룡사지
▶ 소장기관 : 국립1-경주
▶ 유물번호 : 황룡13

▶ 유물상세설명

심초석(心礎石)의 중심부에서 출토되었다. 중심부에는 반구형(半球形)의 꼭지에서 옆으로 구멍(圓孔)이 있고 그 밖으로 2중의 정사각형(正方形)의 선으로 구획되어 있다. 바깥면에는 요철(凹凸)의 띠를 마련하고 내부(內部)에 31자의 글자가 도르라지게 새겨져 있다. 중심부에는 고구려 고분 벽화에 주로 등장되는 청룡(靑龍), 백호(白虎), 주작(朱雀), 현무(玄武)의 사신(四神)을 사방에 대칭되게 표현하고 사신무늬[사신문(四神文)]의 모서리마다 V자형 2중구획으로 바깥부분이 마무리되었다.

경주에서 금령총, 황남동, 경남 양산 등에서 일부 동경이 발견되었을 뿐 삼국시대의 신라 동경은 그 출토 예가 매우 드물어 몇 점 밖에 알려진 것이 없다. 그러나 고분 출토품과는 달리 7세기 이후가 되면서 사리관계 유물에서 동경이 출토된다.

이 동경은 대체로 한경계(漢鏡系)의 것으로 생각된다. 한나라의 거울은 전한경, 후한경, 왕망경으로 구분되는데 왕망경 중에서 사신경(四神鏡)이 주류를 이룬다. 공주 무녕왕릉에서 출토된 거울은 이 거울과 비교할 수 있는 것으로 사신의 구성이 매우 흡사한 면을 보이고 있다.

그림 5-232 명문청동거울 탐방하기

그림 5-233 금동약사불입상 탐방하기

그림 5-234 황룡사 복원 모형 탐방하기

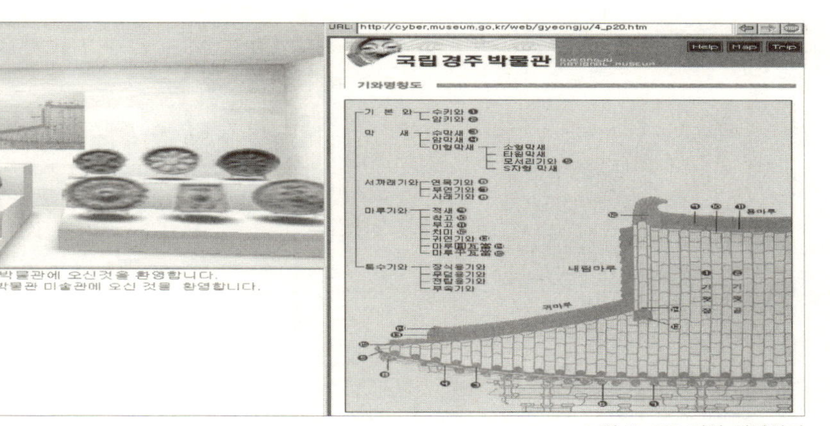

그림 5-235 기와 탐방하기

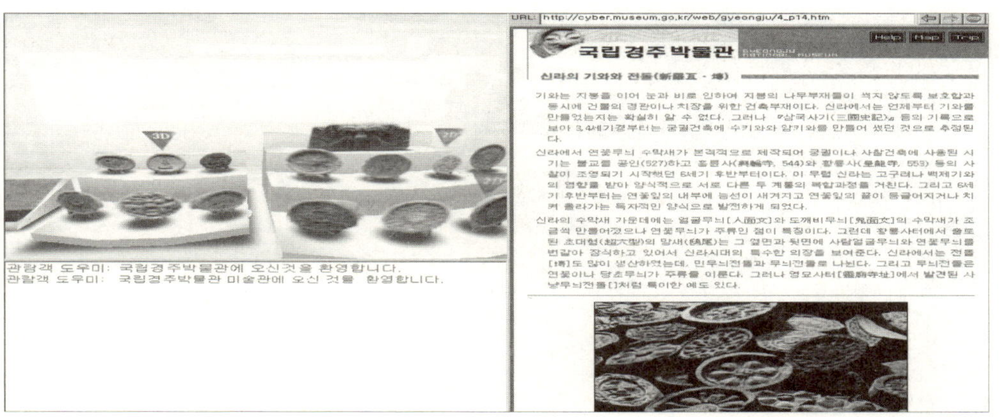

그림 5-236 신라의 기와와 전돌 탐방하기

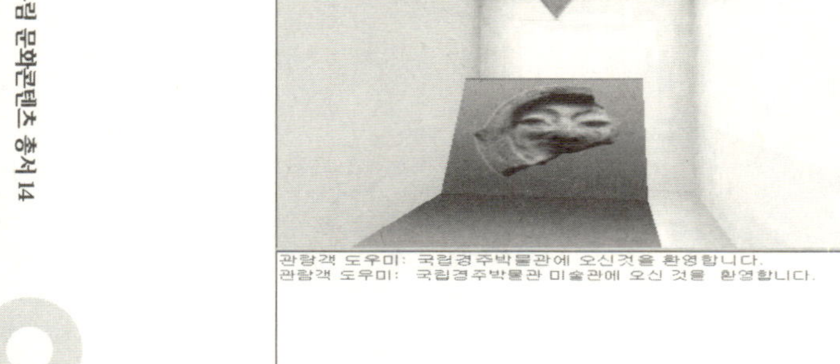
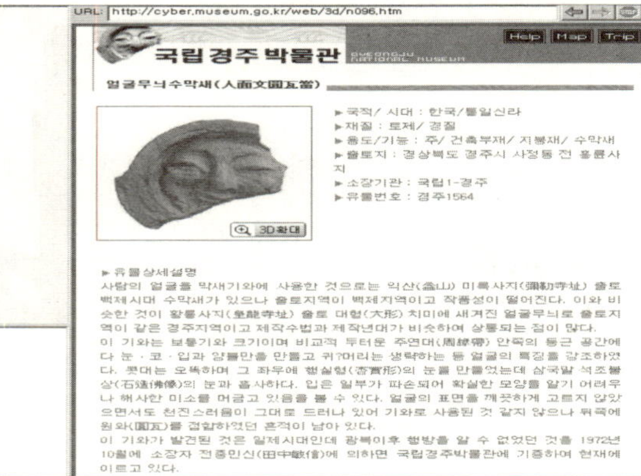

그림 5-237 얼굴무늬수막새 탐방하기

그림 5-238 치미 탐방하기

참고문헌

김동규, "문화상품과 시장에 대한 연구," 언론문화연구, 11, 1993.
김홍윤, "지방의 전통문화 유적지 개발방향," 지방자치 경영연구, 2(1), 1996.
삼성경제연구소, "문화마케팅의 부상과 성공전략," CEO Information, 372, 2002.
손대현, "관광개발과 문화 그리고 마케팅적 사고," 김사헌 등, 지방화시대의 관광개발, 일신사, 1995.
신건권, 가상현실로 엿보는 신나는 경주왕릉 문화여행, 도서출판 글누림, 2005.
신건권 외, VR제품 문화마케팅을 통한 지방정부의 세계화전략, 지방정부연구, 10(2), 2006.
이일호, 조선의 왕릉, 가람기획, 2003.
이태종, "문화관광의 활성화를 위한 정책방향:경상북도를 중심으로," 한국사회와 행정연구, 11(2), 2000.
정지연, "디지털 문화상품과 저작권," 저작권, 49(봄호), 2000.
최승담, "문화관광과 지역발전 : 외국의 사례를 중심으로," 문화부, 96 지역문화 행정 전문가 대회 발표 논문집, 1996.
함한희, "학부모세대와 사이버문화," 한양대학교 정보사회학과 전자도서관, 2004.

사전
NAVER 백과사전(인터넷)
한민족대백과사전(인터넷)
YAHOO 백과사전

웹페이지
http://www.gyeongju.go.kr/kor/main/index.asp 경주시청 홈페이지, 문화예술관광 추천관광 VR가상여행.
http://gyeongju.museum.go.kr 국립경주박물관 사이버박물관.
http://www.heritage.go.kr/index.jsp 문화재청 홈페이지 <국가문화유산종합정보서비스>.
http://info.cha.go.kr 문화재정보센터 홈페이지 <문화재찾기>.
http://www.ocp.go.kr/_new/main.jsp 문화재청의 홈페이지, 사이버문화재탐방.

표 차례

그림 차례